全彩图解
电气控制
线路

王伟伟

编著

化学工业出版社

·北京·

内容简介

　　本书采用全彩图解的方式，通过控制线路图＋实物接线图对照，全面系统地讲解了电气控制的相关知识以及常见的控制线路，包括：基本电气控制线路和实物接线图、电动机电气控制线路和实物接线图、PLC电气控制线路和实物接线图、变频器电气控制线路和实物接线图等。

　　本书内容丰富，实操性强，通俗易懂，非常适合电工、PLC、变频器技术初学者以及从事电气控制的技术人员自学使用，也可用作职业院校相关专业的教材及参考书。

图书在版编目（CIP）数据

　全彩图解电气控制线路 / 王伟伟编著. -- 北京：
化学工业出版社，2025. 8. -- ISBN 978-7-122-48286-0

　　Ⅰ. TM571.2-64

　中国国家版本馆CIP数据核字第2025KD7706号

责任编辑：哀利娜　　　　　装帧设计：王晓宇
责任校对：刘曦阳

出版发行：化学工业出版社
　　　　　（北京市东城区青年湖南街13号　邮政编码100011）
印　　装：天津市豪迈印务有限公司
710mm×1000mm　1/16　印张12¼　字数259千字
2025年9月北京第1版第1次印刷

购书咨询：010-64518888　　　　售后服务：010-64518899
网　　址：http://www.cip.com.cn
凡购买本书，如有缺损质量问题，本社销售中心负责调换。

定　　价：59.00元　　　　　　　版权所有　违者必究

P
R
E
F
A
C
E

前言

一、为什么写这本书

电气控制图是电工在工作中经常使用的技术资料，看懂并使用好电气控制图是一位合格电工的基本要求。在生产实践中，广大电工人员会接触到各种各样的电气控制图，不但有基本的电气控制图，还有自动控制电气图，如 PLC 控制电气图、变频器控制电气图等。因此想要成为一名高级电工，不但需要掌握基本的电气控制图，还需要掌握 PLC 和变频器等自动控制设备相关的电气控制图。

本书专门为电工人员编写，内容不但包括基本的电气控制，还包括 PLC 组成的电气控制和变频器组成的电气控制。同时，结合实物接线图对每个控制线路进行了详细的分析讲解，帮助读者快速掌握各种电气控制技术。

二、本书主要内容

本书共 5 章：第 1 章主要讲解了各种电动机的接线方法、PLC 控制器的接线方法和变频器的接线方法；第 2 章重点讲解了一些常用的基本控制线路和实物接线图；第 3 章重点讲解了电动机的各种控制线路和实物接线图；第 4 章重点讲解了各种 PLC 控制线路和实物接线图；第 5 章重点讲解了各种变频器控制线路和实物接线图。

三、本书特点

1. 全程图解，图文并茂

本书的一大特点就是采用全程图解的方式讲解，图文并茂，手把手地教你看懂各种电气控制图，并结合实物接线图，帮助你快速掌握电气控制技术。

2. 内容全面，知识点多

本书不但讲解了基本的电气控制线路和实物接线图，还讲解了电动机控制、

PLC 电气控制、变频器电气控制等电气控制线路。

3. 案例丰富，实操性强

本书以实战为主线，所有电气控制线路都结合实物接线图进行讲解，读者可以一目了然地看清各种电气控制线路的实物接线方法，快速掌握所学知识，上手更容易，学习更轻松。

由于作者水平有限，书中难免有疏漏和不足之处，恳请读者朋友提出宝贵意见。

编著者

扫码看视频

扫码获取
拓展学习内容

目录

第 3 章　图解电动机控制线路和实物接线图实战

第 4 章　图解 PLC 控制线路和实物接线图实战

PLC/变频器/电动机接线实战

PLC 控制器、变频器与电动机是电气控制中常用的设备，PLC 控制器、变频器由于其接口较多，接线比较复杂；而电动机由于有单相、三相，星形、三角形，正转、反转等多种接法，接线也容易出错。因此本章主要讲解 PLC 控制器、变频器和电动机的接线方法和技巧。

1.1 西门子 PLC 控制器接线实战

在学习西门子 PLC 控制器接线之前，需要对其模块结构有一定的了解，这样可以更加准确地掌握西门子 PLC 控制器的接线方法。本节将重点讲解西门子 PLC 模块结构与接线方法。

1.1.1 图解西门子 PLC 模块接口结构

西门子 PLC 控制器的类型繁多，功能和指令系统也不尽相同，但结构与工作原理则大同小异，西门子 PLC 控制器通常由主机（CPU 模块）、电源模块（PS）、扩展模块等几个主要部分组成，如图 1-1 所示（以西门子 S7 系列为例）。

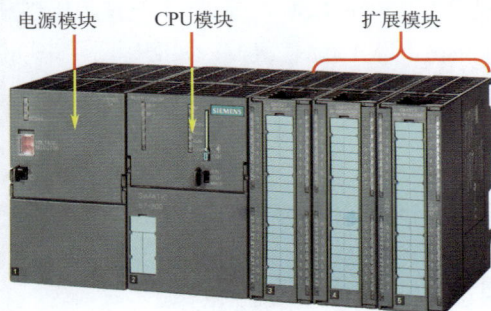

电源模块　CPU模块　　　　扩展模块

图 1-1 西门子 PLC 控制器模块

（1）主机（CPU 模块）

主机部分由主板、接口等组成，如图 1-2 所示为主机接口。

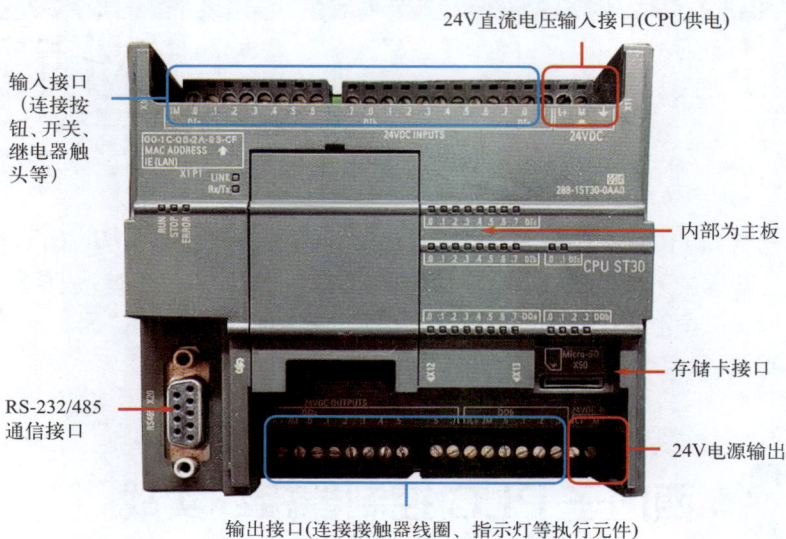

图 1-2　主机接口

① 主板是 PLC 控制器的核心，它包括 CPU、内部存储器等元器件。CPU 是 PLC 系统的运算控制核心，用于完成用户指令规定的各种操作，将结果送到输出端，并响应外部设备（如电脑、打印机等）的请求以及进行各种内部判断等。内部存储器主要存放厂家的系统程序、编译程序（用来编译用户程序），以及用户编制的 PLC 程序和各种暂存数据、中间结果。

② 接口主要包括输入接口、输出接口、通信接口、扩展接口等。输入接口用来接收按钮、开关、继电器触头等传送来的开关量输入信号，及由电位器、测速发电机和各种变送器等传送来的模拟量输入信号；输出接口用来连接被控对象中各种执行元件，如接触器、指示灯、调速装置等；通信接口用来连接电脑等设备；扩展接口用来连接扩展模块。

（2）电源模块（PS）

电源模块主要用于将 110V/220V 交流电源转换为 24V 直流电源，为主板、扩展模块、传感器、执行机构供电。

西门子 PLC 控制器包括两种形式的电源模块：一种是一体化电源模块，即电源和 CPU 集成在一起，如图 1-3 所示；另一种是独立电源模块，如图 1-4 所示。

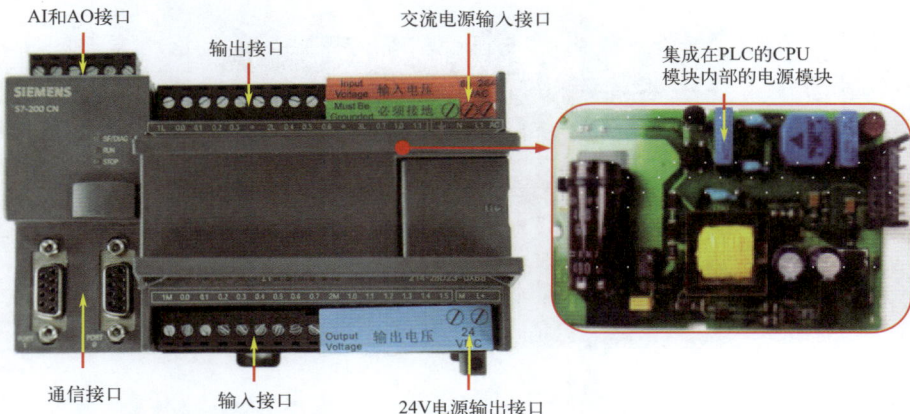

AI和AO接口　　　输出接口　　　交流电源输入接口

集成在PLC的CPU
模块内部的电源模块

通信接口　　　输入接口　　　24V电源输出接口

图1-3　一体化电源模块

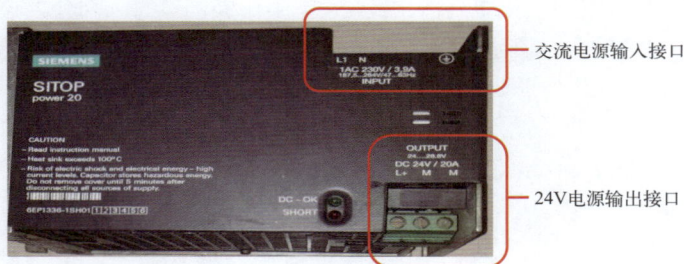

交流电源输入接口

24V电源输出接口

图1-4　独立电源模块

（3）扩展模块

扩展模块主要用于进一步完善CPU的功能，当需要完成某些特殊功能的控制任务时，CPU主机可以连接扩展模块。常用的扩展模块包括：模拟量输入/输出扩展模块、数字量输入/输出扩展模块、特殊功能模块等，如图1-5所示。

①模拟量输入模块的作用是将模拟信号（包括温度、压力、流量等连续变化的物理量）通过传感器转换为PLC控制器可以处理的数字信号。

②模拟量输出模块的作用是将PLC处理后的数字信号转换为模拟信号（如电压信号），用于控制外部模拟设备，实现精确调节和控制。

图1-5

③数字量输入模块的作用是将来自传感器、开关等设备的数字信号，转换为PLC控制器内部CPU能够接收和处理的数字信号。

④数字量输出模块的作用是将PLC内部的数字信号转换为驱动外部设备（如继电器、接触器等）的信号，实现对各种执行机构的控制。

图1-5　扩展模块

1.1.2　图解西门子PLC接线实战

当把西门子PLC的1M等端子和24V电源正极相连时（即公共端共阳），信号就从0.1～0.7输入点流出，然后再流入1M等公共端子，这种方式称为漏型输入（NPN）；当把西门子PLC的1M等端子和电源负极相连时（即公共端共阴），信号就需要从0.1～0.7输入点流入，然后再从1M等公共端子流出，这种方式称为源型输入（PNP）。如图1-6和图1-7所示为源型输入和漏型输入接线方法。

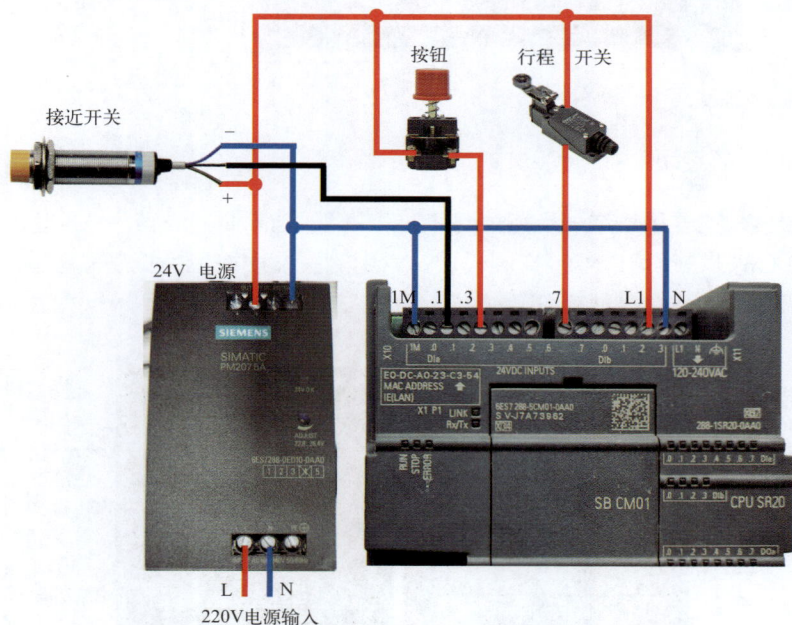

图1-6　源型输入接法

注：图中的 .1 表示 0.1，其余以此类推，下文同。

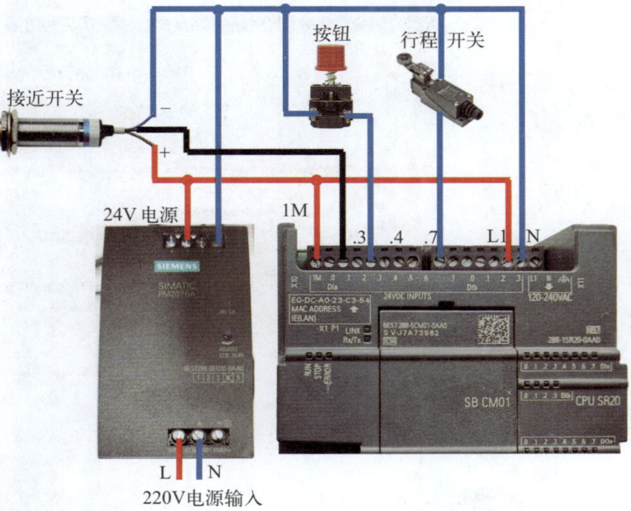

图 1-7 漏型输入接法

西门子 PLC 的输出接线方式主要包括继电器输出和晶体管输出两种类型。继电器输出的外部电源可以是交流，也可以是直流。继电器输出的响应时间较慢，适用于驱动较大负载，如驱动大功率电机或大型电磁阀。晶体管输出适用于需要快速响应的场合，但其驱动能力较弱，适用于小电流负载，如计数器等。晶体管输出的外部电源必须是直流电源，且只能接成源型，不能接成漏型。

如图 1-8 ~ 图 1-10 所示为晶体管输出接线和继电器输出接线。

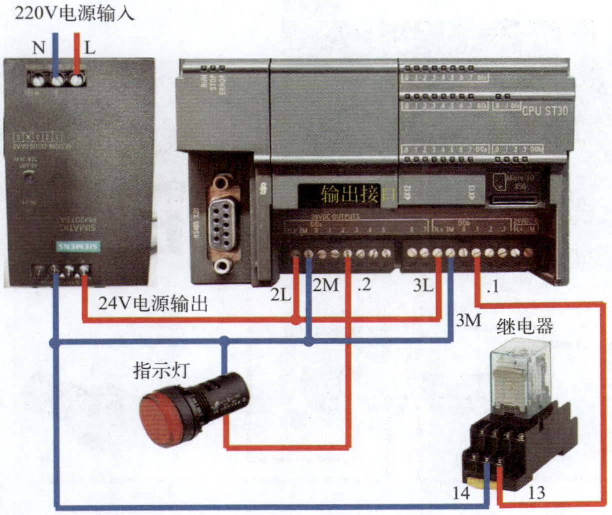

图 1-8 晶体管输出接线

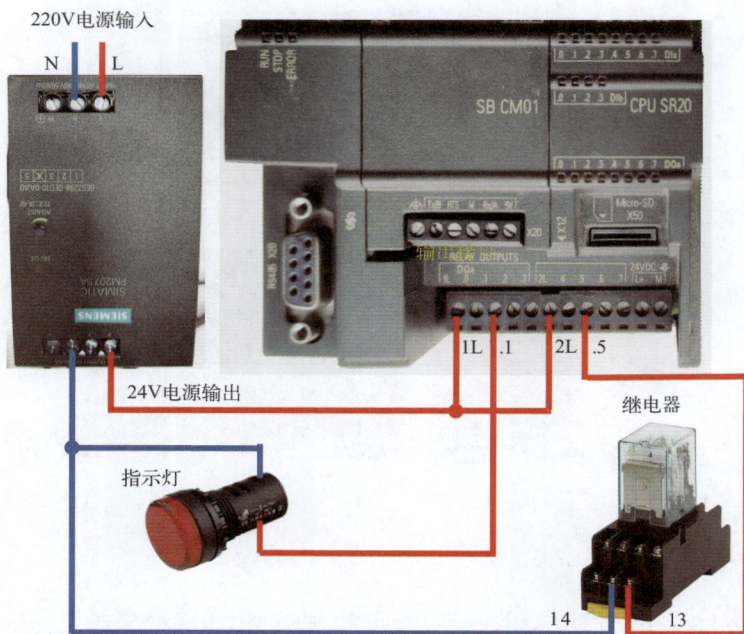

图 1-9 继电器输出接线（24V 直流）

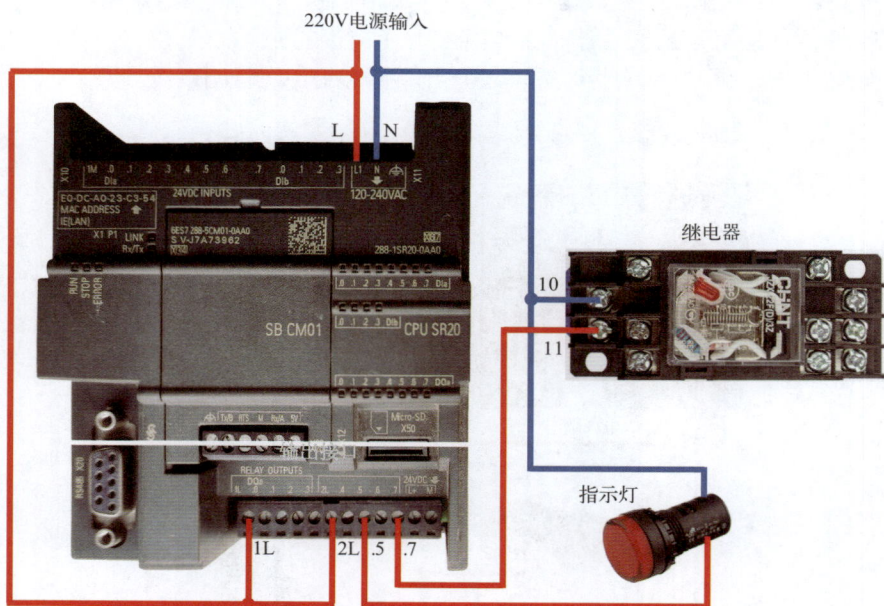

图 1-10 继电器输出接线（220V 交流）

1.2 ▶ 三菱 PLC 控制器接线实战

在学习三菱 PLC 控制器接线之前，需要对其结构有一定的了解，这样可以更加准确地掌握三菱 PLC 控制器的接线方法。本节将重点讲解三菱 PLC 模块结构与接线方法。

1.2.1 图解三菱 PLC 模块接口结构

三菱 PLC 通常由基本单元、扩展单元、扩展模块及特殊功能模块等组成，如图 1-11 所示（以三菱 FX 系列为例）。

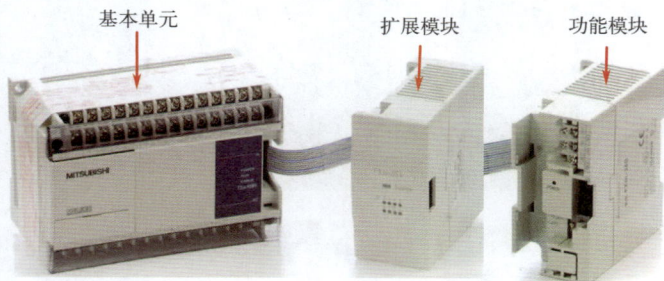

图 1-11 三菱 PLC 组成

（1）三菱 PLC 基本单元

基本单元是三菱 PLC 系统的核心部件，从外观看，基本单元包括：电源接口、输入接口、输出接口、通信接口、扩展接口、主板等，如图 1-12 所示。

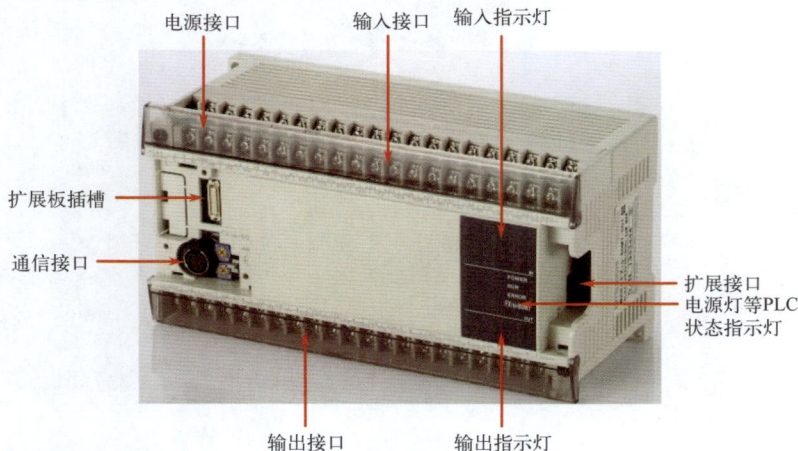

图 1-12 三菱 PLC 基本单元

（2）三菱 PLC 扩展单元

三菱 PLC 扩展单元是一个独立的扩展设备，通常接在 PLC 基本单元的扩展接口或扩展插槽上，用来增加 PLC 的 I/O 点数及提高供电电流，如图 1-13 所示。

电源接口　　　输入接口　输入指示灯

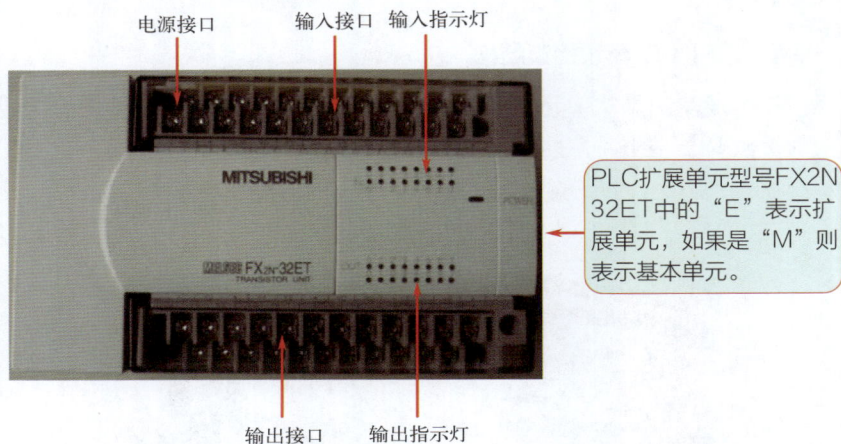

PLC扩展单元型号FX2N 32ET中的"E"表示扩展单元，如果是"M"则表示基本单元。

输出接口　　输出指示灯

图 1-13　三菱 PLC 扩展单元

（3）特殊功能模块

特殊功能模块用来给 PLC 提供专用的扩展模块，如通信扩展模块、温度控制模块、定位控制模块、热电偶温度传感器模块等，如图 1-14 所示。

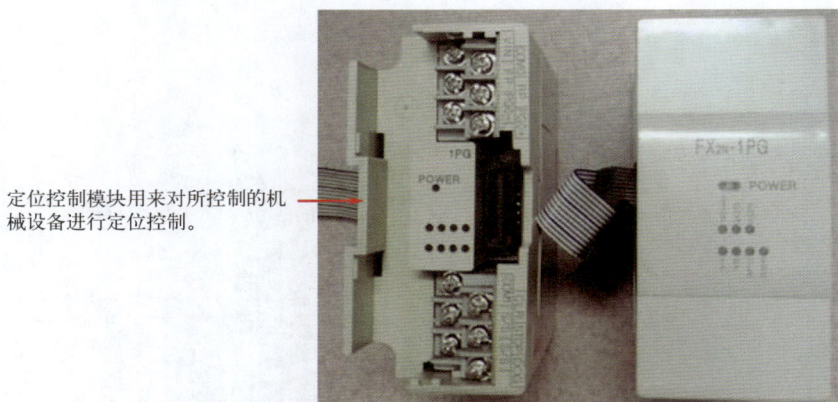

定位控制模块用来对所控制的机械设备进行定位控制。

图 1-14　特殊功能模块

1.2.2 图解三菱 PLC 接线实战

在学习三菱 PLC 接线方法之前，必须先对其各种端子的作用有一定的了解，如图 1-15 所示为三菱 PLC 各个端子的作用（以 FX3U 系列为例）。

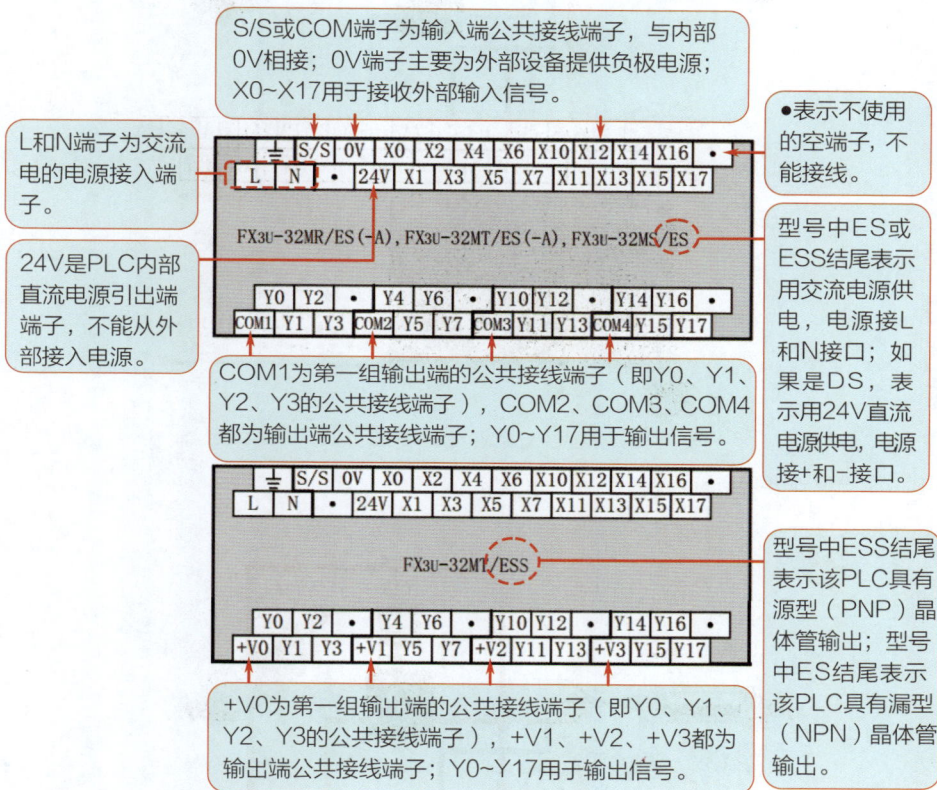

S/S或COM端子为输入端公共接线端子，与内部0V相接；0V端子主要为外部设备提供负极电源；X0~X17用于接收外部输入信号。

L和N端子为交流电的电源接入端子。

●表示不使用的空端子，不能接线。

型号中ES或ESS结尾表示用交流电源供电，电源接L和N接口；如果是DS，表示用24V直流电源供电，电源接+和-接口。

24V是PLC内部直流电源引出端端子，不能从外部接入电源。

COM1为第一组输出端的公共接线端子（即Y0、Y1、Y2、Y3的公共接线端子），COM2、COM3、COM4都为输出端公共接线端子；Y0~Y17用于输出信号。

型号中ESS结尾表示该PLC具有源型（PNP）晶体管输出；型号中ES结尾表示该PLC具有漏型（NPN）晶体管输出。

+V0为第一组输出端的公共接线端子（即Y0、Y1、Y2、Y3的公共接线端子），+V1、+V2、+V3都为输出端公共接线端子；Y0~Y17用于输出信号。

图 1-15　三菱 PLC 各种端子功能

当把三菱 PLC 的 S/S 端子和 24V 端子相连时（即公共端共阳），信号就从 X 输入点流出，然后再流入 S/S 公共端子，这种方式称为漏型输入（NPN）；当把三菱 PLC 的 S/S 端子和 0V 端子相连时（即公共端共阴），信号就从 X 输入点流入，然后再从 S/S 公共端子流出，这种方式称为源型输入（PNP）。如图 1-16 和图 1-17 所示为漏型输入接线方法和源型输入接线方法。

三菱 PLC 的输出接线方式主要包括继电器输出（外部电源可以为交流，也可以为直流）、晶体管输出等几种类型。如图 1-18 ～图 1-20 所示为晶体管输出接线和继电器输出接线。

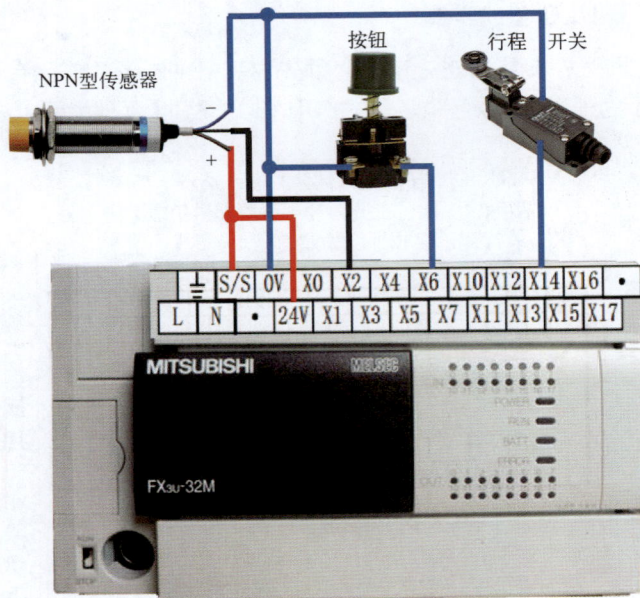

图 1-16　三菱 PLC 漏型输入接线

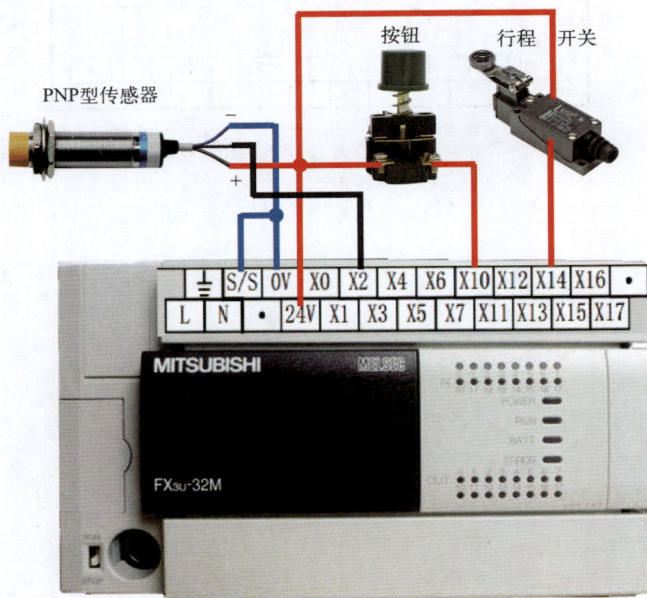

图 1-17　三菱 PLC 源型输入接线

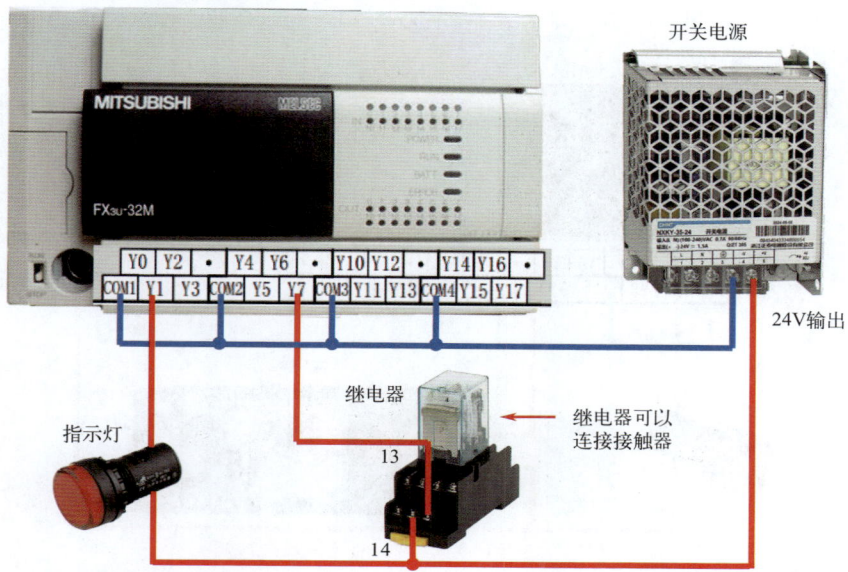

图 1-18　晶体管漏型输出接线

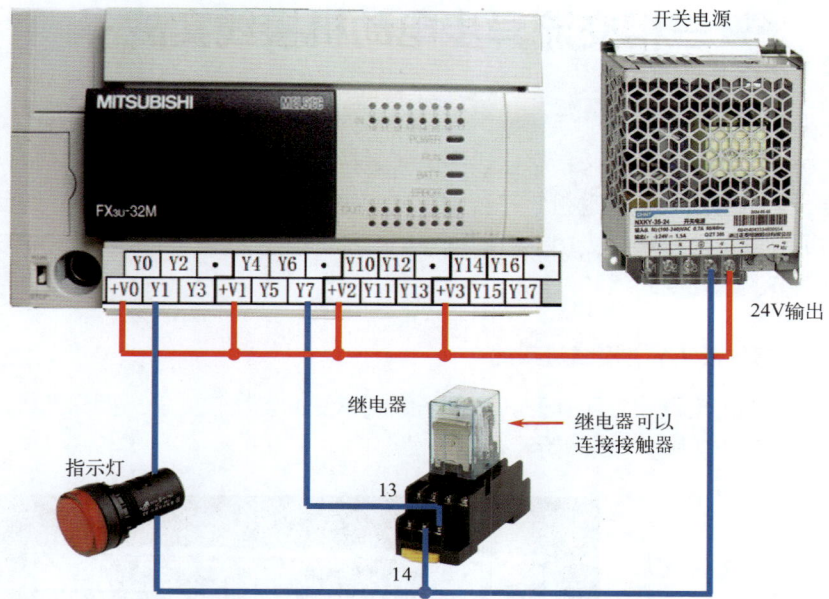

图 1-19　晶体管源型输出接线

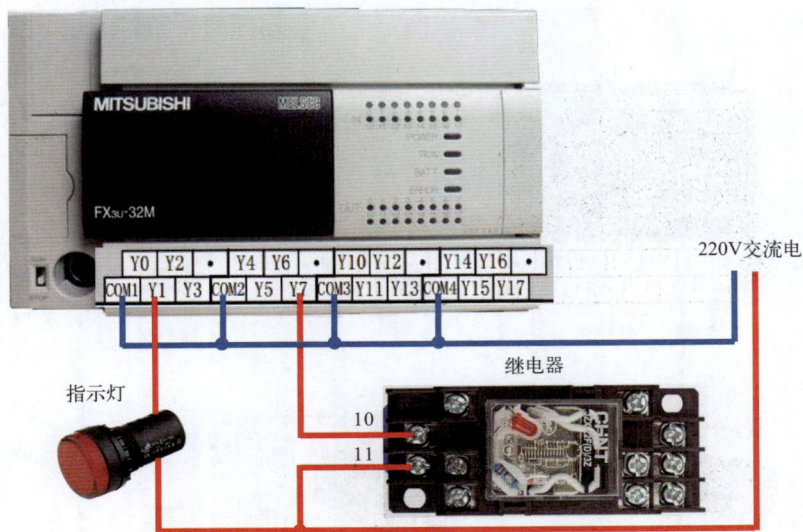

图 1-20　继电器型输出接线

1.3　三相交流异步电动机接线实战

　　三相交流异步电动机的定子绕组由 U、V、W 三相绕组组成，这三相绕组有 6 个接线端，它们与接线盒的 6 个接线柱连接。在接线盒上，可以通过将不同的接线柱短接，来将三相异步电动机定子绕组接成星形（Y）或三角形（△），通常小功率电动机采用星形接法，大功率电动机采用三角形接法。具体应采用什么接法，可参考电动机的铭牌说明。

1.3.1　图解星形（Y）接线法实战

　　星形接法的电动机在工作时，其定子绕组承受的电压较低。三相交流异步电动机星形接线方法如图 1-21 所示。

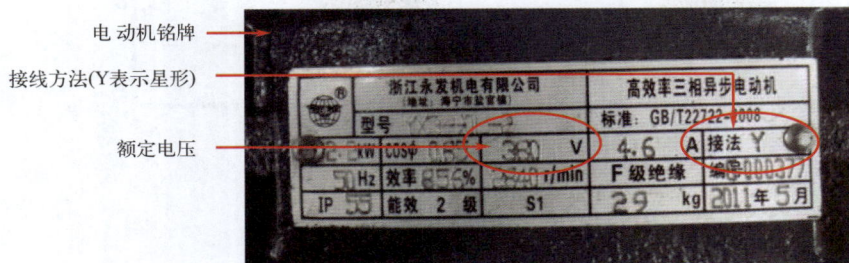

星形接线方法("Y"型)

① 如果三相交流电源的相线之间的电压是380V,那么对于定子绕组按星形连接的电动机,其每相绕组承受的电压为220V。所以星形接法的电动机在工作时,其定子绕组承受的电压较低。

② 采用星形接线法时,要将电动机内部的三相绕组接成星形,可将接线盒中的W2、U2、V2三个接线柱短接在一起,然后从U1、V1、W1接线柱分别引线,与三相交流电源线相连接。

电动机接线盒

电动机接线盒

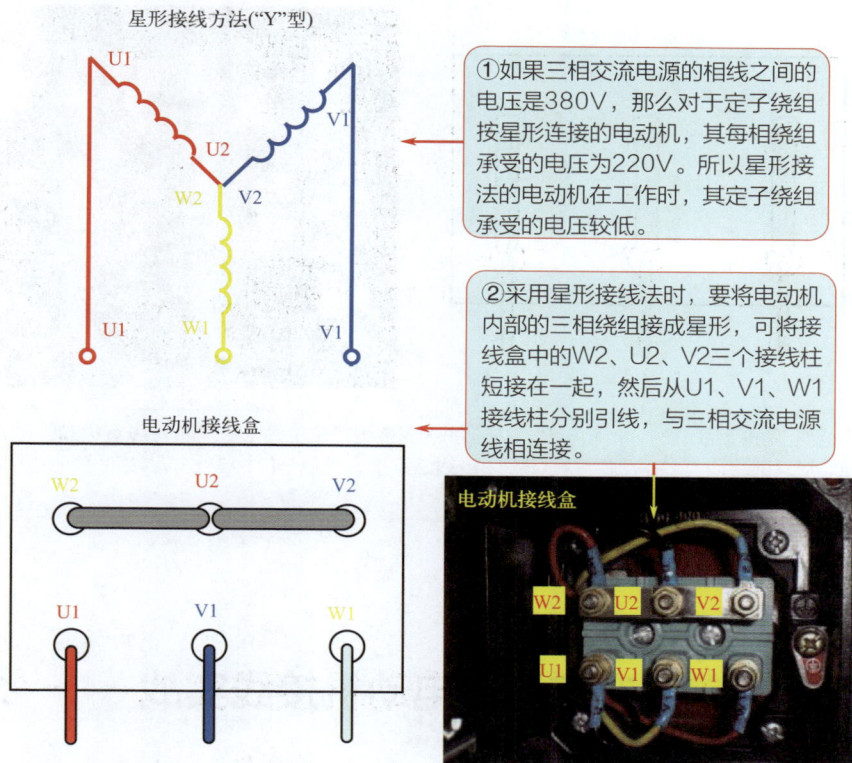

图 1-21　三相交流异步电动机星形接线方法

1.3.2　图解三角形（△）接线法实战

三角形接法的电动机在工作时,其定子绕组将承受更高的电压。三相交流异步电动机三角形接线法如图 1-22 所示。

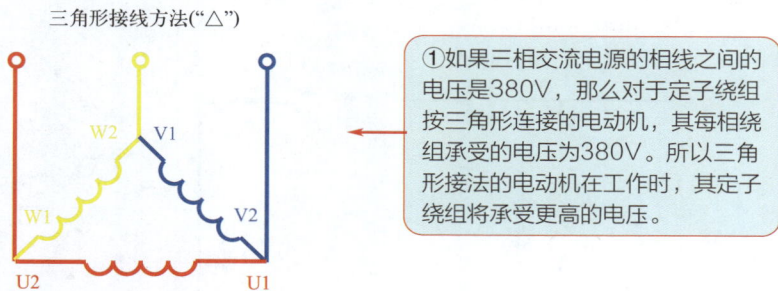

三角形接线方法("△")

① 如果三相交流电源的相线之间的电压是380V,那么对于定子绕组按三角形连接的电动机,其每相绕组承受的电压为380V。所以三角形接法的电动机在工作时,其定子绕组将承受更高的电压。

图 1-22

电动机接线盒

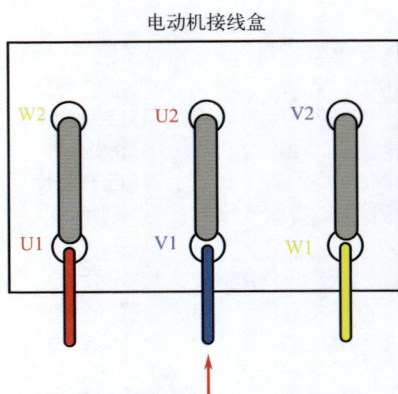

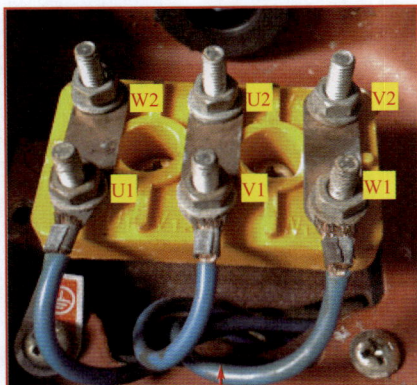

②采用三角形接线法时，要将电动机内部的三相绕组接成三角形，可将接线盒中的U1和W2、V1和U2、W1和V2接线柱按图中接线法连接，然后从U1、V1、W1接线柱分别引线，与三相交流电源线相连接。

图 1-22　三相交流异步电动机三角形接线方法

1.4　单相交流异步电动机接线实战

　　单相交流异步电动机有两组绕组、一个启动电容或一个运行电容、离心开关，结构比较复杂，因此接线难度比较大，如果接错，可能烧毁电动机。下面详细讲解单相交流异步电动机的接线方法。

1.4.1　图解单电容单相交流异步电动机正转接线实战

　　单电容单相交流异步电动机正转接线方法如图 1-23 所示。

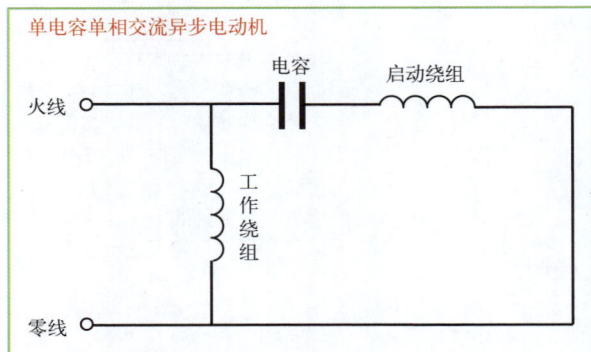

①单电容单相交流异步电动机正转(顺时针)电路原理图。

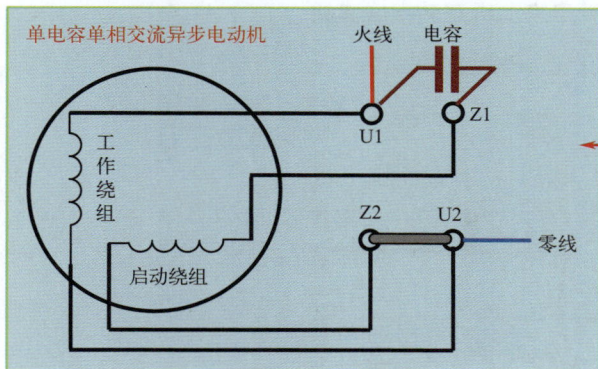

②在单电容单相交流异步电动机中，U1和U2之间连接的是工作绕组，Z1和Z2之间连接的是启动绕组，电容在电动机外壳上。
③正转(顺时针)的连线方法：先将电容的两根线分别接U1和Z1，然后将U2和Z2短接，最后将220V电源的火线接U1，零线接U2或Z2。

图 1-23　单电容单相交流异步电动机正转接线方法

1.4.2　图解单电容单相交流异步电动机反转接线实战

单电容单相交流异步电动机反转接线方法如图 1-24 所示。

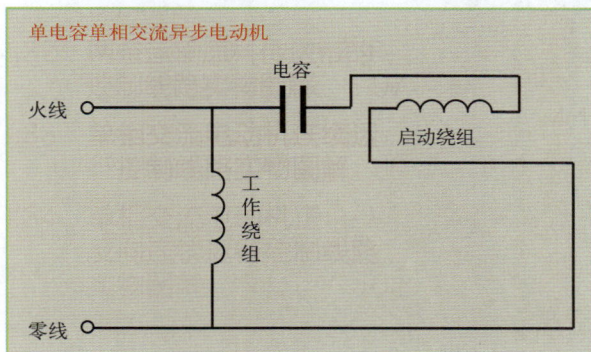

①单电容单相交流异步电动机反转(逆时针)电路原理图。

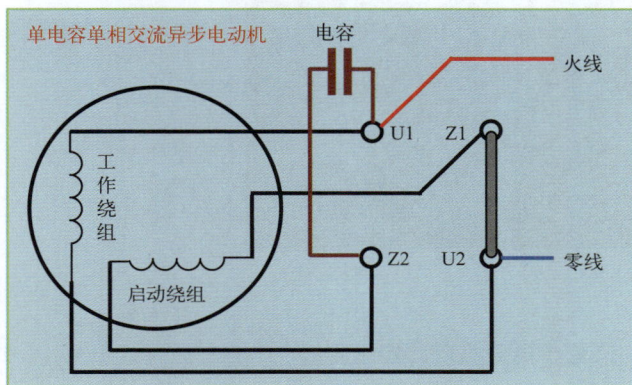

②反转(逆时针)的连线方法：先将电容的两根线分别接U1和Z2，然后将U2和Z1短接，最后将220V电源的火线接U1，零线接U2或Z1。

图 1-24　单电容单相交流异步电动机反转接线方法

1.4.3 图解双电容单相交流异步电动机正转接线实战

双电容单相交流异步电动机正转接线方法如图 1-25 所示。

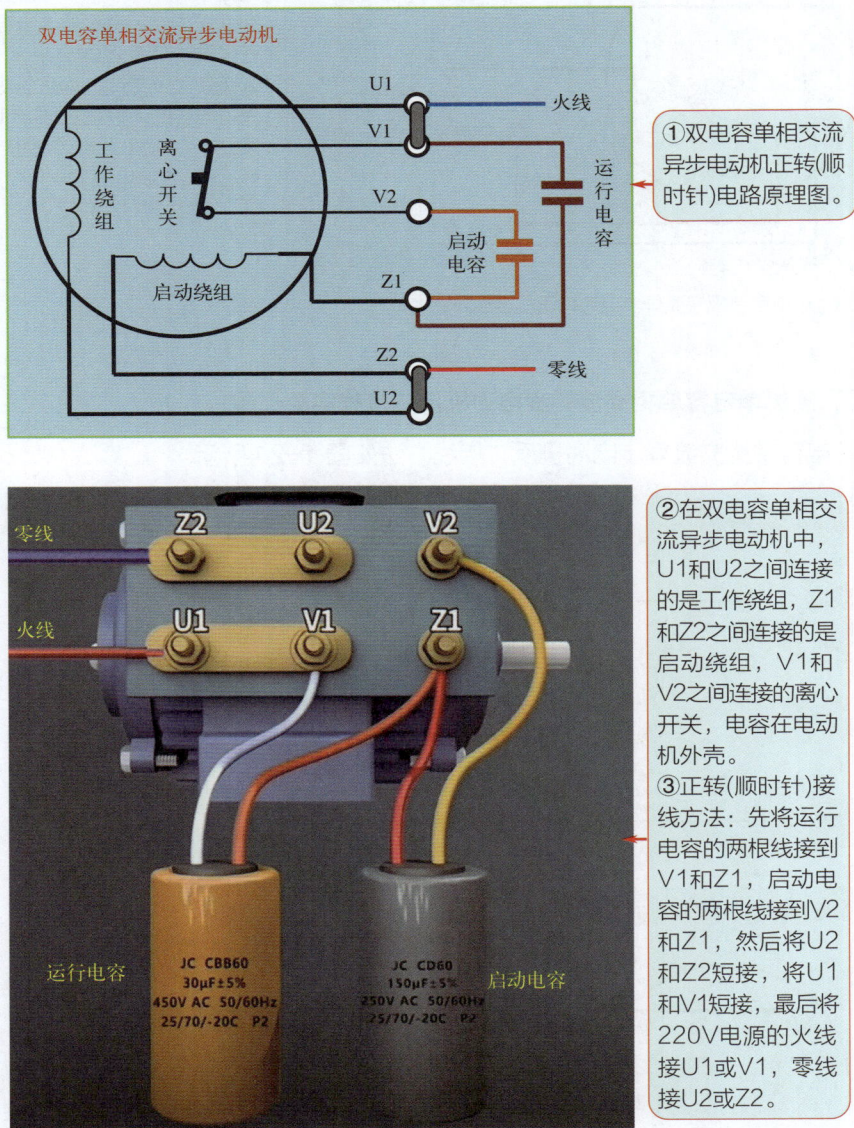

① 双电容单相交流异步电动机正转(顺时针)电路原理图。

② 在双电容单相交流异步电动机中，U1 和 U2 之间连接的是工作绕组，Z1 和 Z2 之间连接的是启动绕组，V1 和 V2 之间连接的离心开关，电容在电动机外壳。

③ 正转(顺时针)接线方法：先将运行电容的两根线接到 V1 和 Z1，启动电容的两根线接到 V2 和 Z1，然后将 U2 和 Z2 短接，将 U1 和 V1 短接，最后将 220V 电源的火线接 U1 或 V1，零线接 U2 或 Z2。

图 1-25 双电容单相交流异步电动机正转接线方法

1.4.4 图解双电容单相交流异步电动机反转接线实战

双电容单相交流异步电动机反转接线方法如图 1-26 所示。

双电容单相交流异步电动机

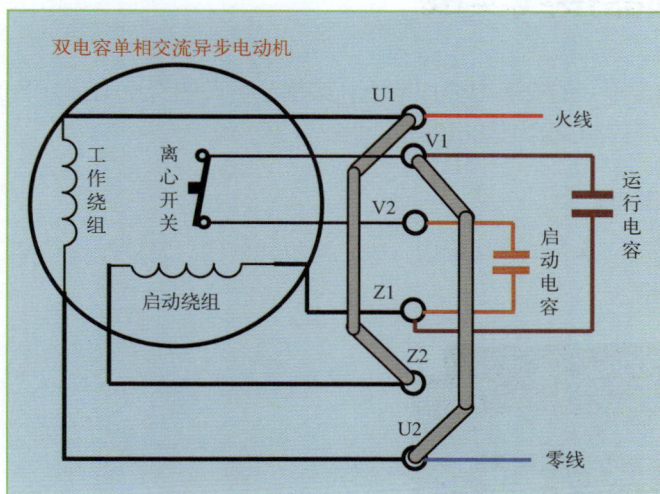

①双单电容单相交流异步电动机反转(逆时针)电路原理图。

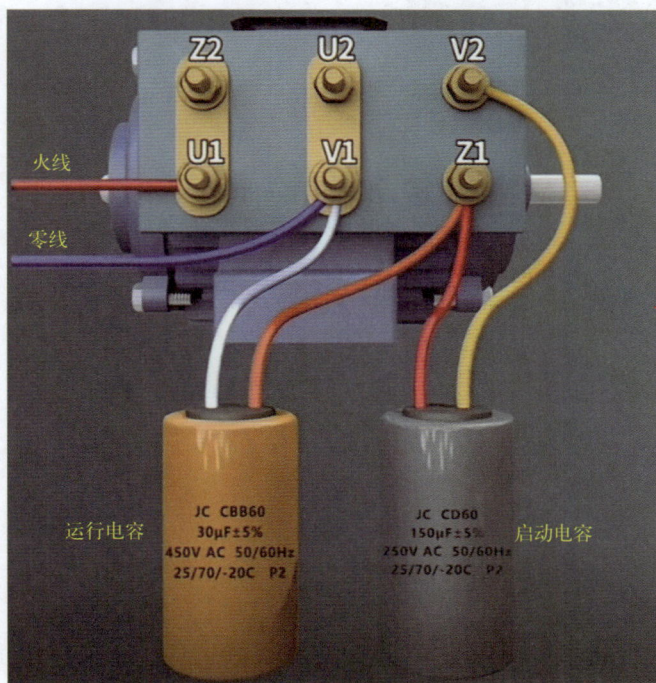

②在双电容单相交流异步电动机中，U1和U2之间连接的是工作绕组，Z1和Z2之间连接的是启动绕组，V1和V2之间连接的离心开关，电容在电动机外壳。

③反转(逆时针)接线方法：先将运行电容的两根线接到V1和Z1，启动电容的两根线接到V2和Z1，然后将U1和Z2短接，将U2和V1短接，最后将220V电源的火线接U1或Z2，零线接U2或V1。

图1-26　双电容单相交流异步电动机反转接线方法

1.5 变频器接线实战

变频器是将频率固定不变的交流电变成电压、频率都可调的交流电源,通过改变电动机工作电源频率来控制交流电动机的转动。

1.5.1 图解变频器接口功能

变频器的接口主要包括输入电源线接口、输出电机线接口以及控制线路接口三大部分,如图 1-27 所示。

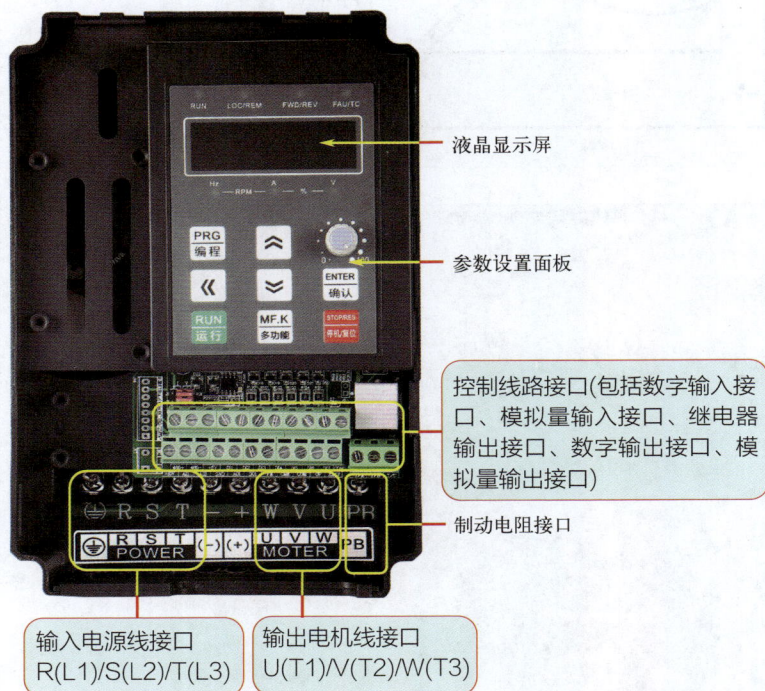

液晶显示屏

参数设置面板

控制线路接口(包括数字输入接口、模拟量输入接口、继电器输出接口、数字输出接口、模拟量输出接口)

制动电阻接口

输入电源线接口
R(L1)/S(L2)/T(L3)

输出电机线接口
U(T1)/V(T2)/W(T3)

图 1-27 变频器的接口

1.5.2 图解变频器接线实战

不同品牌的变频器,接线方式有所不同,但基本原理相通。接下来对变频器的基本接线方法进行详细讲解。

(1)主电路接线方法

变频器的主电路包括输入电源线接口、输出电机线接口、制动电阻接口等,主要用来连接输入电源线、电机连接线、制动单元或制动电阻，其接线方法如图1-28所示。

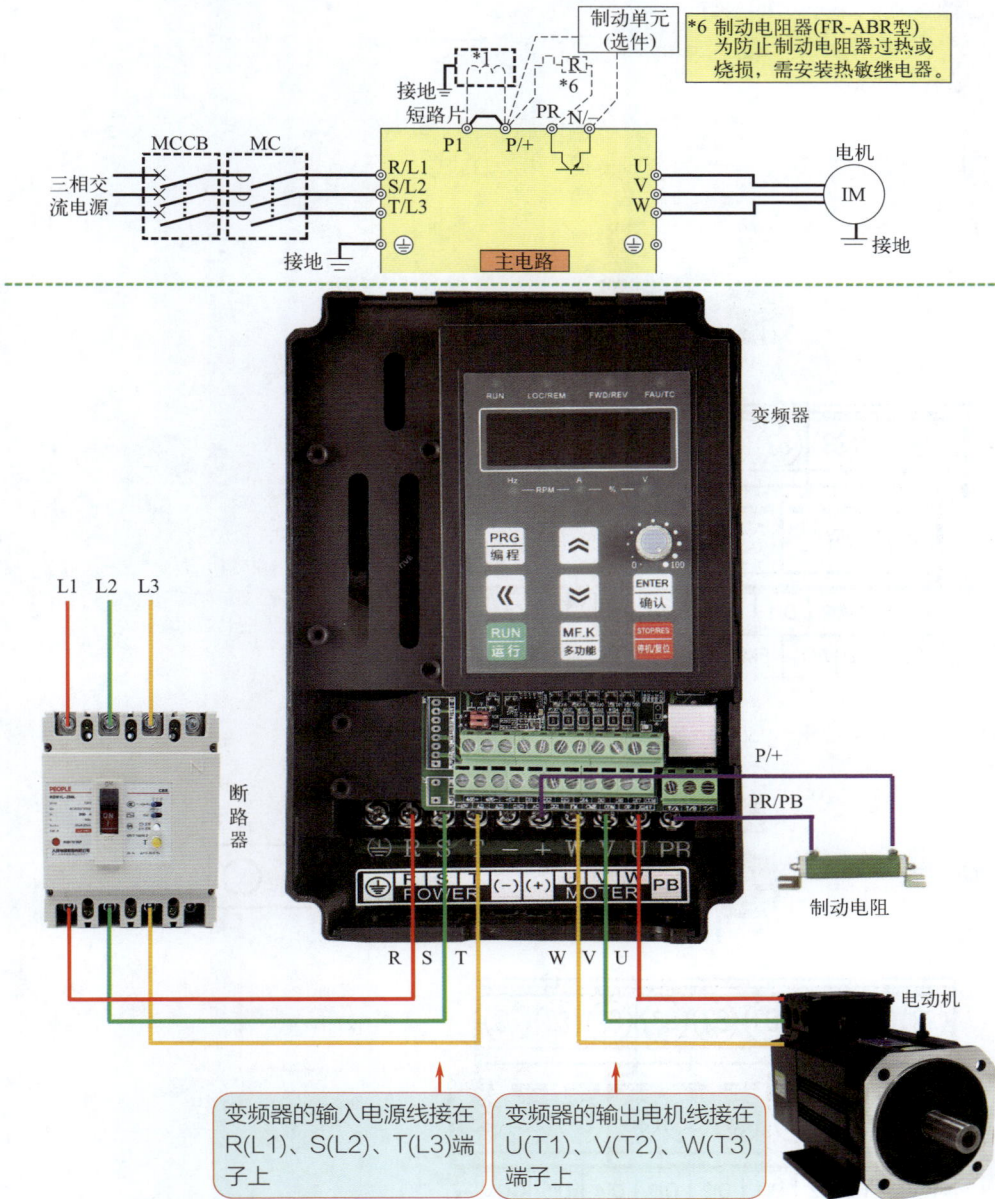

图1-28　主电路接线方法

（2）控制信号输入接线方法

控制信号一般包括启动、停止、正转、反转、高速、低速等，这些控制信号通过数字输入端子（如 DI1、DI2）等输入。

数字输入端子的接线方式有漏型接线方式（NPN）和源型接线方式（PNP）两种。

① 漏型接线方式中，电流从输入点流出，即将输入点接入电源负极导通。如图 1-29 和图 1-30 所示为变频器漏型接线方式。

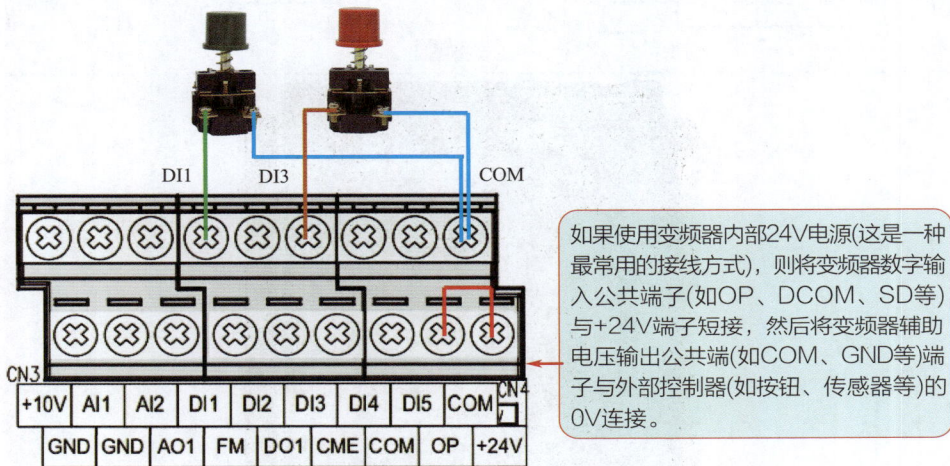

如果使用变频器内部24V电源(这是一种最常用的接线方式)，则将变频器数字输入公共端子(如OP、DCOM、SD等)与+24V端子短接，然后将变频器辅助电压输出公共端(如COM、GND等)端子与外部控制器(如按钮、传感器等)的0V连接。

图 1-29　使用变频器内部 24V 电源的漏型接线方式

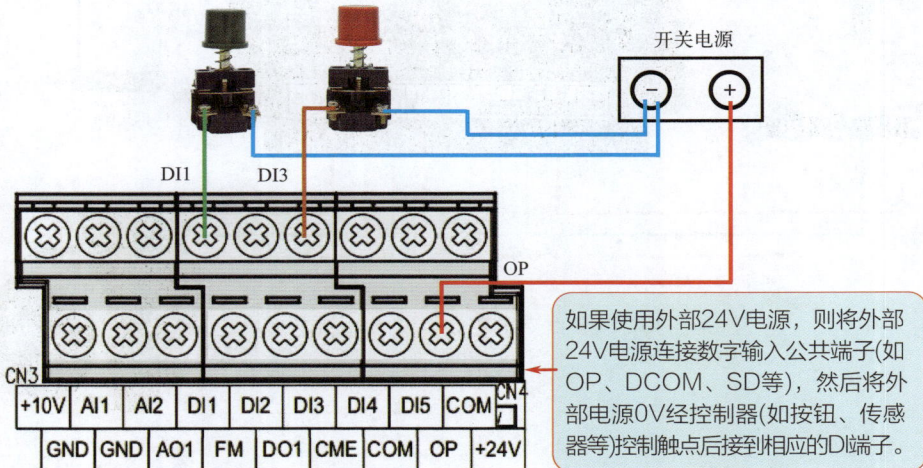

如果使用外部24V电源，则将外部24V电源连接数字输入公共端子(如OP、DCOM、SD等)，然后将外部电源0V经控制器(如按钮、传感器等)控制触点后接到相应的DI端子。

图 1-30　使用外部 24V 电源的漏型接线方式

② 源型接线方式中，电流流入输入点，即将输入点接入电源正极导通。如图 1-31 和图 1-32 所示为变频器源型接线方式。

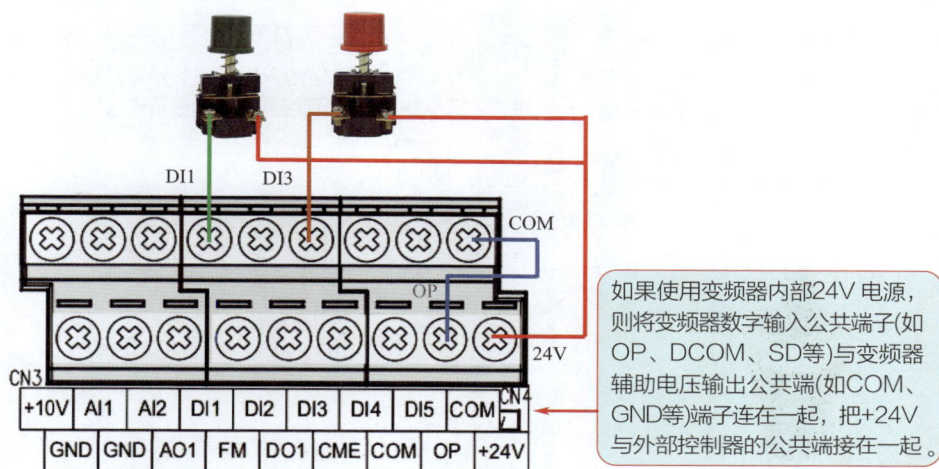

如果使用变频器内部24V 电源，则将变频器数字输入公共端子(如OP、DCOM、SD等)与变频器辅助电压输出公共端(如COM、GND等)端子连在一起，把+24V 与外部控制器的公共端接在一起。

图 1-31　使用变频器内部 24V 电源的源型接线方式

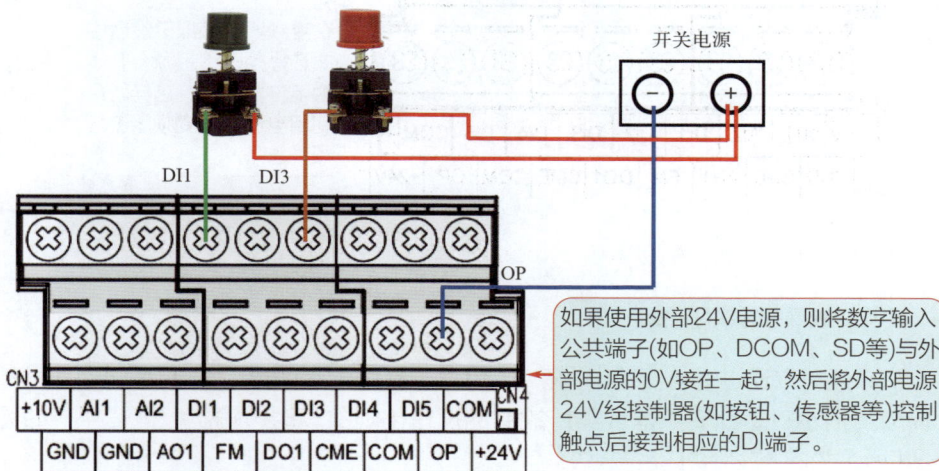

如果使用外部24V电源，则将数字输入公共端子(如OP、DCOM、SD等)与外部电源的0V接在一起，然后将外部电源24V经控制器(如按钮、传感器等)控制触点后接到相应的DI端子。

图 1-32　使用外部 24V 电源的源型接线方式

（3）频率给定输入接线方法

频率给定设置通过模拟量输入端子（如 AI1、AI2）来改变变频器的输出频率。变频器的模拟量可以是电压信号，也可以是电流信号，电压信号通常取 0 ~ 10V，电流信号通常取 4 ~ 20mA。变频器的频率给定通常通过电位器实现，如图 1-33 所示为频率给定输入接线方法。

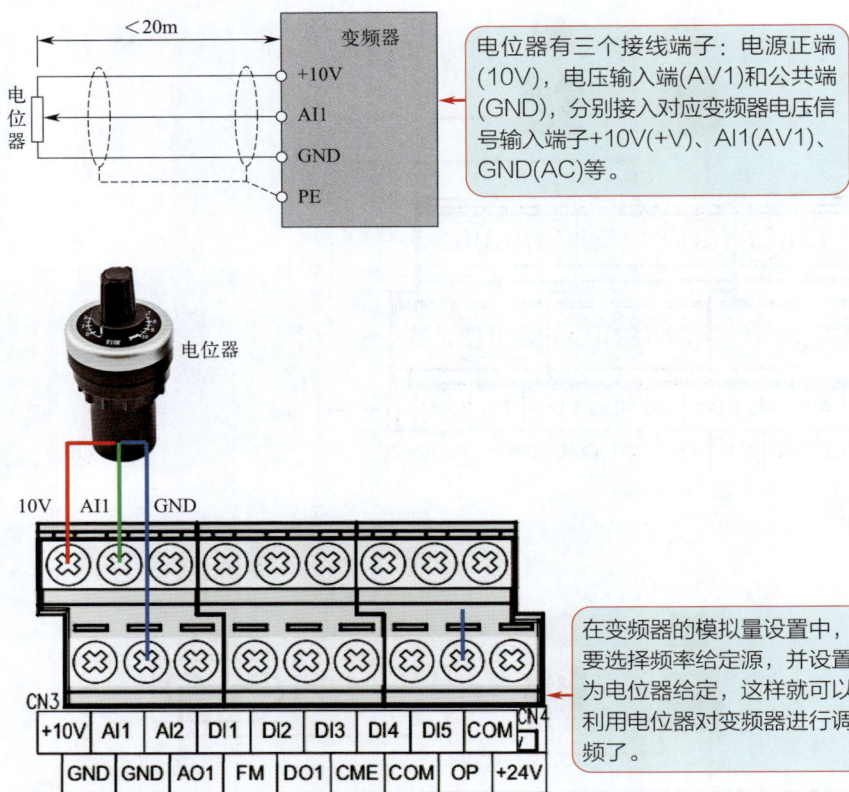

图 1-33　频率给定输入接线方法

（4）故障指示灯接线方法

变频器可以通过继电器输出端子（如 TA/TB/TC、A1/B1/C1、RA/RB/RC 等）连接故障指示灯，在变频器或其所控制的设备出现故障时，输出报警信号。如图 1-34 所示为故障指示灯接线方法。

提示　变频器的继电器输出端子还可以连接接触器、继电器、按钮等元件，控制变频器的启动、正反转等。

1.5.3　常见变频器接线图

下面为一些常见的变频器标准接线图，如图 1-35 ~ 图 1-40 所示。

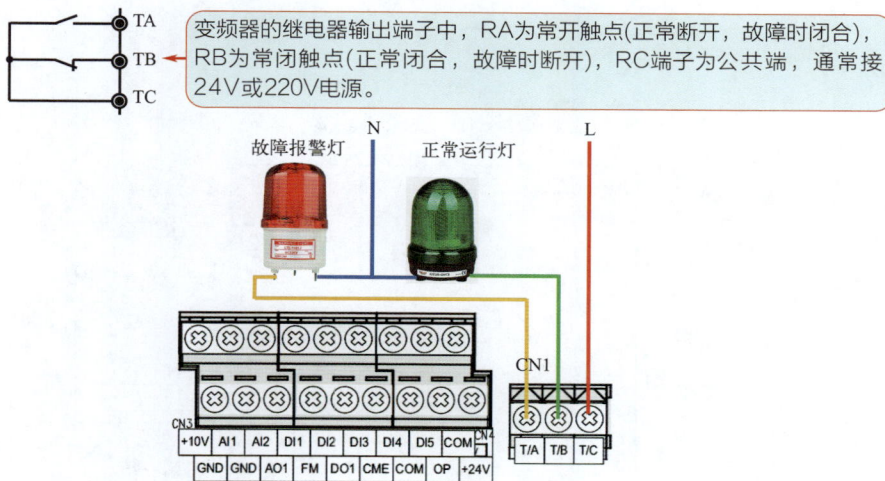

变频器的继电器输出端子中，RA为常开触点(正常断开，故障时闭合)，RB为常闭触点(正常闭合，故障时断开)，RC端子为公共端，通常接24V或220V电源。

图 1-34　故障指示灯接线方法

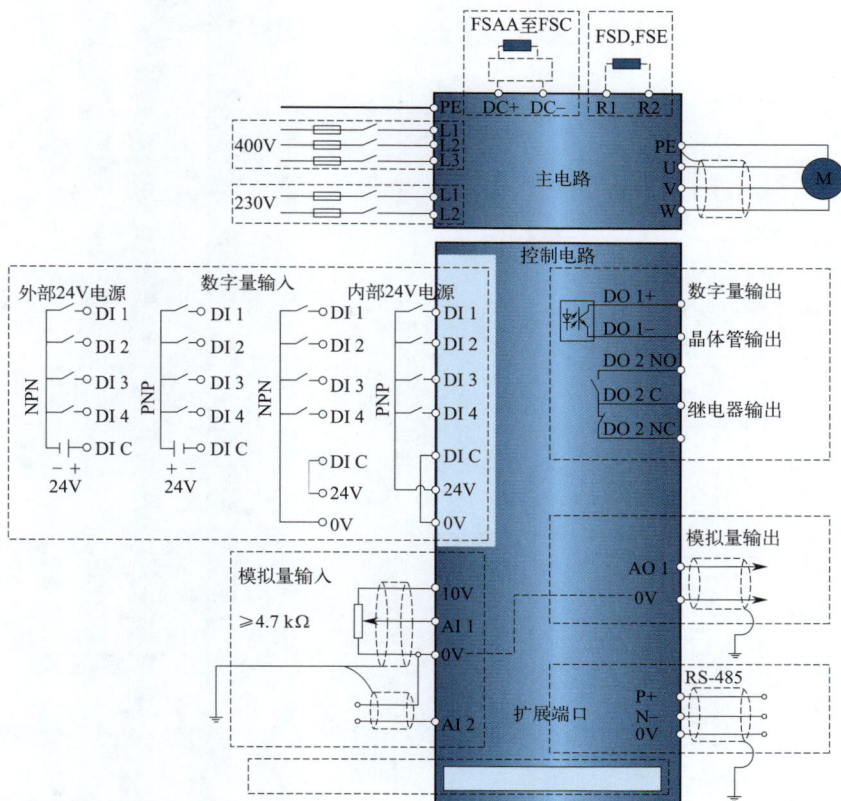

图 1-35　西门子变频器接线图

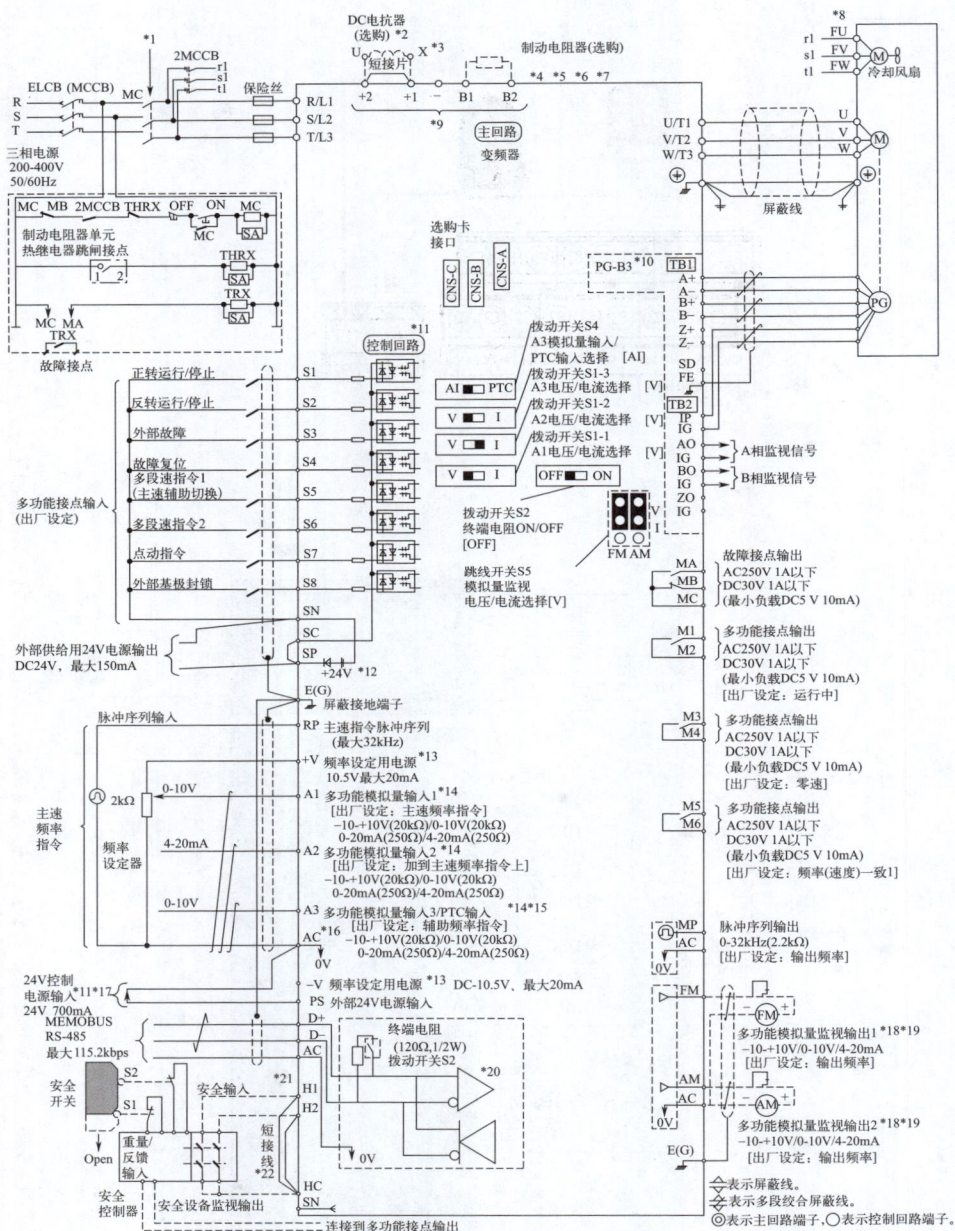

图 1-36　安川变频器接线图

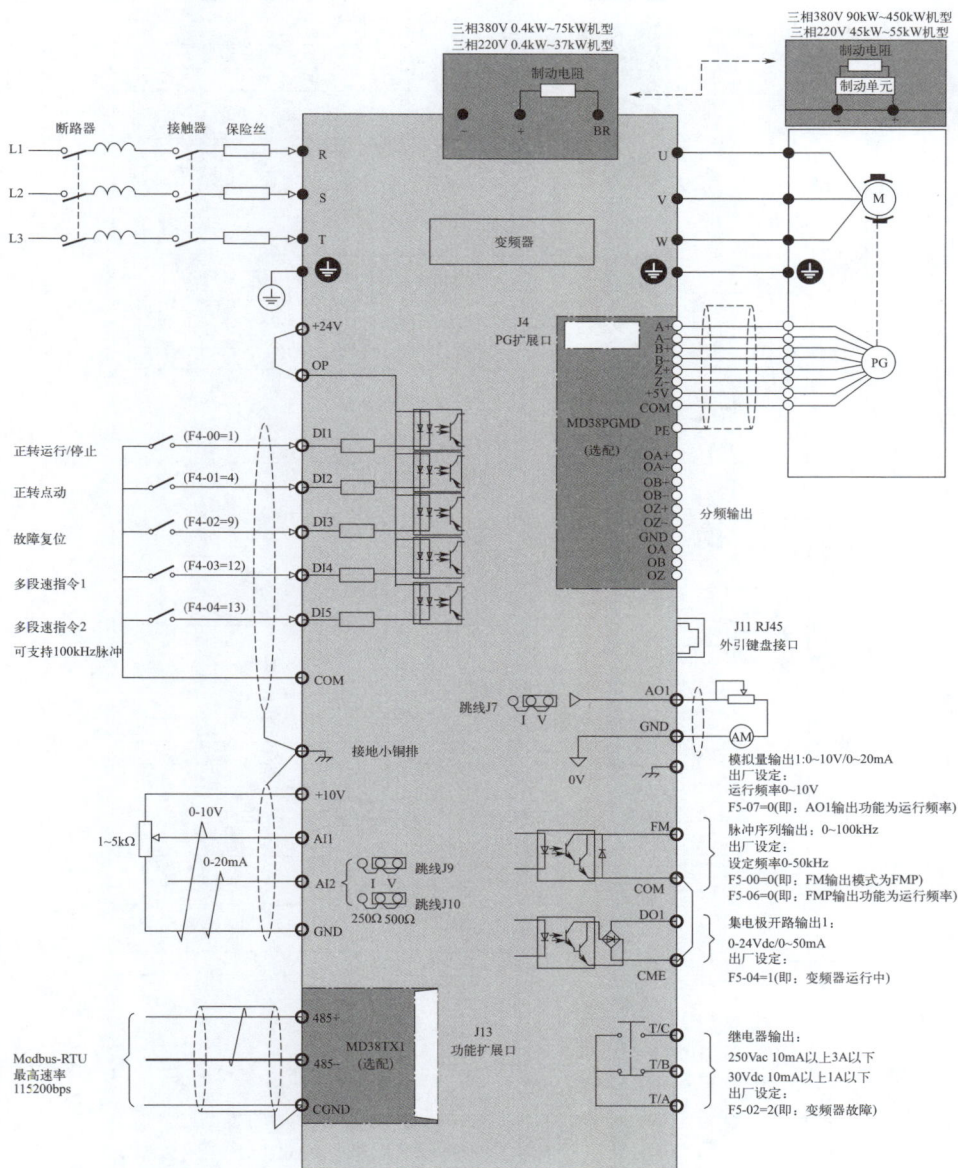

三相380V 0.4kW~75kW机型
三相220V 0.4kW~37kW机型

三相380V 90kW~450kW机型
三相220V 45kW~55kW机型

制动电阻

制动单元

断路器　接触器　保险丝

L1 — R

L2 — S

L3 — T

变频器

M

+24V

OP

J4
PG扩展口

A+
A-
B+
B-
Z+
Z-
COM

MD38PGMD
（选配）

PE

OA+
OA-
OB+
OB-
OZ+
OZ-
GND
OA
OB
OZ

分频输出

PG

正转运行/停止　（F4-00=1）　DI1

正转点动　（F4-01=4）　DI2

故障复位　（F4-02=9）　DI3

多段速指令1　（F4-03=12）　DI4

多段速指令2　（F4-04=13）　DI5
可支持100kHz脉冲

COM

接地小铜排

+10V

0-10V　1~5kΩ　AI1

0-20mA　AI2　跳线J9
　　　　　　　I V
　　　　　　250Ω 500Ω　跳线J10

GND

485+

MD38TX1
（选配）

485-

Modbus-RTU
最高速率
115200bps

CGND

J13
功能扩展口

J11 RJ45
外引键盘接口

跳线J7　I V　AO1

GND

AM

0V

模拟量输出1:0~10V/0~20mA
出厂设定:
运行频率0~10V
F5-07=0(即: AO1输出功能为运行频率)

FM

脉冲序列输出: 0~100kHz
出厂设定:
设定频率0-50kHz
F5-00=0(即: FM输出模式为FMP)
F5-06=0(即: FMP输出功能为运行频率)

COM

DO1

集电极开路输出1:
0-24Vdc/0~50mA
出厂设定:
F5-04=1(即: 变频器运行中)

CME

T/C

T/B

T/A

继电器输出:
250Vac 10mA以上3A以下
30Vdc 10mA以上1A以下
出厂设定:
F5-02=2(即: 变频器故障)

图1-37　汇川变频器接线图

XPOW	外部输入电源	
1	+24VI	24 V DC, 2A
2	GND	
XAI	**参考电压和模拟输入**	
1	+VREF	10 V DC, R_1 1…10kΩ
2	−VREF	−10 V DC, R_1 1…10kΩ
3	AGND	接地
4	AI1+	速度给定0(2)…10V, R_{in}＞200kΩ
5	AI1−	
6	AI2+	默认未使用。0(4)…20mA, R_{in}＞
7	AI2−	100Ω
J1	J1	AI1电流/电压选择跳线
J2	J2	AI2电流/电压选择跳线
XAO	**模拟输出**	
1	AO1	电机速度rpm 0…20mA, R_L＜500Ω
2	AGND	
3	AO2	电机电流0…20mA, R_L＜500Ω
4	AGND	
XD2D	**传动对传动连接**	
1	B	
2	A	传动对传动连接
3	BGND	
J3	J3	传动对传动连接终端跳线
XRO1, XRO2, XRO3继电器输出		
1	NC	准备
2	COM	250V AC/30V DC
3	NO	2A
1	NC	运行
2	COM	250V AC/30V DC
3	NO	2A
1	NC	故障(−1)
2	COM	250V AC/30V DC
3	NO	2A
XD24	**数字互锁**	
1	DIIL	默认未使用。
2	+24VD	+24V DC 200mA[1]
3	DICOM	数字输入接地
4	+24VD	+24V DC 200mA[1]
5	DIOGND	数字输入/输出接地
J6	接地选择开关	
XDIO	**数字输入/输出**	
1	DIO1	输出:准备
2	DIO2	输出:运行
XDI	**数字输入**	
1	DI1	停止(0)/启动(1)
2	DI2	正转(0)/反转(1)
3	DI3	复位
4	DI4	加速 & 减速选择
5	DI5	恒速选择
6	DI6	数字输入6或者热敏电阻输入
XSTO	**安全力矩中断**	
1	OUT1	
2	SGND	安全力矩中断。两个电路必须闭合以备
3	IN1	传动启动。
4	IN2	
X12	安全功能模块连接	
X13	控制盘连接	
X205	存储单元连接	

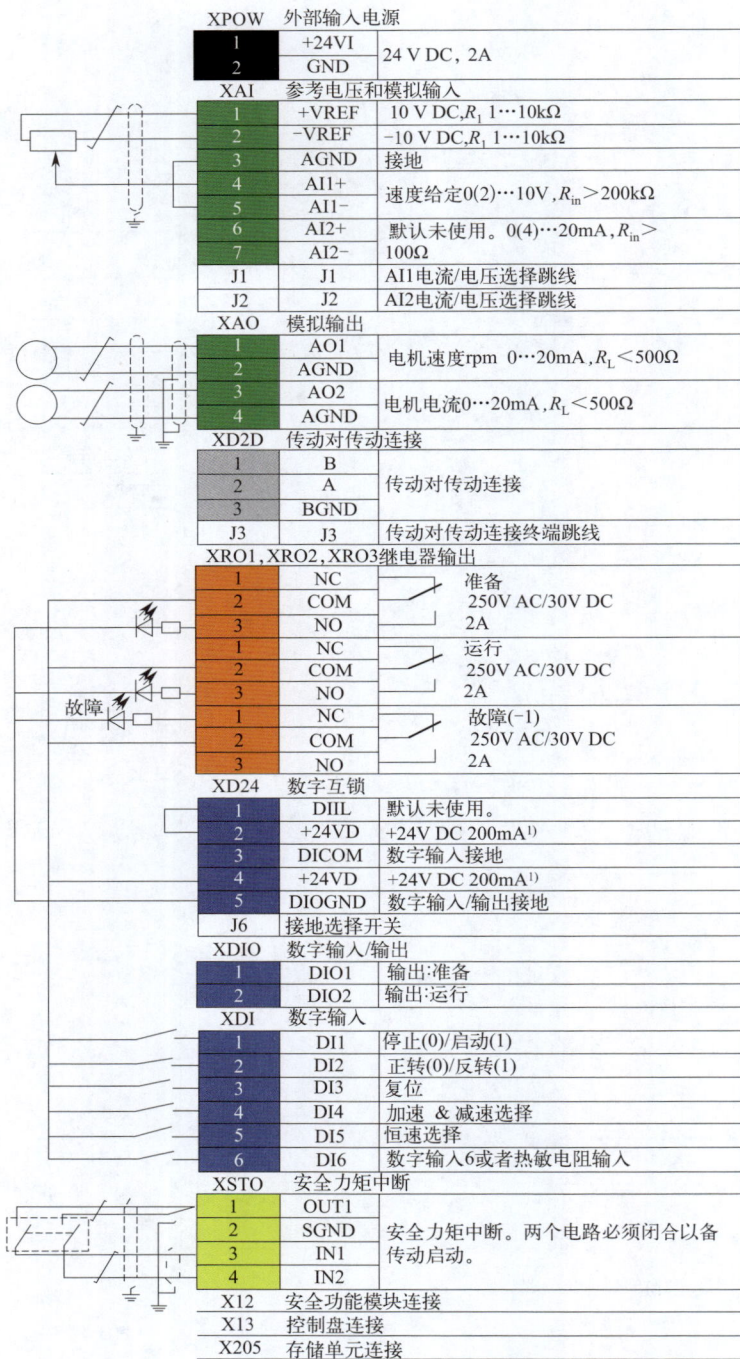

图 1-38　ABB 变频器接线图

第 1 章 PLC/变频器/电动机接线实战

提供单相/三相电源输入 　　直流电抗器(选购)

制动电阻(选购)

无熔丝断路器或保险丝

短路片

R/L1　　S/L2　　T/L3

DC−　DC+/+1　+2/B1　B2

R/L1　S/L2　T/L3

电机

U/T1　V/T2　W/T3

3~

NDTE
建议客户在控制端子RB-RC加装异常或电源瞬间断路保护线路。
此保护线路利用变频器多功能输出端子当变频器发生异常时接点导通将电源断开以保护电源系统。

SA MC
OFF
ON
MC

RB
RC

NDTE
RB-RC即为多功能接点输出端子

+24V
+24V

正转/停止
反转/停止
多段速指令1
多段速指令2
多段速指令3
多段速指令4
无指定功能
数字信号共同端子

出厂设定值

MI1
MI2
MI3
MI4
MI5
MI6
MI7
DCM

RA　多功能接点输出端子
RB　250V$_{AC}$/3A(N.O.)
RC　250V$_{AC}$/3A(N.C.)
　　250V$_{AC}$/1.2A(N.O.)
　　Estimate at COS(0.4)

NDTE
MI7可脉波输入33kHz
请勿直接输入主回路电压至外部端子
出厂设定值:
NPN(SINK)模式
请参考第06章控制回路端子

NPN PNP

DFM　多功能输出频率端子
　　　30V$_{DC}$/30mA 33kHZ
DCM

MO1　多功能输出端子
　　　48V$_{DC}$/50mA
MO2　多功能输出端子
　　　48V$_{DC}$/50mA
MCM　多功能输出共同端子
　　　(光耦合)

NDTE
*1:为+24V和S1及S2间出厂短路线。
　要使用Safety功能配线时，请将此短路线移除。
*2:+24V电源仅供STO使用，不能作其他用途使用。

E STOP

+24 V$_{DC}$

Safety PLC

*1　DCM　*2
　　+24V
　　S1
　　S2

AFM　多功能模拟输出端子
　　　0-10V$_{DC}$/
ACM　0-20mA/4-20mA
　　　模拟信号共同端子

0-10V 0-20mA/4-20mA
AFM

SGND
SG+ Modbus RS-485
SG−

B-1

+10V$_{DC}$/20mA

5kΩ

0-10V$_{DC}$
−10V$_{DC}$-+10V$_{DC}$
0-20mA/4-20mA
0-10V$_{DC}$
模拟信号共同端子

+10V
AVI
ACI
ACM

0-20mA/4-20mA
0-10V
ACI

扩展槽　通信卡/DC 24V外部电源卡

USB埠

○ 主回路端子
◉ 控制回路端子

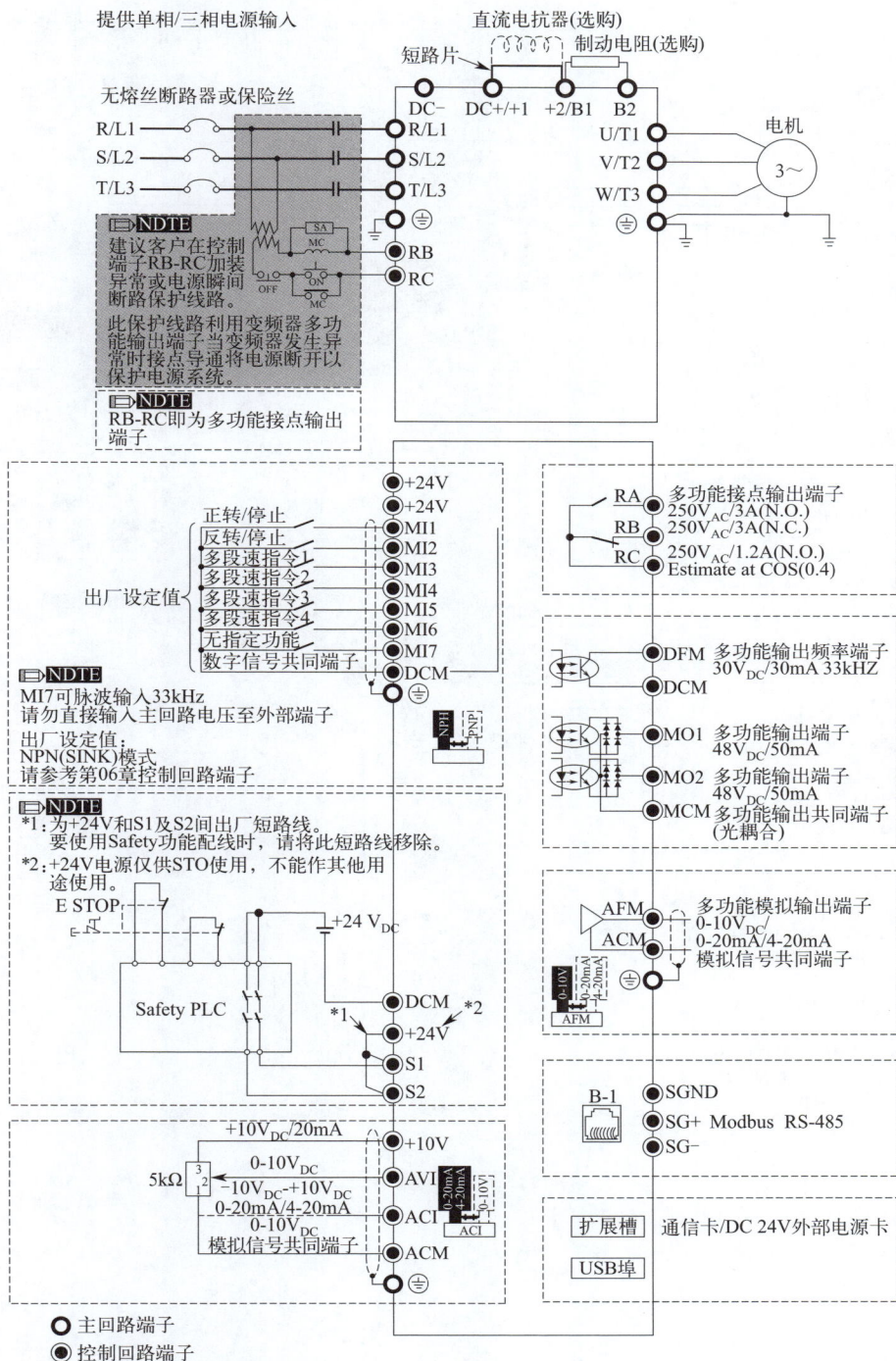

图 1-39　台达变频器接线图

漏型
◎ 主电路端子
○ 控制电路端子

*1.直流电抗器(FR-HEL)
连接直流电抗器时,应取下P1-P/+间的短路片。

制动单元(选件)

*6 制动电阻器(FR-ABR型)
为防止制动电阻器过热或烧损,应安装热敏继电器。

接地短路片

*1   R   *6

P1   P/+   PR   N

MCCB   MC

三相交流电源

R/L1
S/L2
T/L3

接地

U
V
W

电机

IM

接地

主电路

控制电路

标准控制端子排

控制输入信号(电压输入不可)

可通过输入端子功能分配(Pr.178~Pr.184)变更端子的功能

正转启动
反转启动
高速
中速   多段速度选择
低速
输出停止
复位

STF
STR
RH
RM
RL
MRS
RES
SD
PC*2

SOURCE   SINK

*2 端子PC-SD间作为DC24V电源使用时,请注意两端子间不要短路。

接点输入公共端
DC24V电源
(外部电源晶体管公共端)

C
B
A

继电器输出(异常输出)

继电器输出

可通过Pr.192 ABC端子功能选择变更端子的功能。

RUN
FU
SE

运行中
频率检测

(集电极开路输出公共端)
漏型、源型通用

集电极开路输出

可通过输出端子功能分配(Pr.190、Pr.191)变更端子的功能。

频率设定信号(模拟)

*3 可通过模拟量输入选择(Pr.73)进行变更。

频率设定器1/2W1kΩ

2
1

10(+5V)
2 DC0~5V *3
   (DC0~10V)
5 (模拟公共端)
4 DC4~20mA
   DC0~5V   *4
   DC0~10V

AM
5

模拟电压输出
(DC0~10V)

(+)
(-)

PU接口

USB接口

*4 可通过模拟量输入规格切换(Pr.267)进行变更。设为电压输入(0~5V/0~10V)时,请将电压/电流输入切换开关置为"V",电流输入(4~20mA)时,请置为"1"(初始值)。

端子4输入(电流输入)

(+)
(-)

I   V
电压/电流输入切换开关 *4

*5 频率设定变更频度高时,推荐为2W 1kΩ。

内置选件连接用接口

选件接口

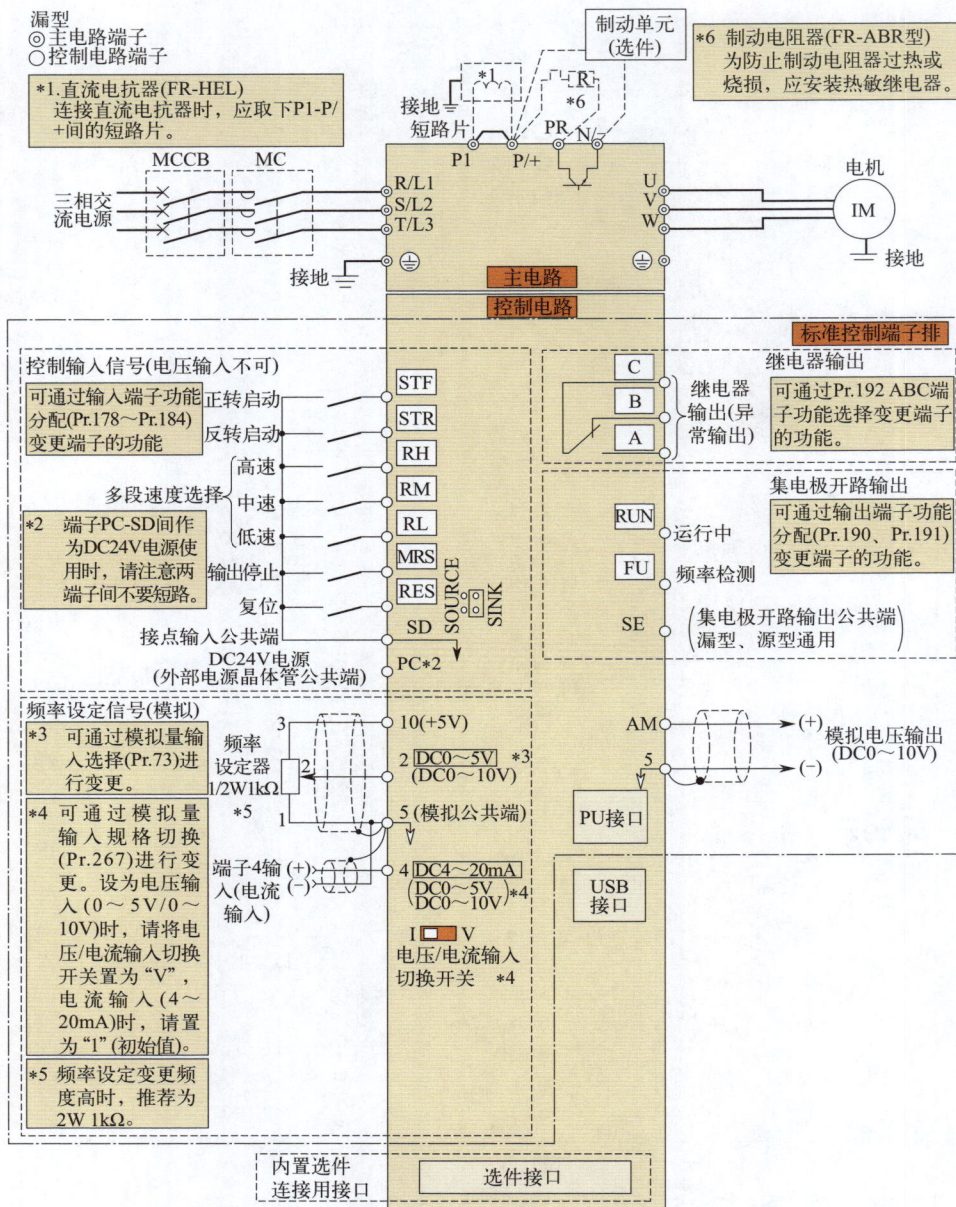

图 1-40   三菱变频器接线图

第 2 章

图解电气基本控制线路和实物接线图实战

电气控制线路多种多样，这些控制线路又由一些基本控制线路组合而成。这些基本控制线路包括自锁控制线路、点动控制线路、两端控制线路等。本章将结合实物接线图对这些常用基本控制线路进行分析。

2.1 图解常见基本控制线路

常见的基本控制线路主要包括点动控制、自锁控制、点动和连续运行组合控制、互锁控制、两地控制等，本节将结合实物接线图详解常见基本控制线路。

2.1.1 点动控制线路实物图解

点动控制是指按下按钮电动机得电启动运转，松开按钮电动机失电直至停转。点动控制线路和实物接线图如图 2-1 所示。

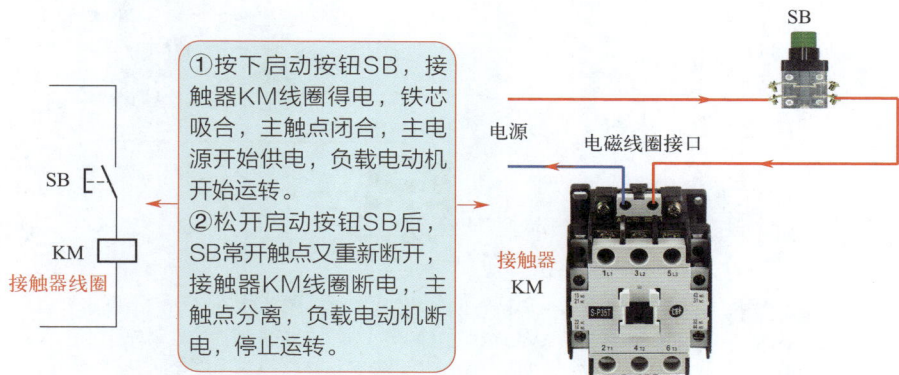

① 按下启动按钮SB，接触器KM线圈得电，铁芯吸合，主触点闭合，主电源开始供电，负载电动机开始运转。

② 松开启动按钮SB后，SB常开触点又重新断开，接触器KM线圈断电，主触点分离，负载电动机断电，停止运转。

图 2-1 点动控制线路和实物接线图

2.1.2　自锁控制线路实物图解

自锁也称为自保持，是当按钮松开以后触点断开，电路中的接触器线圈还能得电保持吸合，这是利用了接触器本身的辅助常开接点来实现的。如图 2-2 所示为自锁控制线路和实物接线图。

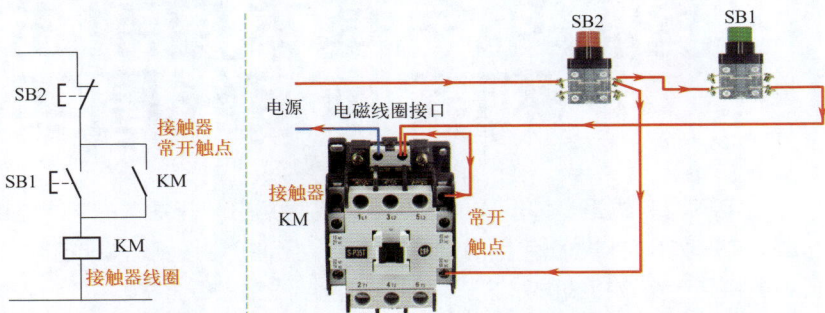

当按下启动按钮SB1时，接触器KM线圈吸合，负载电动机通电，开始运转，同时接触器的常开触点KM1闭合，实现自锁。当按下停止按钮SB2时，接触器KM线圈失电分离，负载电动机断电停止运转。

图 2-2　自锁控制线路和实物接线图

2.1.3　多点自锁控制线路实物图解

多点自锁控制是指按下几个按钮中的任意一个，电动机得电运转，松开按钮电动机进行自锁，依旧正常运转，按下停止按钮，电动机才失电停转。多点自锁控制线路和实物接线图如图 2-3 所示（以两点自锁为例）。

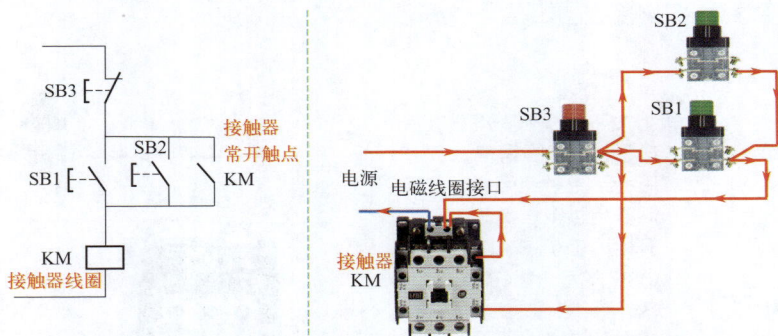

当按下启动按钮SB1或SB2，接触器KM线圈吸合，主触点闭合，负载电动机开始运转。同时，接触器KM的辅助常开触点闭合，实现自锁。当按下停止按钮SB3时，接触器KM线圈断电分离，主、辅触点被打开，主供电断开，负载电动机停止运转。

图 2-3　多点自锁控制线路和实物接线图

2.1.4 点动和连续运行组合控制线路实物图解

点动和连续运行互换控制是指既可以控制负载连续运转，也可以控制负载按点动来运转，如图 2-4 所示为点动和连续运行互换控制线路和实物接线图。

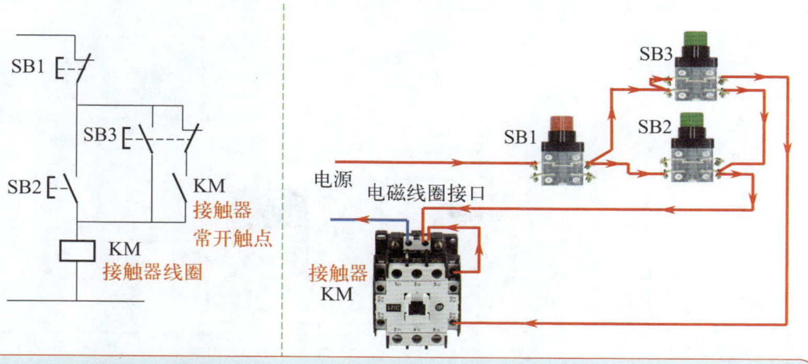

> 按下启动按钮SB3时，SB3的常闭触点断开，接触器KM无法自锁，SB3的常开触点接通，接触器KM线圈吸合，负载电动机开始运转；当松开启动按钮SB3时，接触器KM线圈分离，负载停止运转。当连续运行时，按下启动按钮SB2，接触器KM线圈得电吸合，负载开始运转，同时接触器KM的常开触点闭合，实现自锁。

图 2-4　点动和连续运行互换控制线路和实物接线图

2.1.5 两地控制连续运行控制线路实物图解

两地控制是指在两个地方分别设置操作按钮来控制一台设备启动、停止。操作人员可以在任何一个地方启动或停止设备，也可以在一个地方启动设备，在另一个地方停止设备，如图 2-5 所示为两地控制线路和实物接线图。

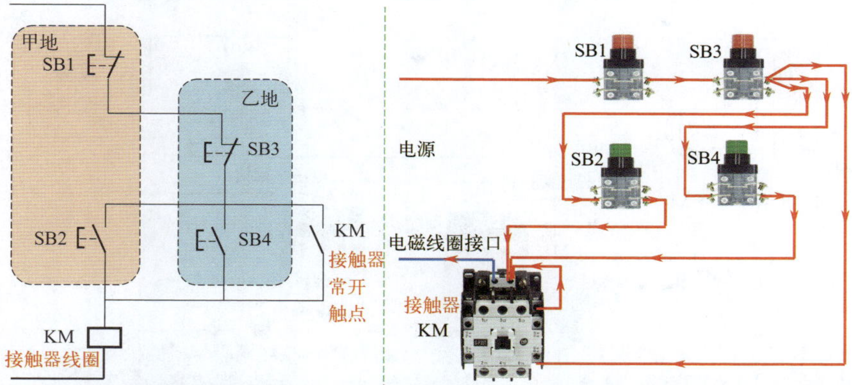

> 当按下控制按钮SB2和SB4中的任意一个，都可以启动，按下SB1和SB3中的任意一个停止按钮，都可停止。通过接线可以将这些按钮安装在不同地方，而达到多地点控制要求。

图 2-5　两地控制线路和实物接线图

2.1.6　正、反向点动运行控制线路实物图解

正、反向点动运行控制线路是指按下其中一个按钮电动机得电正向运转，松开按钮电动机失电停转。按下另一个按钮，电动机得电反向运转，松开按钮电动机失电停转。正、反向点动运行控制线路和实物接线图如图 2-6 所示。

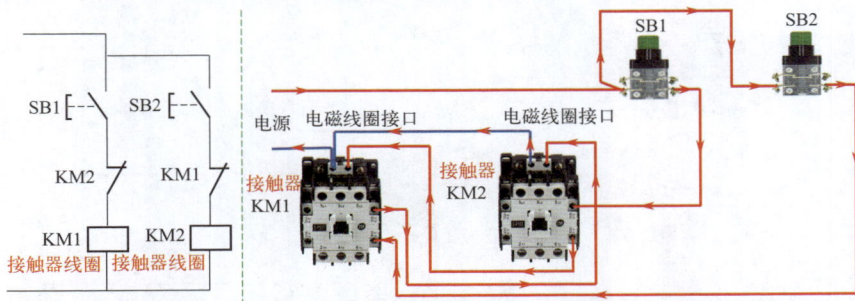

①当按下正转启动按钮SB1时，负载电动机开始运转，同时，接触器KM1常闭触点分离，防止KM2接触器误动作。松开按钮SB1后，接触器KM1线圈分离，电动机停止转动。
②当按下反转启动按钮SB2时，负载电动机开始运转。同时，接触器KM2常闭触点分离，防止KM1接触器误动作。松开SB2后，接触器KM2线圈分离，电动机停止转动。

图 2-6　正、反向点动运行控制线路和实物接线图

2.1.7　互锁控制线路实物图解

互锁控制是指两个控制按钮的常闭触点相互连接的形式。当按其中一个按钮时，接通第一个电路，电动机运转，同时，断开第二个电路的连接；按另一个按钮时，接通第二个电路，电动机运转，同时断开第一个电路的连接。这种控制线路可以有效防止操作人员误操作，避免短路事故的发生。如图 2-7 所示为互锁控制线路和实物接线图。

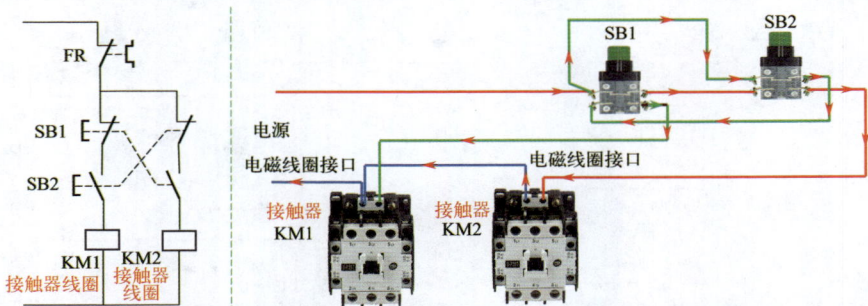

当按下复合按钮SB1时，SB1的常开触点闭合，接触器KM2线圈吸合，负载电动机开始转动；同时SB1的常闭触点断开，防止接触器KM1线圈得电吸合。当按下复合按钮SB2时，SB2的常开触点闭合，接触器KM1线圈吸合，负载电动机开始转动；同时SB2的常闭触点断开，防止接触器KM2线圈得电吸合。

图 2-7　互锁控制线路和实物接线图

2.2 图解有条件控制线路

有条件控制线路主要包括：有条件启动电路、按顺序启动电路、循环控制线路、顺序停止电路、延时启动电路等。本节将结合实物接线图详解有条件控制线路。

2.2.1 有条件启动控制线路实物图解（一）

有条件启动控制程序是指对一些有特定操作任务时，要求一个操作地点不能完成启动控制，必须两个以上操作才可以实现启动的电路。这样的控制线路通常用在保护操作人员或设备安全的控制线路中。如图 2-8 所示为有条件启动控制线路和实物接线图（一）。

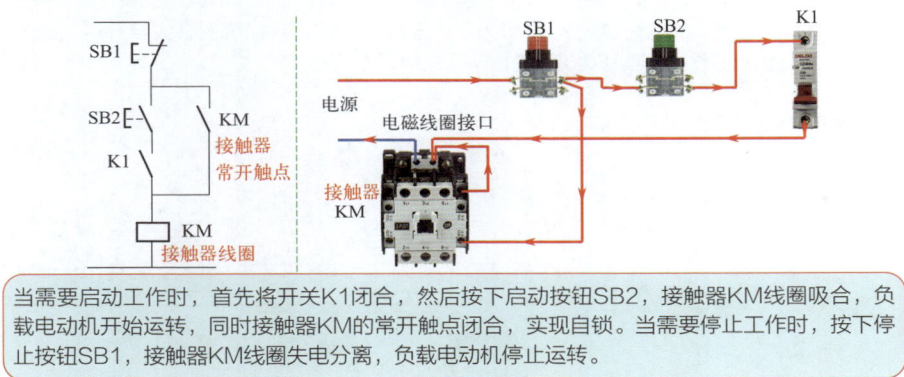

当需要启动工作时，首先将开关K1闭合，然后按下启动按钮SB2，接触器KM线圈吸合，负载电动机开始运转，同时接触器KM的常开触点闭合，实现自锁。当需要停止工作时，按下停止按钮SB1，接触器KM线圈失电分离，负载电动机停止运转。

图 2-8　有条件启动控制线路和实物接线图（一）

2.2.2 有条件启动控制线路实物图解（二）

本小节中，有条件启动控制线路只有继电器触点先闭合的情况下，按启动按钮才能启动运行设备。这种控制线路可以起到保护电路的作用。如图 2-9 所示为有条件启动控制线路和实物接线图（二）。

2.2.3 顺序启动控制线路实物图解

顺序启动控制是指在一个设备启动之后另一个设备才能启动的控制线路，这种控制多用于大型空调、制冷机等高功率的设备，如图 2-10 所示为顺序启动控制线路和实物接线图。

2.2.4 延时启动控制线路实物图解

延时启动控制线路是指在按下启动按钮后，设备控制线路不会立即启动，而是一段时间之后再启动的控制线路。如图 2-11 所示为延时启动控制线路和实物接线图。

33

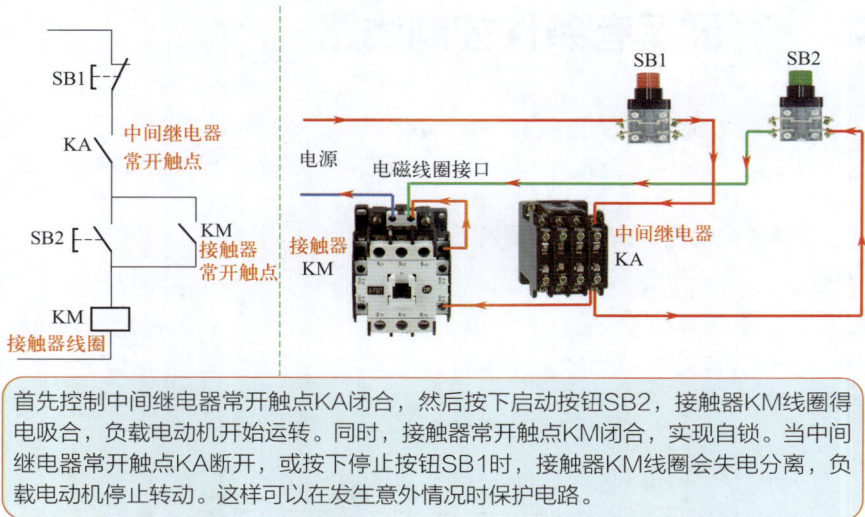

首先控制中间继电器常开触点KA闭合，然后按下启动按钮SB2，接触器KM线圈得电吸合，负载电动机开始运转。同时，接触器常开触点KM闭合，实现自锁。当中间继电器常开触点KA断开，或按下停止按钮SB1时，接触器KM线圈会失电分离，负载电动机停止转动。这样可以在发生意外情况时保护电路。

图 2-9 有条件启动控制线路和实物接线图（二）

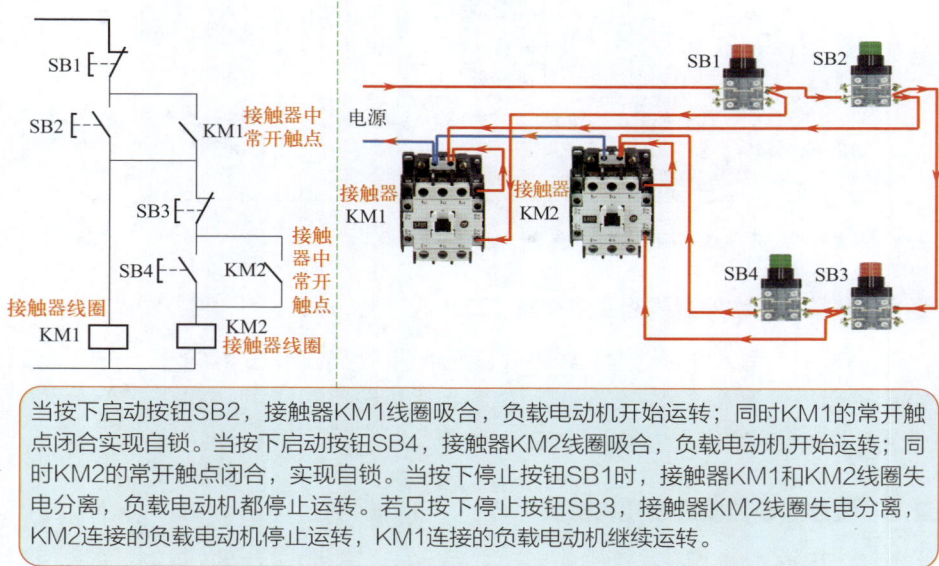

当按下启动按钮SB2，接触器KM1线圈吸合，负载电动机开始运转；同时KM1的常开触点闭合实现自锁。当按下启动按钮SB4，接触器KM2线圈吸合，负载电动机开始运转；同时KM2的常开触点闭合，实现自锁。当按下停止按钮SB1时，接触器KM1和KM2线圈失电分离，负载电动机都停止运转。若只按下停止按钮SB3，接触器KM2线圈失电分离，KM2连接的负载电动机停止运转，KM1连接的负载电动机继续运转。

图 2-10 顺序启动控制线路和实物接线图

2.2.5 自动循环运行控制线路实物图解

自动循环运行控制是指按时间控制的自动循环电路，如自动喷泉等，这种电路中主要用时间继电器和中间继电器来实现循环控制，如图 2-12 所示为自动循环运行控制线路和实物接线图。

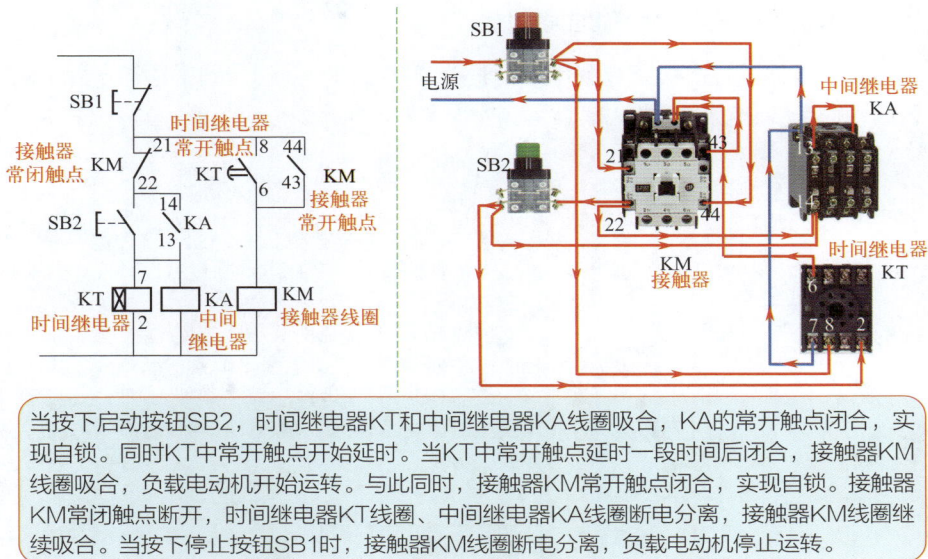

当按下启动按钮SB2，时间继电器KT和中间继电器KA线圈吸合，KA的常开触点闭合，实现自锁。同时KT中常开触点开始延时。当KT中常开触点延时一段时间后闭合，接触器KM线圈吸合，负载电动机开始运转。与此同时，接触器KM常开触点闭合，实现自锁。接触器KM常闭触点断开，时间继电器KT线圈、中间继电器KA线圈断电分离，接触器KM线圈继续吸合。当按下停止按钮SB1时，接触器KM线圈断电分离，负载电动机停止运转。

图2-11　延时启动控制线路和实物接线图

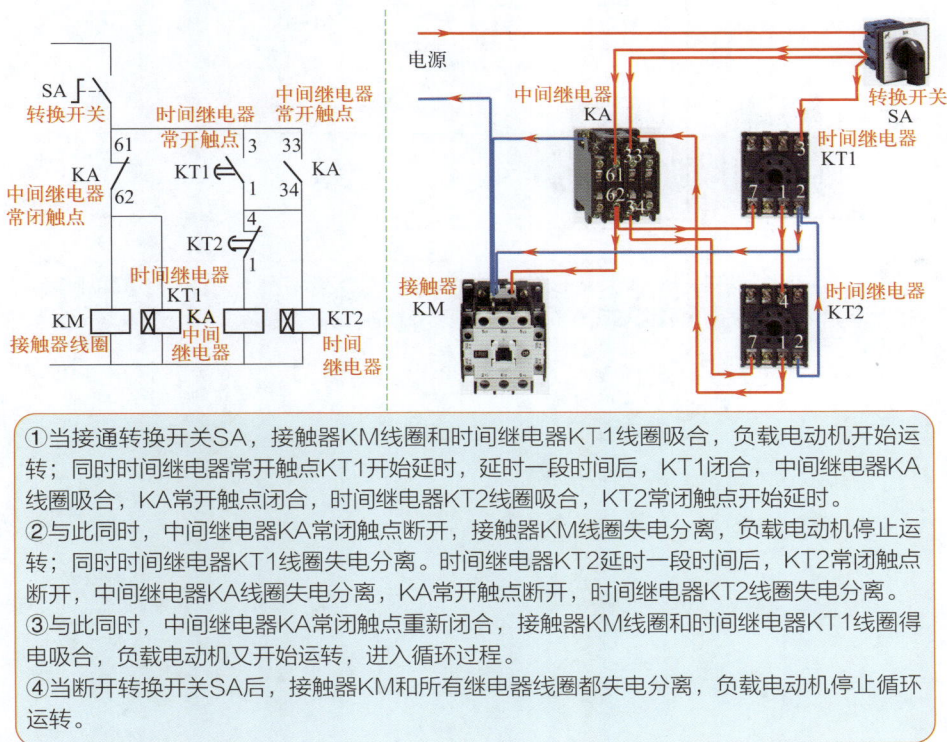

①当接通转换开关SA，接触器KM线圈和时间继电器KT1线圈吸合，负载电动机开始运转；同时时间继电器常开触点KT1开始延时，延时一段时间后，KT1闭合，中间继电器KA线圈吸合，KA常开触点闭合，时间继电器KT2线圈吸合，KT2常闭触点开始延时。
②与此同时，中间继电器KA常闭触点断开，接触器KM线圈失电分离，负载电动机停止运转；同时时间继电器KT1线圈失电分离。时间继电器KT2延时一段时间后，KT2常闭触点断开，中间继电器KA线圈失电分离，KA常开触点断开，时间继电器KT2线圈失电分离。
③与此同时，中间继电器KA常闭触点重新闭合，接触器KM线圈和时间继电器KT1线圈得电吸合，负载电动机又开始运转，进入循环过程。
④当断开转换开关SA后，接触器KM和所有继电器线圈都失电分离，负载电动机停止循环运转。

图2-12　自动循环运行控制线路和实物接线图

2.2.6 自动往返循环控制线路实物图解

　　自动往返循环控制线路是利用行程开关控制线路，实现自动循环的一种控制线路，这种控制线路在工业上比较常用。如图 2-13 所示。

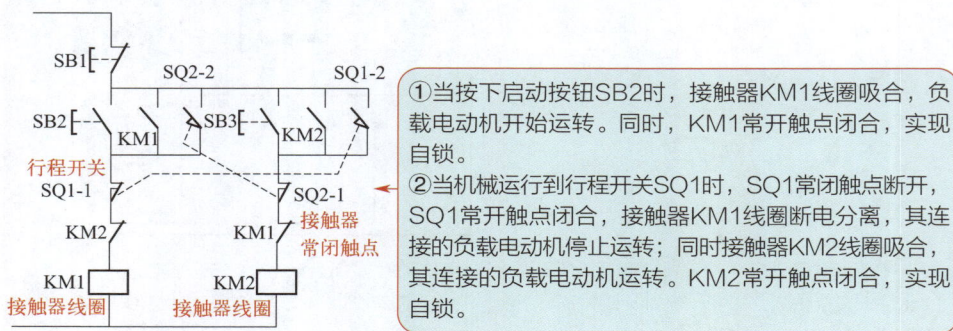

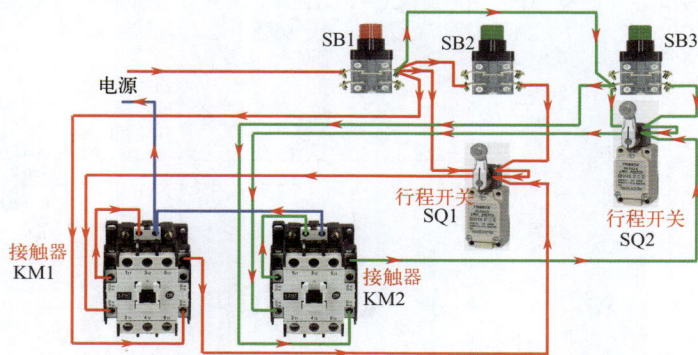

①当按下启动按钮SB2时，接触器KM1线圈吸合，负载电动机开始运转。同时，KM1常开触点闭合，实现自锁。

②当机械运行到行程开关SQ1时，SQ1常闭触点断开，SQ1常开触点闭合，接触器KM1线圈断电分离，其连接的负载电动机停止运转；同时接触器KM2线圈吸合，其连接的负载电动机运转。KM2常开触点闭合，实现自锁。

③当机械运行到行程开关SQ2时，SQ2常闭触点断开，SQ2常开触点闭合，接触器KM2线圈断电分离，其连接的负载电动机停止运转；接触器KM1线圈得电吸合，KM1连接的负载电动机又开始运转，进入自动循环过程。

④当按下停止按钮SB1时，接触器KM1或KM2线圈断电分离，其连接的负载电动机都停止运转。

图 2-13　自动往返循环控制线路和实物接线图

第 3 章

图解电动机控制线路和实物接线图实战

电动机控制是指对电动机的启动、加速、运转、减速及停止进行的控制。通过电动机控制，达到电动机快速启动、快速响应、高效率、高转矩输出及高过载能力的目的。本章将重点详解常用电动机控制线路。

3.1 电动机连续运行控制线路实物图解

按下启动按钮，电动机得电运转；松开启动按钮，电动机依旧正常运转，这种控制线路称为连续运行控制线路。

如图 3-1 和图 3-2 所示为电动机连续运行控制线路图和实物接线图。

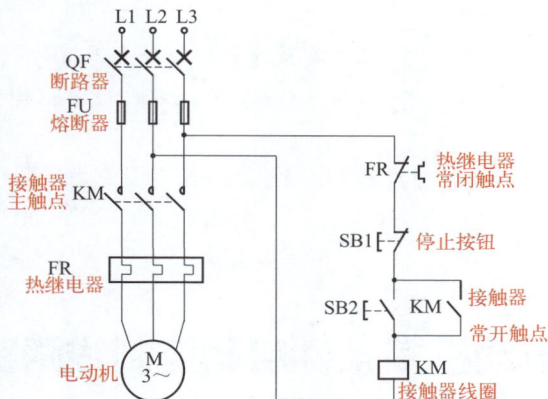

图 3-1 电动机连续运行控制线路图

控制线路说明

（1）启动

先合上断路器 QF，按下启动按钮 SB2，接触器 KM 线圈吸合，主触点闭合，

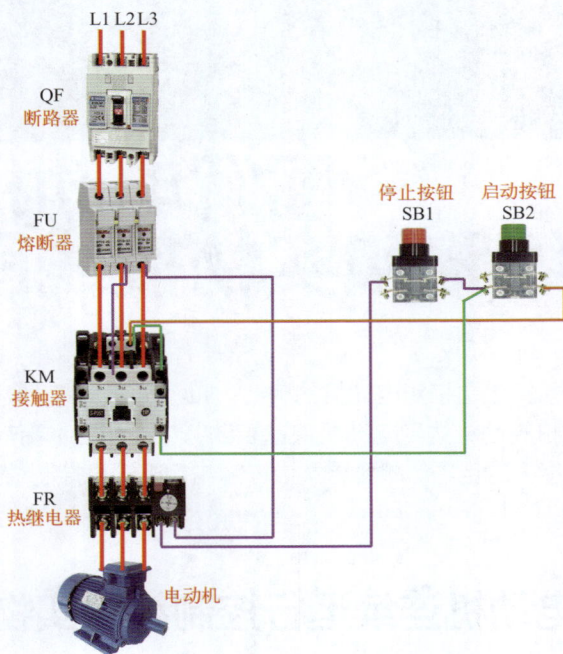

图 3-2　电动机连续运行控制线路实物接线图

KM 辅助常开触点同时闭合，实现自锁。此时，三相交流电通过断路器 QF、接触器 KM 主触点和热继电器 FR 后为电动机供电，电动机开始转动。

（2）保护

当电动机过载或因故障使电动机电流增大，热继电器 FR 常闭触点打开，使接触器 KM 线圈断电释放，主、辅触点被打开，电动机断电停止转动。

（3）停止

当按下停止按钮 SB1 时，接触器 KM 线圈断电释放，主触点分离，电动机断电，停止转动。

3.2 ▶ 电动机多条件启动控制线路实物图解

在电动机启动控制线路中，将多个启动按钮或开关串联起来，可以实现多条件启动。多条件启动要求必须两处或多处同时操作才能发出启动信号，设备才能工作，这样可以保证设备及人员的安全。

如图 3-3 和图 3-4 所示为电动机多条件启动控制线路图和实物接线图。

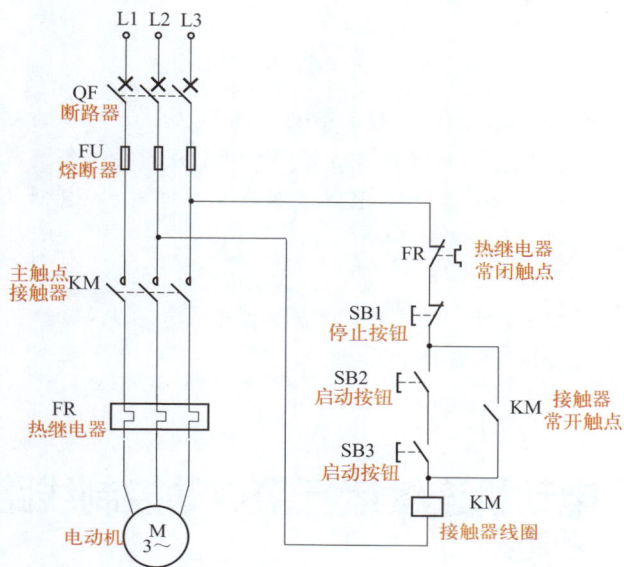

图 3-3　电动机多条件启动控制线路图

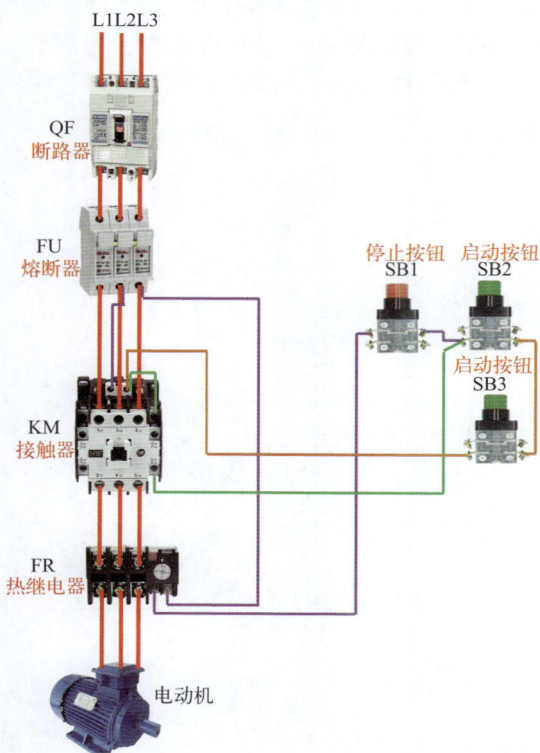

图 3-4　电动机多条件启动控制线路实物接线图

（1）启动

先合上断路器 QF，按下启动按钮 SB2，然后再按下启动按钮 SB3，接触器 KM 线圈吸合，主触点闭合，接触器 KM 辅助常开触点同时闭合，实现自锁。此时，三相交流电通过断路器 QF、接触器 KM 主触点和热继电器 FR 后为电动机供电，电动机开始转动。

（2）停止

当按下停止按钮 SB1 时，SB1 常开触点被打开，接触器 KM 线圈断电释放，主、辅触点被分离，电动机断电停止转动。

3.3 电动机连续运行带点动控制线路实物图解

按下启动按钮可以实现电动机连续运行控制，按下复合按钮又可以实现电动机点动运行控制，这样的控制线路称为连续运行带点动控制线路。

如图 3-5 和图 3-6 所示为电动机连续运行带点动控制线路图和实物接线图。

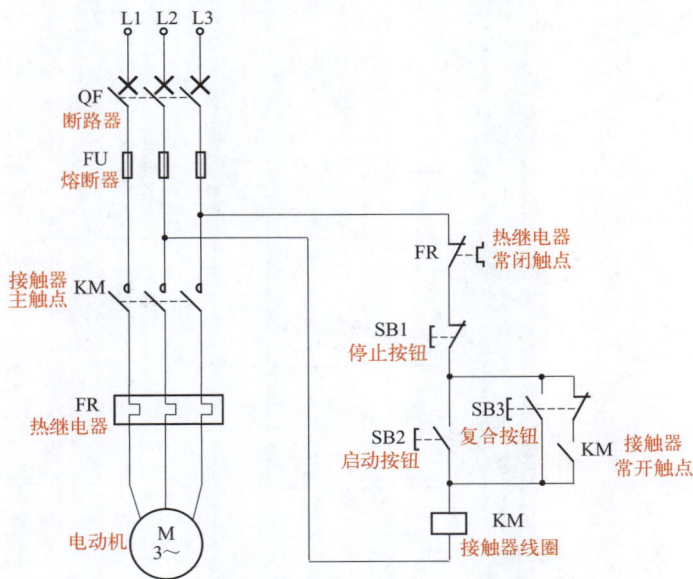

图 3-5　电动机连续运行带点动控制线路图

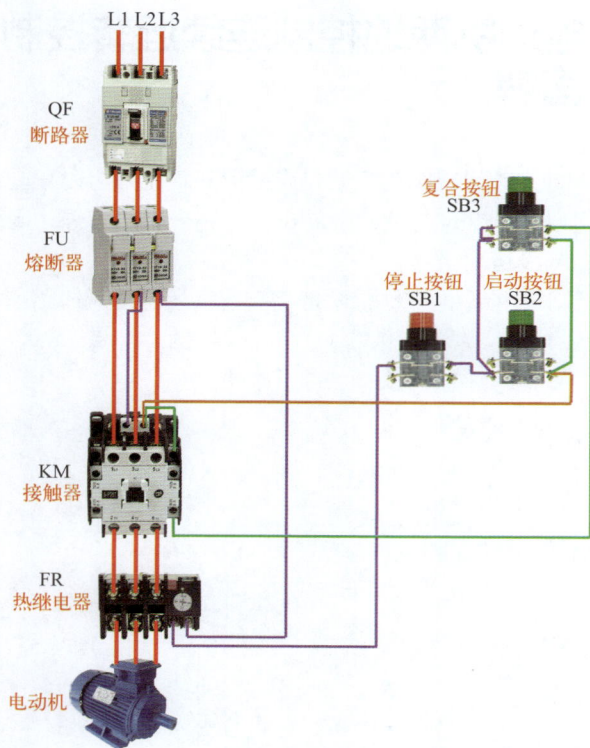

图 3-6　电动机连续运行带点动控制线路实物接线图

控制线路说明

（1）点动运行

先合上断路器 QF，按下复合按钮 SB3，使 SB3 常开触点闭合，常闭触点分离，接触器 KM 线圈得电吸合，主触点闭合。此时，三相交流电通过断路器 QF、接触器 KM 主触点和热继电器 FR 后为电动机供电，电动机开始转动。当松开复合按钮 SB3 按钮后，接触器 KM 线圈断电释放，主触点分离，电动机断电停止转动。

（2）连续运行

按下启动按钮 SB2，接触器 KM 线圈得电吸合，主触点闭合，KM 辅助常开触点同时闭合，实现自锁。此时，三相交流电通过断路器 QF、接触器 KM 主触点和热继电器 FR 后为电动机供电，电动机开始转动。

（3）停止

当按下停止按钮 SB1 时，SB1 常开触点被打开，接触器 KM 线圈断电释放，主、辅触点被分离，电动机断电停止转动。

电动机两地控制连续运转控制线路实物图解

在两个不同的地方都可以控制电动机连续运转，比如可以在同一个地方启动或停止电动机，也可以在一个地方启动电动机，在另一个地方停止电动机，这样的控制线路称为两地控制线路。

如图3-7和图3-8所示为电动机两地控制连续运行控制线路图和实物接线图。

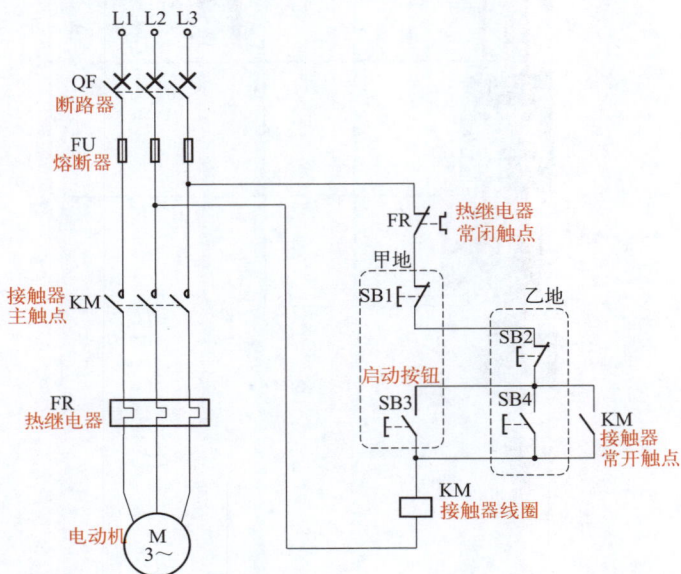

图3-7　电动机两地控制连续运行线路图

控制线路说明

（1）甲地启动

在甲地启动时，先合上断路器QF，按下启动按钮SB3，接触器KM线圈得电吸合，主触点闭合，KM辅助常开触点同时闭合，实现自锁。此时，三相交流电通过断路器QF、接触器KM主触点和热继电器FR后为电动机供电，电动机开始转动。

（2）甲地停止

在甲地按下停止按钮SB1后，SB1常闭触点被打开，接触器KM线圈断电释放，主、辅触点被打开，电动机断电停止转动。

（3）乙地启动

在乙地启动电动机时，按下启动按钮SB4，接触器KM线圈得电吸合，主触点闭合，KM辅助常开触点同时闭合，实现自锁。此时，三相交流电开始为电动机供电，电动机开始转动。

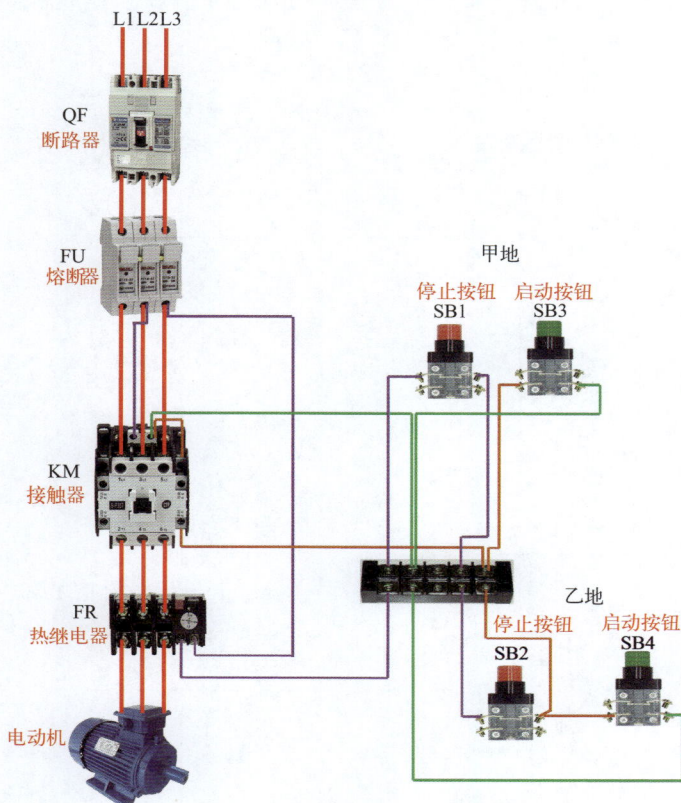

图3-8　电动机两地控制连续运行控制线路实物接线图

（4）乙地停止

在乙地按下停止按钮SB2后，接触器KM线圈断电释放，主、辅触点被打开，电动机断电停止转动。注意，在乙地启动后，如果在甲地按下停止按钮SB1，同样可以停止电动机。

3.5 ▶ 避免误操作的两地同时控制线路实物图解

在一些特殊场合，为了安全，需要在两地同时控制，才能让电动机启动。比如在皮带输送机的起点和终点工作的两名操作人员，必须同时各按一下启动按钮，才能使电动机启动，从而避免当一名操作人员按下启动按钮后，转动起来的生产机械伤害未能离开的另一名操作人员的事故发生。

如图 3-9 和图 3-10 所示为避免误操作的两地同时控制线路图和实物接线图。

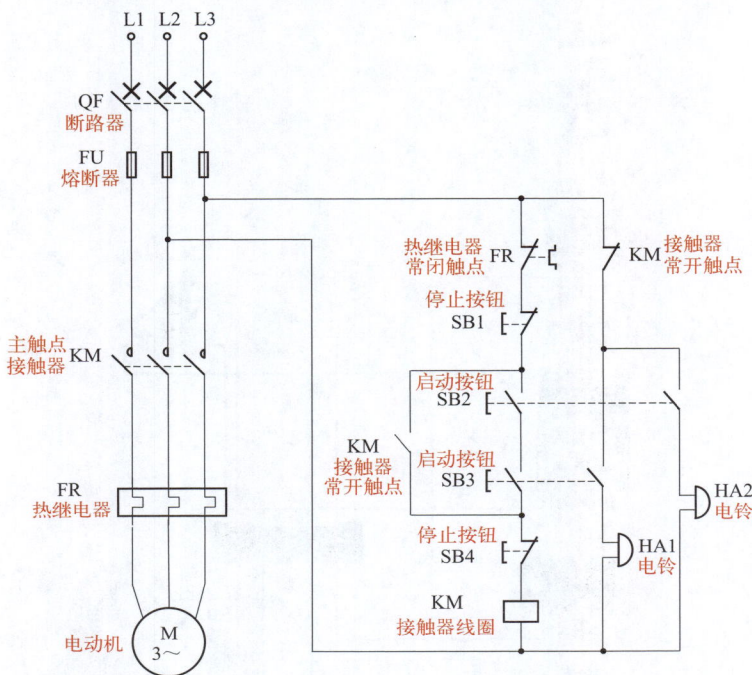

图 3-9　避免误操作的两地同时控制线路图

控制线路说明

（1）启动

先合上断路器 QF，按下复合启动按钮 SB2，SB2 按钮的两个常开按钮闭合，电铃 HA2 得电发出准备启动警示声，同时为启动电动机做好准备。

接着按下复合启动按钮 SB3，SB3 按钮的两个常开按钮闭合，电铃 HA1 得电发出启动警示声。同时，接触器 KM 线圈得电吸合，主触点闭合，接触器 KM 辅助常开触点闭合，实现自锁，接触器 KM 常闭触点断开，电铃 HA1 和 HA2 停止工作，关闭警示声。此时，三相交流电通过断路器 QF、接触器 KM 主触点和热继电器 FR 后为电动机供电，电动机开始转动。

（2）停止

当按下停止按钮 SB1 或 SB4 时，接触器 KM 线圈断电释放，主、辅触点被分离，电动机断电停止转动。

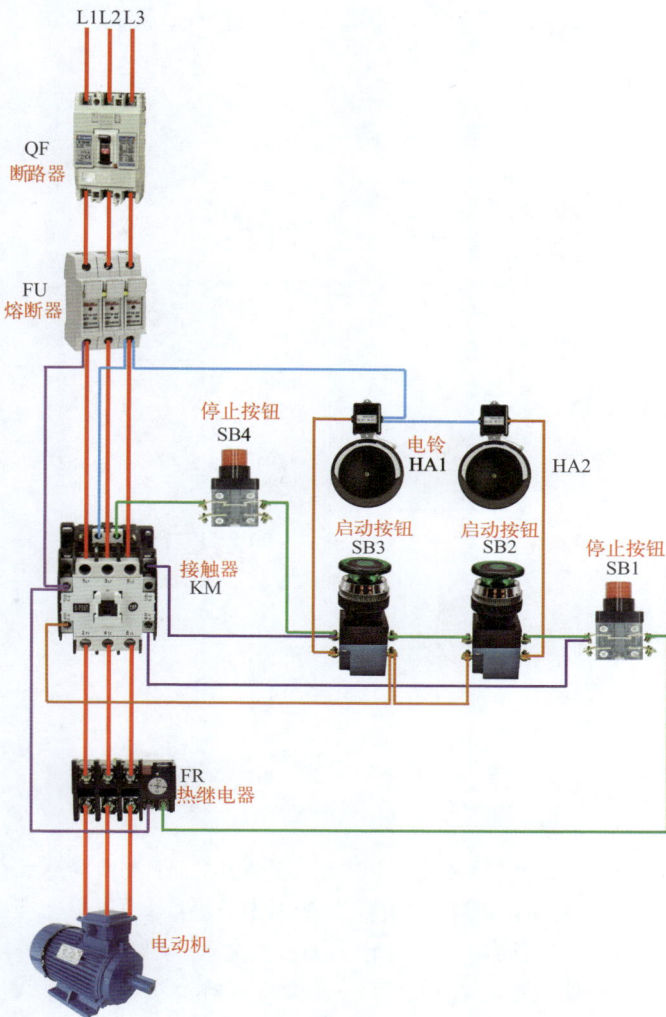

图 3-10 避免误操作的两地同时控制线路实物接线图

3.6 电动机接触器互锁正、反转点动控制线路实物图解

按下正转启动按钮电动机正向转动，同时断开反转的电路，松开按钮电动机停转。按下反转启动按钮电动机反向转动，同时断开正转的电路。电路的互锁通过接触器辅助触点实现，这样的电路称为接触器互锁正、反转点动控制线路。

45

如图 3-11 和图 3-12 所示为电动机接触器互锁正、反转点动控制线路图和实物接线图。

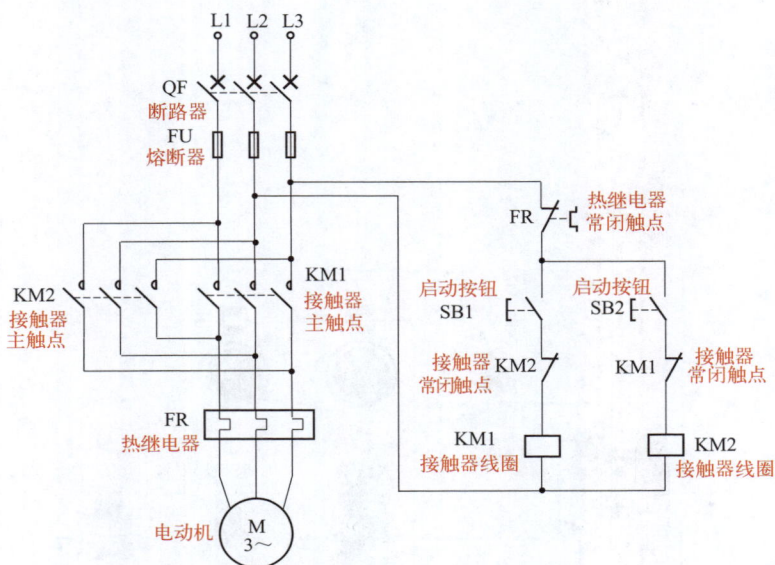

图 3-11　电动机接触器互锁正、反转点动控制线路图

控制线路说明

（1）正转点动互锁

先合上断路器 QF，按下启动按钮 SB1，接触器 KM1 线圈得电吸合，主触点闭合。此时，三相交流电通过断路器 QF、接触器 KM1 主触点和热继电器 FR 后为电动机供电，电动机开始正向转动。同时，接触器 KM1 常闭触点分离，可以防止接触器 KM2 同时动作造成电源短路故障。当松开启动按钮 SB1 后，接触器 KM1 电磁线圈断电释放，主触点被打开，电动机断电停止转动。同时，KM1 常闭触点重新闭合。

（2）反转点动互锁

按下启动按钮 SB2，接触器 KM2 线圈得电吸合，主触点闭合。此时，三相交流电通过断路器 QF、接触器 KM2 主触点和热继电器 FR 后为电动机供电，电动机开始反向转动。同时，接触器 KM2 常闭触点分离，防止接触器 KM1 同时动作造成电源短路故障。当松开 SB2 按钮后，接触器 KM2 线圈释放，主触点打开，发动机断电停止转动。

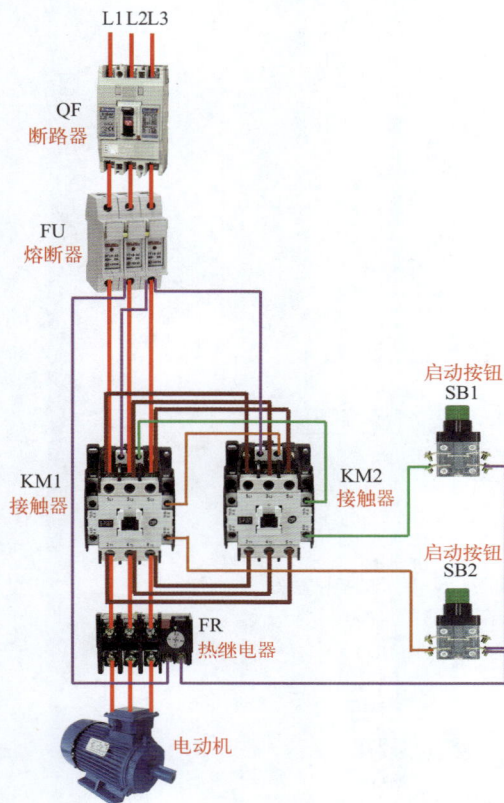

图 3-12　电动机接触器互锁正、反转点动控制线路实物接线图

3.7 ▶ 电动机按钮互锁正、反转点动控制线路实物图解

　　按下正转复合按钮电动机正向转动，同时断开反转的电路，松开复合按钮电动机停转。按下反转复合按钮电动机反向转动，同时断开正转的电路。电路的互锁通过复合按钮实现，这样的电路称为按钮互锁正、反转点动控制线路。

　　如图 3-13 和图 3-14 所示为电动机按钮互锁正、反转点动控制线路图和实物接线图。

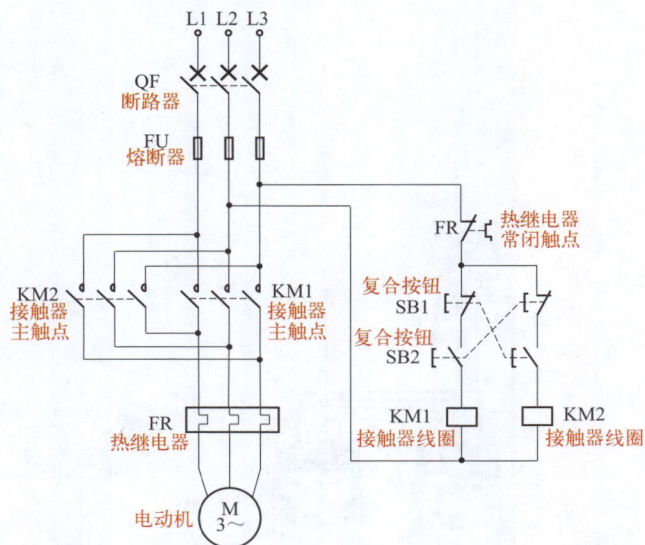

图 3-13　电动机按钮互锁正、反转点动控制线路图

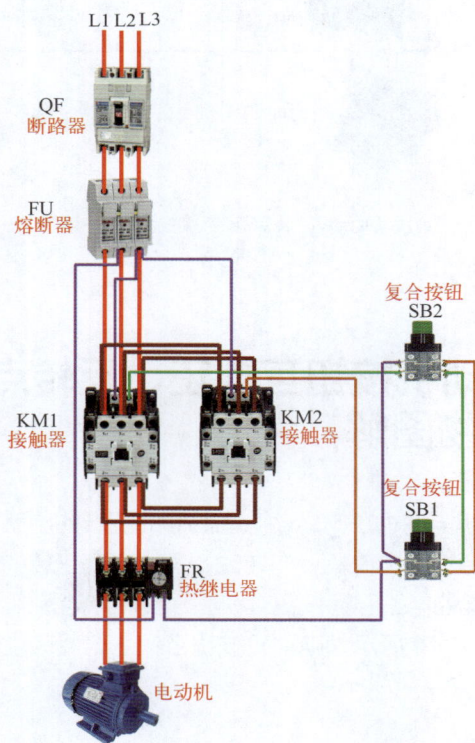

图 3-14　电动机按钮互锁正、反转点动控制线路实物接线图

控制线路说明

（1）正转点动互锁

先合上断路器 QF，按下复合按钮 SB2，其常开触点闭合，接触器 KM1 线圈得电吸合，主触点闭合。此时，三相交流电通过断路器 QF、接触器 KM1 主触点和热继电器 FR 后为电动机供电，电动机开始正向转动。同时，复合按钮 SB2 常闭触点断开，可以防止接触器 KM2 同时动作造成电源短路故障。当松开启动按钮 SB2 后，接触器 KM1 电磁线圈断电释放，主触点被打开，电动机断电停止转动。

（2）反转点动互锁

按下复合按钮 SB1，其常开触点闭合，接触器 KM2 线圈得电吸合，主触点闭合。此时，三相交流电通过断路器 QF、接触器 KM2 主触点和热继电器 FR 后为电动机供电，电动机开始反向转动。同时，复合按钮 SB2 常闭触点断开，可以防止接触器 KM1 同时动作造成电源短路故障。当松开 SB1 按钮后，接触器 KM2 线圈释放，主触点打开，发动机断电停止转动。

3.8 电动机正、反转连续运行控制线路实物图解

按正转复合按钮控制电动机正转连续运行，同时断开反转的电路；按下反转复合按钮电动机反转连续运行，同时断开正转的电路。电路的互锁通过复合按钮和接触器辅助触点实现，这样的电路称为正、反转连续运行控制线路。

如图 3-15 和图 3-16 所示为电动机正、反转连续运行控制线路图和实物接线图。

控制线路说明

（1）正转启动

先合上断路器 QF，按下复合按钮 SB2，SB2 常闭按钮打开，常开按钮闭合；接触器 KM1 线圈得电吸合，主触点闭合，KM1 辅助常开触点闭合实现自锁。此时，三相交流电通过断路器 QF、接触器 KM1 主触点和热继电器 FR 后为电动机供电，电动机开始正向转动。同时，接触器 KM1 常闭触点打开，防止接触器 KM2 同时动作造成电源短路故障。

（2）正转停止

当按下停止按钮 SB1 后，接触器 KM1 或 KM2 主触点分开，电动机停转。

（3）反转启动

先合上断路器 QF，按下复合按钮 SB3，SB3 常闭按钮打开，常开按钮闭合，接触器 KM2 线圈得电吸合，主触点闭合，KM2 辅助常开触点同时闭合，实现自锁。同时，接触器 KM2 常闭触点打开，防止接触器 KM1 同时动作造成电源短路故障。

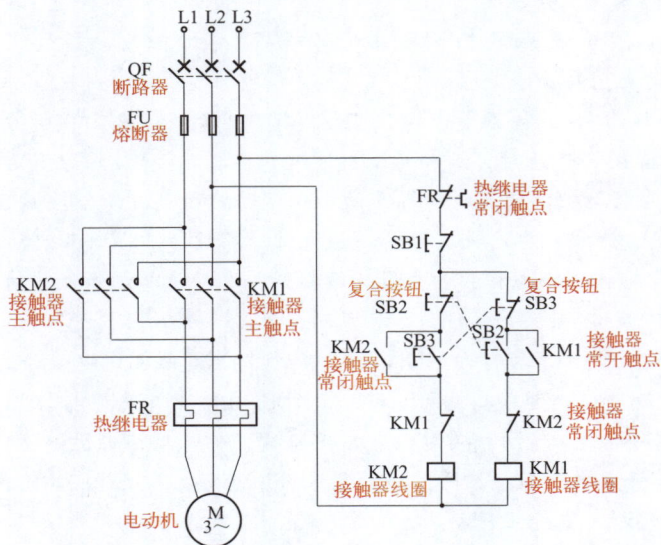

图 3-15 电动机正、反转连续运行控制线路图

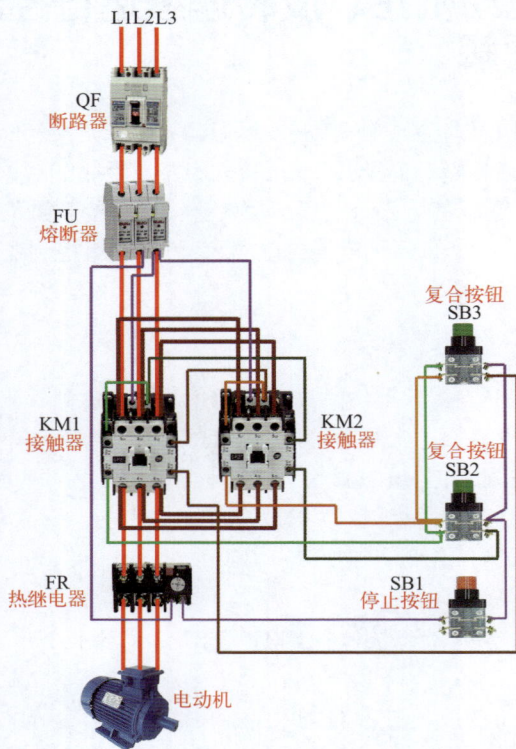

图 3-16 电动机正、反向连续运行控制线路实物接线图

3.9 用转换开关预选的正反转启停控制线路实物图解

此控制线路用转换开关来控制电动机的正反转，在工作时，先将转换开关拧到正转或反正位置，然后按启动按钮，启动电动机。

如图 3-17 和图 3-18 所示为用转换开关预选的正反转启停控制线路图和实物接线图。

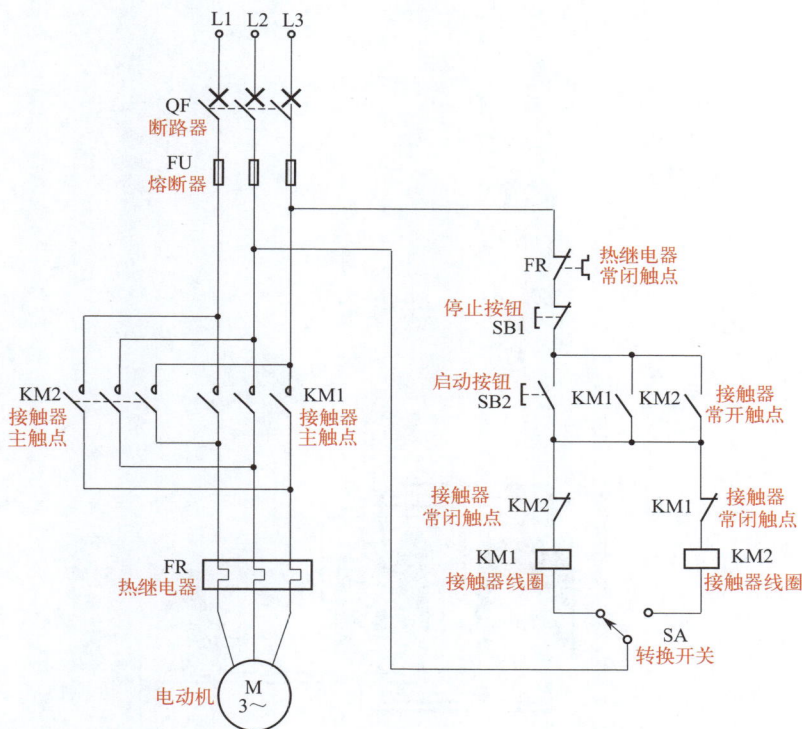

图 3-17　用转换开关预选的正反转启停控制线路图

控制线路说明

（1）正转启动

先合上断路器 QF，将转换开关 SA 拧到正转位置，然后按下启动按钮 SB2，接触器 KM1 线圈得电吸合，主触点闭合，KM1 辅助常开触点闭合实现自锁。此时，三相交流电通过断路器 QF、接触器 KM1 主触点和热继电器 FR 后为电动机供电，电动机开始正向转动。同时，接触器 KM1 常闭触点分离，防止接触器 KM2 同时动作造成电源短路故障，实现互锁。

（2）停止

当按下停止按钮 SB1 后，接触器 KM1 或 KM2 主触点分开，电动机停转。

（3）反转启动

先将转换开关 SA 拧到反转位置，然后按下启动按钮 SB2，接触器 KM2 线圈得电吸合，主触点闭合，KM2 辅助常开触点闭合实现自锁。此时，三相交流电通过断路器 QF、接触器 KM2 主触点和热继电器 FR 后为电动机供电，电动机开始反向转动。同时，接触器 KM2 常闭触点分离，防止接触器 KM1 同时动作造成电源短路故障，实现互锁。

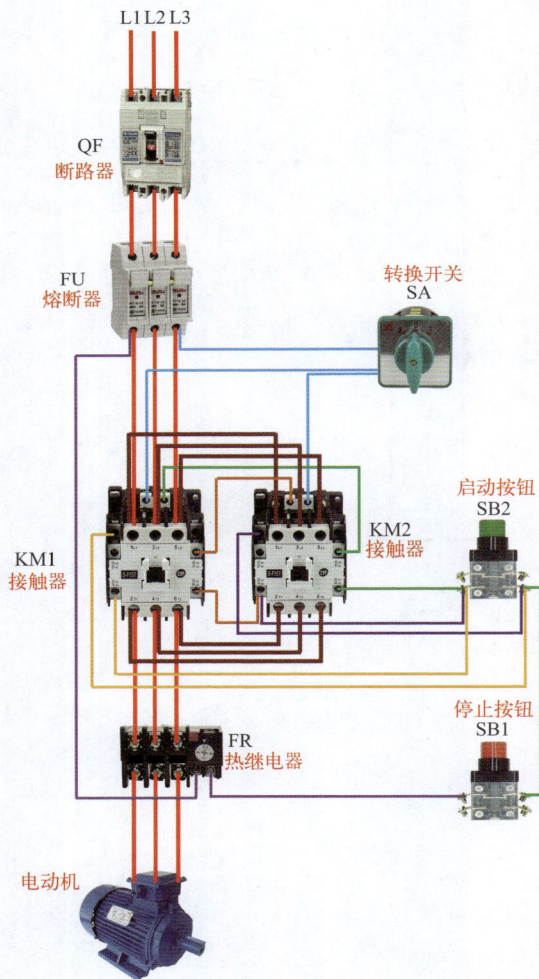

图 3-18　用转换开关预选的正反转启停控制线路实物接线图

3.10 电动机带限位保护控制线路实物图解

在具有往返机械运动的设备上，通常为防止设备超出运动位置极限，会在极限位置装有限位开关来控制设备的运动，这样的控制线路称为带限位保护控制线路。

如图3-19和图3-20所示为电动机带限位保护控制线路图和实物接线图。

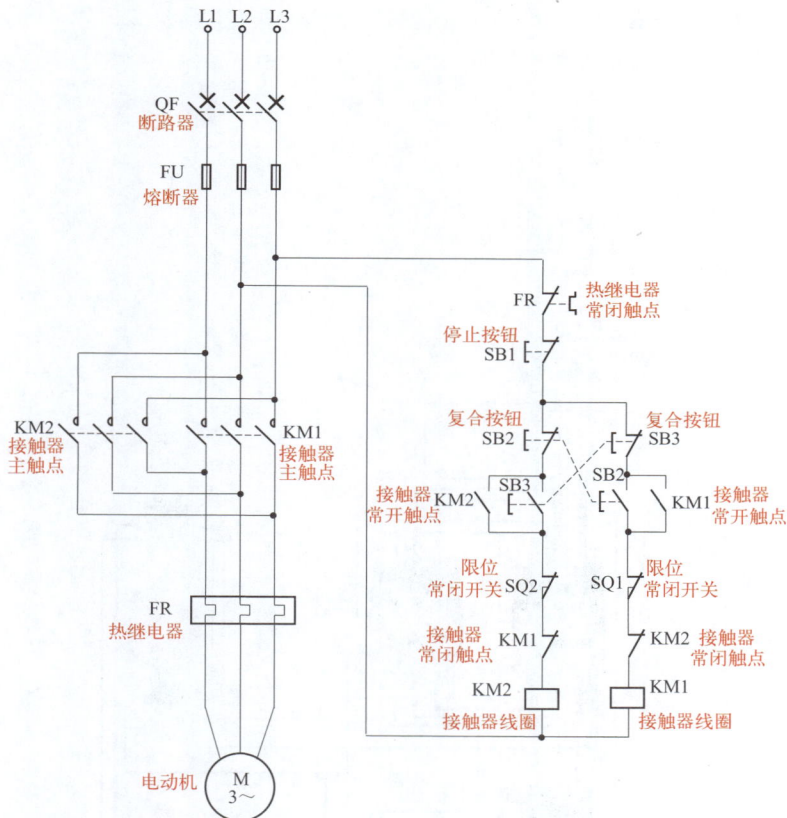

图3-19　电动机带限位保护控制线路图

控制线路说明

（1）正转启动

先合上断路器QF，按下按钮SB2，SB2常开按钮闭合，接触器KM1线圈得电吸合，主触点闭合，KM1辅助常开触点同时闭合，实现自锁。此时，三相交流电通过断路器QF、接触器KM1主触点和热继电器FR后为电动机供电，电动机开始正向转动。同时，SB2常闭按钮分离，KM1接触器常闭触点断开，防止接触器KM2

53

同时动作造成电源短路故障。

（2）限位停止

当设备运转到极限位置时，限位常闭开关 SQ1 打开，接触器 KM1 线圈断电，主触点分离，发动机停止转动，设备被停止。

（3）反转启动和停止

同理，当按下复合按钮 SB3，SB3 常开按钮闭合，接触器 KM2 主触点吸合，电动机开始反转，设备开始往回运动。在到达极限位置时，限位常闭开关 SQ2 打开，接触器 KM2 线圈断电，发动机停转。

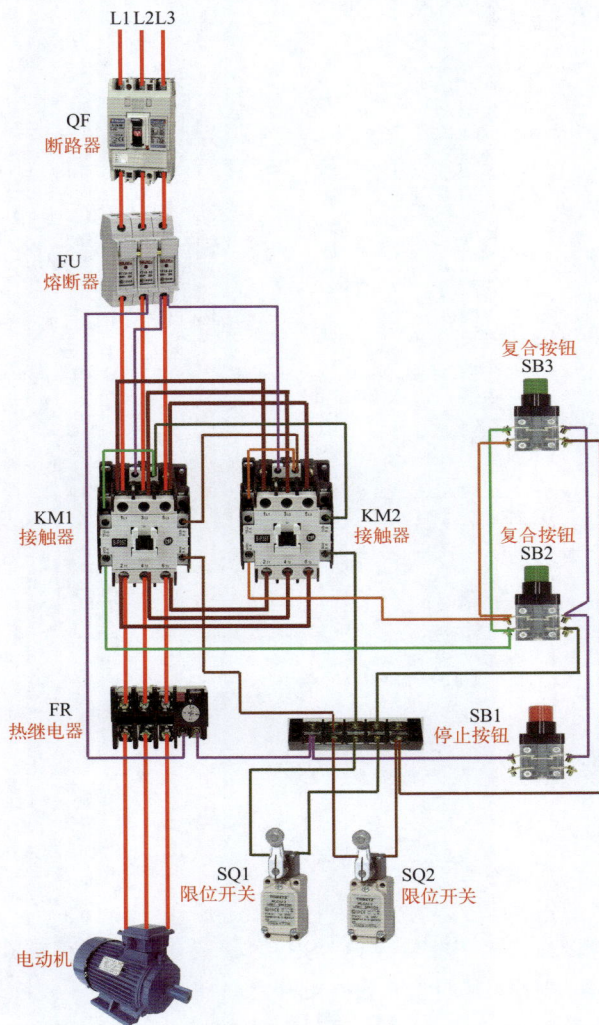

图 3-20　电动机带限位保护控制线路实物接线图

3.11 两台电动机顺序启动同时停止控制线路实物图解

　　在有多个高功率设备（如大型制冷设备）的控制线路中，通常会采用按顺序启动的控制线路，即在一个设备启动之后另一个设备才能启动，停止的时候同时停止。

　　如图 3-21 和图 3-22 所示为两台电动机顺序启动同时停止控制线路图和实物接线图。

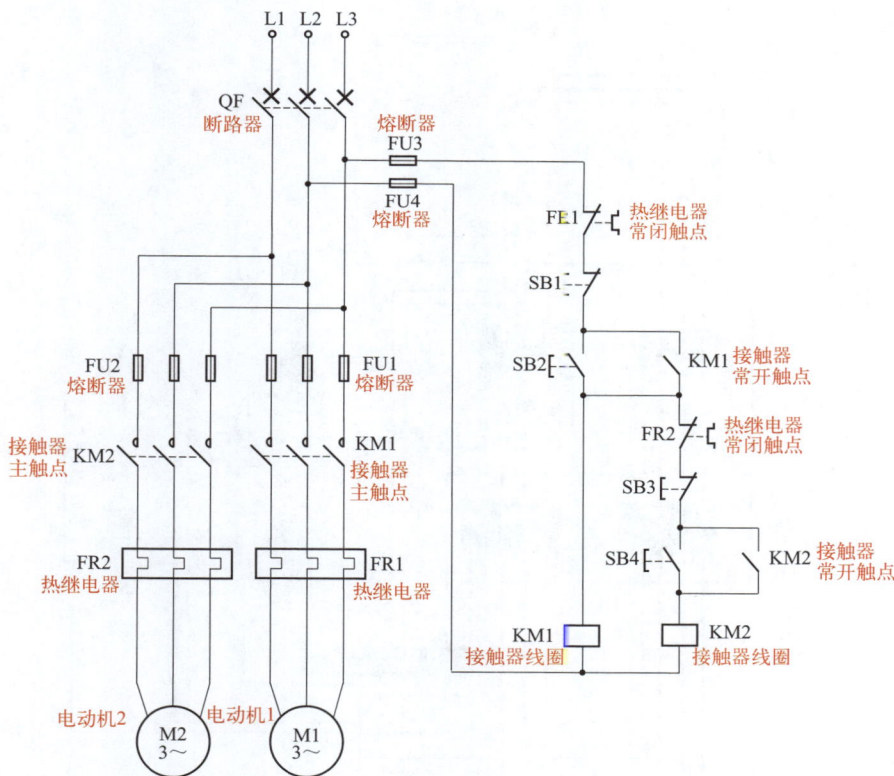

图 3-21　两台电动机顺序启动同时停止控制线路图

控制线路说明

　　（1）启动第一个电动机

　　先合上断路器 QF，按下启动按钮 SB2，接触器 KM1 线圈得电吸合，主触点闭合，KM1 辅助常开触点同时闭合，实现自锁。此时，三相交流电通过断路器 QF、接触器 KM1 和热继电器 FR1 后为电动机 M1 供电，电动机 1 开始转动。

（2）启动第二个电动机

接着按下启动按钮 SB4，接触器 KM2 线圈得电吸合，主触点闭合，KM2 辅助
常开触点同时闭合，实现自锁。此时，三相交流电通过断路器 QF、接触器 KM2 和
热继电器 FR2 后为电动机 M2 供电，电动机 2 开始转动。

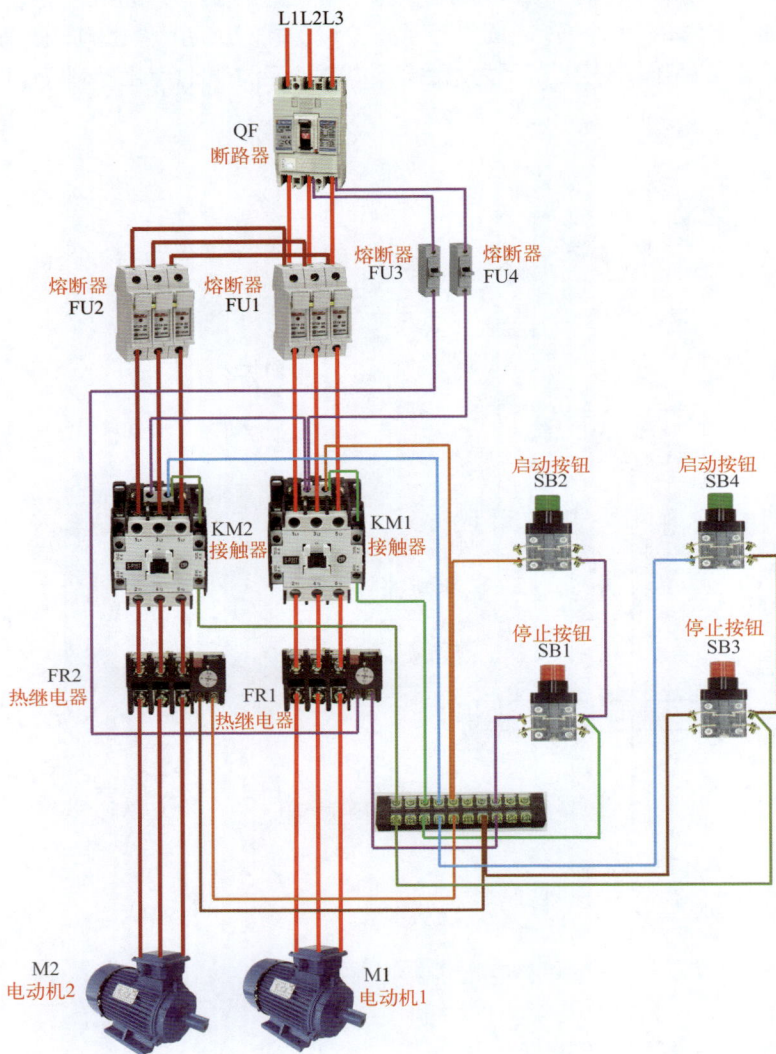

图 3-22　两台电动机顺序启动控制线路实物接线图

（3）停止

当按下停止按钮 SB1 时，接触器 KM1 和 KM2 线圈同时断电释放，两个接触

器的主、辅触点被打开，两个电动机都断电停止转动。如果只按下 SB3 按钮，则只有电动机 2 停止转动，电动机 1 继续转动。

3.12 两台电动机分开启动顺序停止控制线路实物图解

两台电动机启动时不分先后，但停止时必须按照顺序停止的控制线路称为顺序停止控制线路。

如图 3-23 和图 3-24 所示为两台电动机分开启动顺序停止控制线路图和实物接线图。

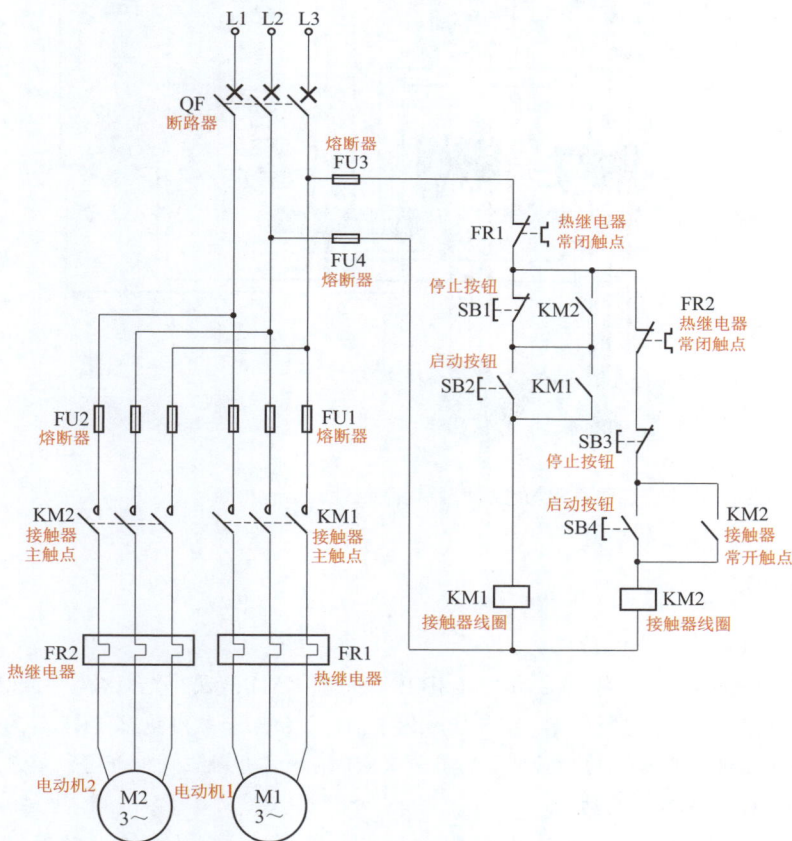

图 3-23　两台电动机分开启动顺序停止控制线路图

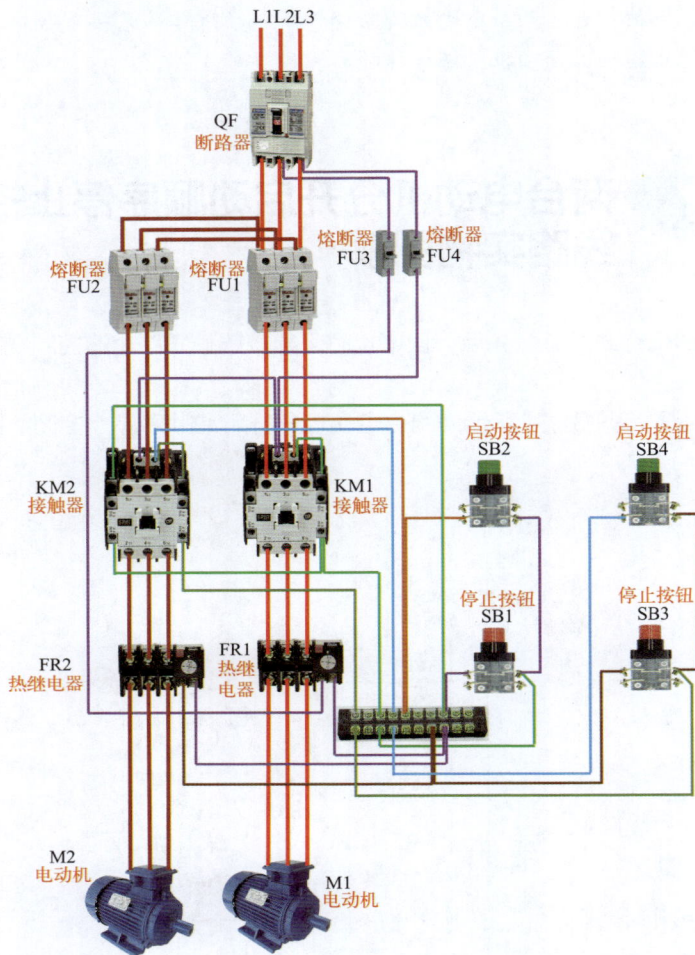

图 3-24 两台电动机分开启动顺序停止控制线路实物接线图

控制线路说明

（1）启动第一个电动机

先合上断路器 QF，按下启动按钮 SB2，接触器 KM1 线圈得电吸合，主触点闭合，此时，三相交流电通过断路器 QF、接触器 KM1 主触点和热继电器 FR1 后为电动机 1 供电，电动机 1 开始转动。同时，接触器 KM1 辅助常开触点同时闭合，实现自锁。

（2）启动第二个电动机

按下启动按钮 SB4，接触器 KM2 线圈得电吸合，主触点闭合，此时，三相交流电通过断路器 QF、接触器 KM2 和热继电器 FR2 后为电动机 2 供电，电动机 2

开始转动。同时，接触器 KM2 辅助常开触点闭合，实现自锁。

（3）顺序停止

停止电动机时，若按停止按钮 SB1，由于接触器 KM2 辅助常开触点闭合，KM1 接触器线圈依旧有电，无法停止电动机 1。若先按停止按钮 SB3，接触器 KM2 线圈断电分离，电动机 2 断电停转，电动机 1 继续转动；再按 SB1 按钮，电动机 1 断电停止转动。即先按 SB3 后，SB1 才可以按顺序停止两个电动机。

3.13 两台电动机顺序启动、顺序停止控制线路实物图解

在启动时，一个设备启动之后另一个设备才能启动；停止时，一个设备停止后另一个设备才能停止，这样的控制线路称为顺序启动、顺序停止控制线路。

如图 3-25 和图 3-26 所示为两台电动机顺序启动、顺序停止控制线路图和实物接线图。

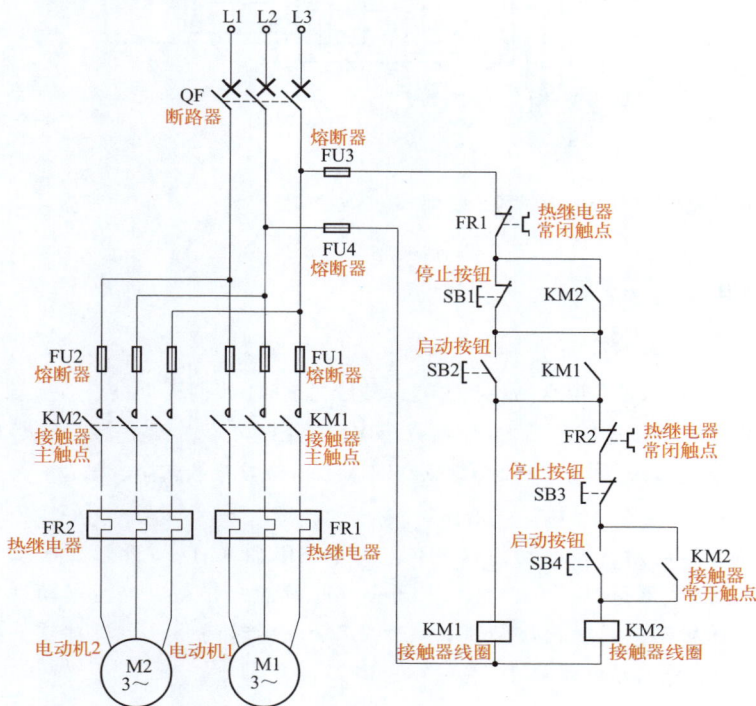

图 3-25　两台电动机顺序启动、顺序停止控制线路图

59

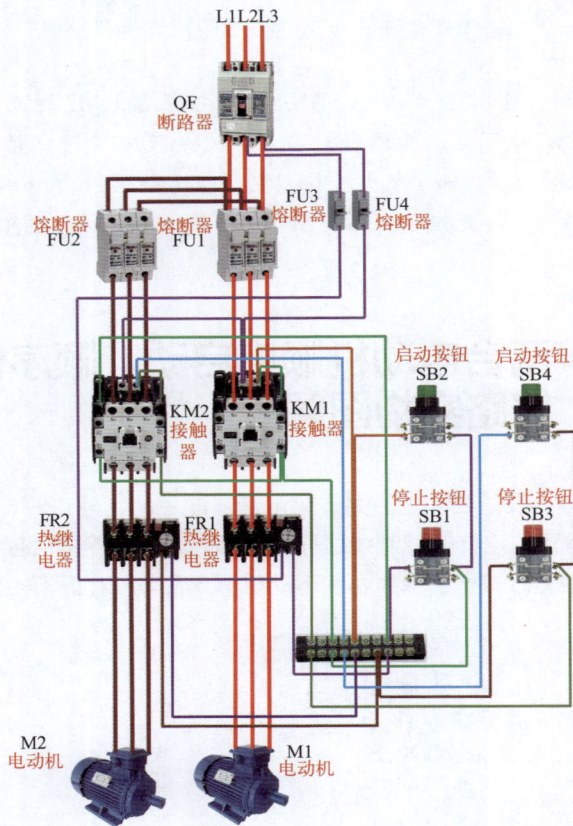

图 3-26　两台电动机顺序启动、顺序停止控制线路实物接线图

控制线路说明

（1）启动第一个电动机

先合上断路器 QF，按启动按钮 SB2，接触器 KM1 线圈得电吸合，主触点闭合，此时，三相交流电通过断路器 QF、接触器 KM1 主触点和热继电器 FR1 后为电动机1供电，电动机1开始转动。同时，接触器 KM1 辅助常开触点同时闭合，实现自锁。

（2）启动第二个电动机

电动机1启动后，按启动按钮 SB4，由于接触器 KM1 常开触点已经吸合，因此接触器 KM2 线圈得电吸合，主触点闭合，此时，三相交流电为电动机2供电，电动机2开始转动。同时，接触器 KM2 常开触点同时闭合，实现自锁。即要启动电动机2，必须先启动电动机1。

（3）顺序停止

顺序停止时，先按停止按钮 SB3，接触器 KM2 线圈断电分离，电动机2断电停转，电动机 1 继续转动；再按 SB1 按钮，由于接触器 KM2 常开触点已经分离断开，此时，KM1 线圈断电分离，电动机 1 断电停止转动。如果先按停止按钮 SB1，由于接触器 KM2 辅助常开触点在闭合状态，KM1 接触器线圈依旧有电，无法停止电动机 M1。即顺序停止时，要先按 SB3，然后再按 SB1。

3.14 两台电动机按顺序启动分开停止的控制线路实物图解

　　两台电动机按顺序启动分开停止的控制线路，要求在启动时先启动第一个电动机，然后再启动第二个电动机，只能按这个顺序启动两台电动机，不能同时启动两台电动机或先启动第二台电动机。停止的时候也是先停止其中一个电动机，再停止另一个电动机。如图 3-27 和图 3-28 所示为两台电动机按顺序启动分开停止的控制线路图和实物接线图。

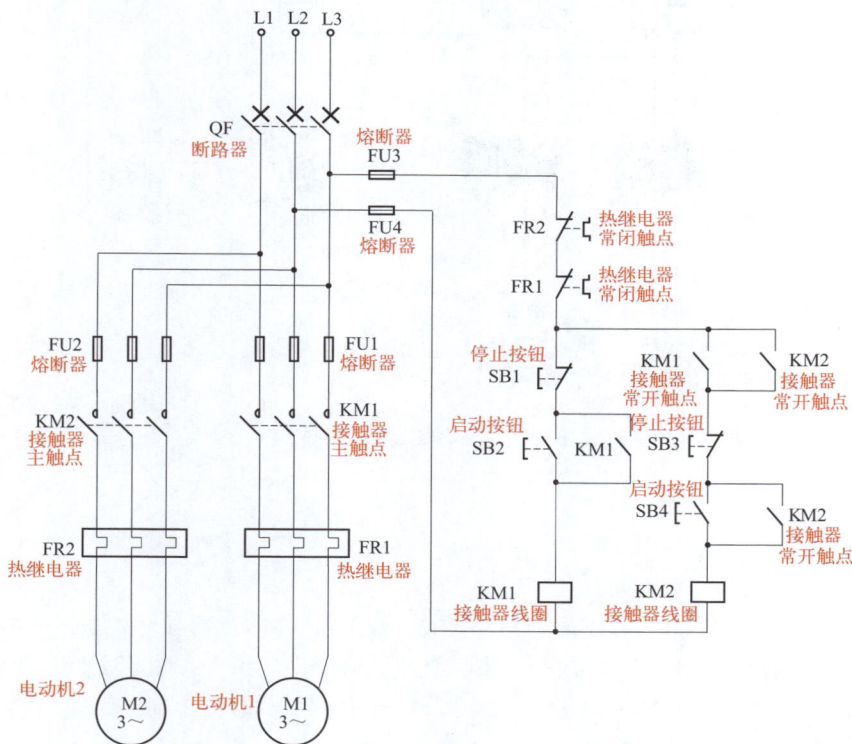

图 3-27　两台电动机按顺序启动分开停止的控制线路图

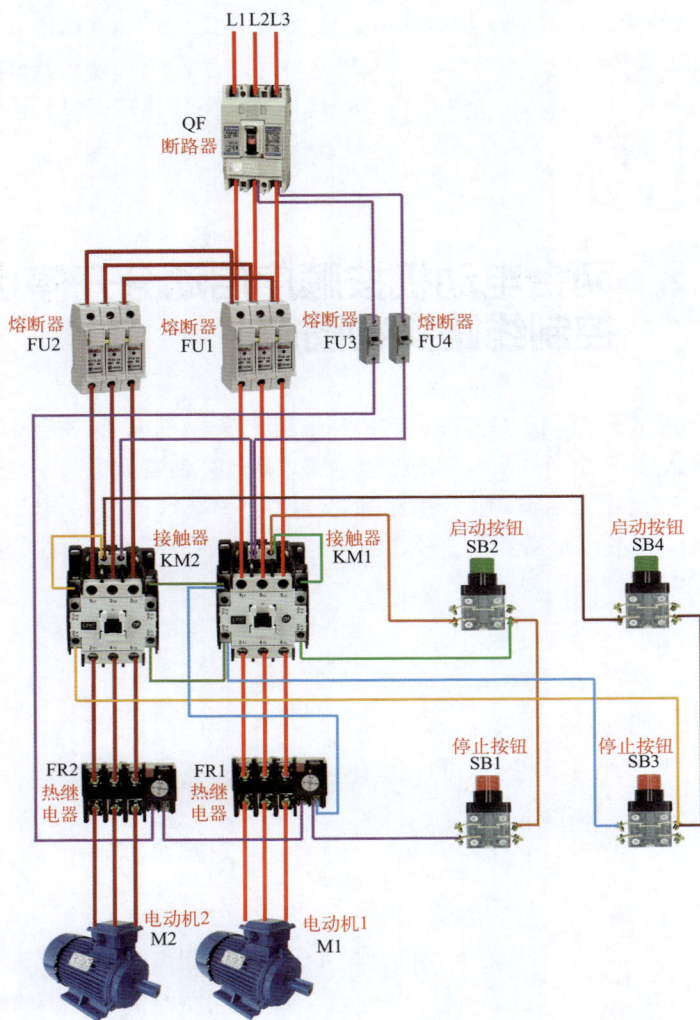

L1 L2 L3

QF
断路器

熔断器
FU2

熔断器
FU1

熔断器
FU3

熔断器
FU4

接触器
KM2

接触器
KM1

启动按钮
SB2

启动按钮
SB4

FR2
热继
电器

FR1
热继
电器

停止按钮
SB1

停止按钮
SB3

电动机2
M2

电动机1
M1

图 3-28　两台电动机按顺序启动分开停止的控制线路实物接线图

控制线路说明

（1）启动第一个电动机

先合上断路器 QF，按下启动按钮 SB2，接触器 KM1 线圈得电吸合，主触点闭合，KM1 辅助常开触点同时闭合，实现自锁。此时，三相交流电通过断路器 QF、接触器 KM1 和热继电器 FR1 后为电动机 M1 供电，电动机 1 开始转动。

（2）启动第二个电动机

接着按下启动按钮 SB4，接触器 KM2 线圈得电吸合，主触点闭合，KM2 辅助常开触点同时闭合，实现自锁。此时，三相交流电通过断路器 QF、接触器 KM2 和热继电器 FR2 后为电动机 M2 供电，电动机 2 开始转动。

（3）分开停止

当按下停止按钮 SB1 时，接触器 KM1 线圈失电释放，主触点分离，电动机 1 失去主电源，停止转动。

当按下停止按钮 SB3 时，接触器 KM2 线圈失电释放，主触点分离，电动机 2 失去主电源，停止转动。

3.15 电动机调速控制线路实物图解

电动机调速控制线路通过改变输入电动机的输入电压，来调整电动机低速转动或高速转动，两种转速可以进行切换。

如图 3-29 和图 3-30 所示为电动机调速控制线路图和实物接线图。

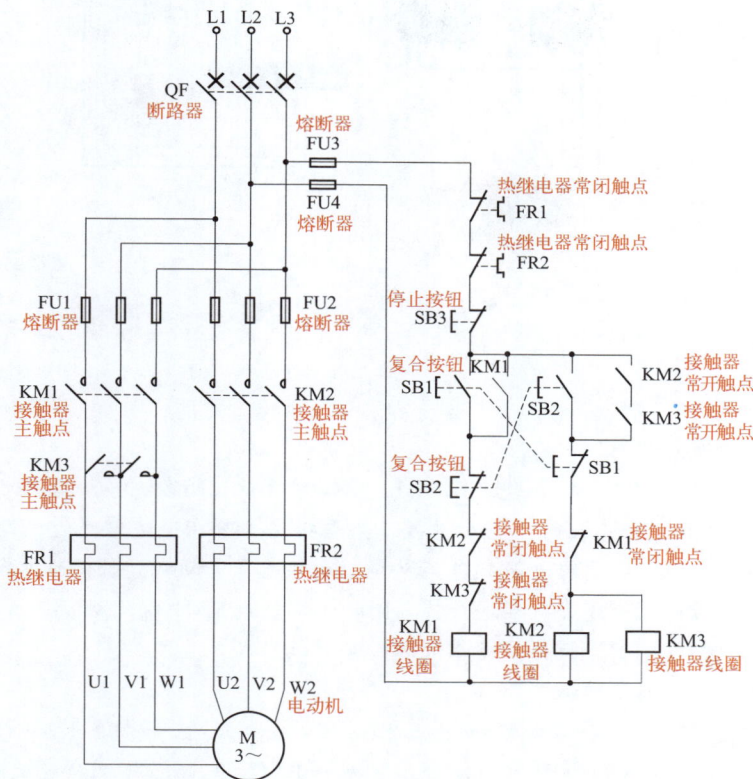

图 3-29　电动机调速控制线路图

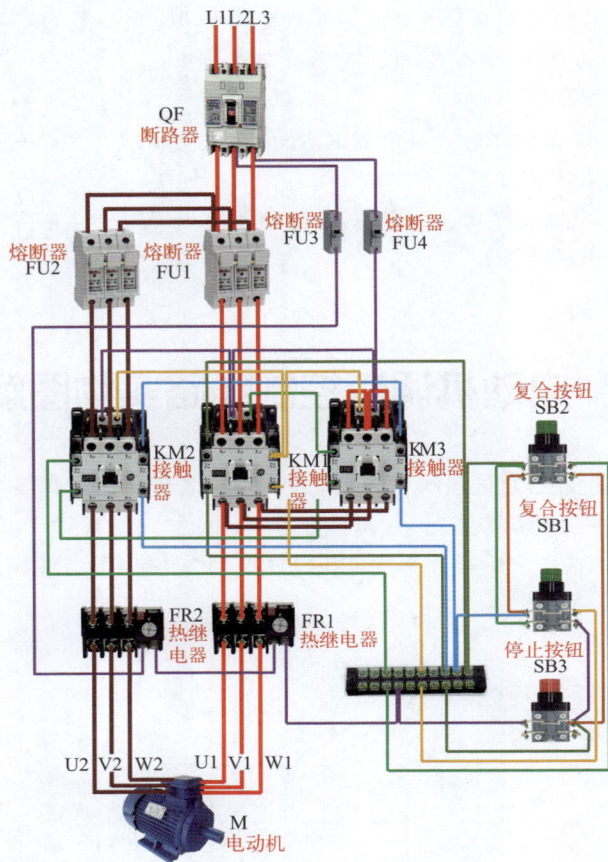

图 3-30　电动机调速控制线路实物接线图

控制线路说明

（1）低速启动

先合上断路器 QF，按复合按钮 SB1，SB1 常开按钮闭合，接触器 KM1 线圈得电吸合，主触点闭合，此时，电动机按三角形接法。三相交流电通过断路器 QF、接触器 KM1 主触点和热继电器 FR1 后为电动机供电，电动机开始低速转动。同时，接触器 KM1 常开触点闭合，实现自锁。同时，接触器 KM1 常闭触点分离，防止接触器 KM2、KM3 同时启动造成短路故障。

（2）启动后高速转动

需要高速转动时，按复合按钮 SB2，SB2 常闭按钮分离，接触器 KM1 线圈断电，主触点释放，同时 SB2 常开按钮闭合，接触器 KM2 和 KM3 线圈得电吸合，主触点闭合，电动机变为 YY 接法，三相交流电为电动机供电，电动机开始高速转动。

同时，接触器 KM2 辅助常开触点和接触器 KM3 辅助常开触点闭合，实现自锁。而接触器 KM2 辅助常闭触点和接触器 KM3 辅助常闭触点分离，防止 KM1 启动导致短路故障。

（3）停止

按下停止按钮 SB3，接触器 KM2 和 KM3 线圈断电分离，电动机断电停转。

3.16 电动机启动前先发开车信号的控制线路实物图解

在按下启动按钮后，先发出提示报警信号（提示远离设备），一段时候之后再启动设备的控制线路称为启动前先发信号的控制线路。

如图 3-31 和图 3-32 所示为电动机启动前先发开车信号的控制线路图和实物接线图。

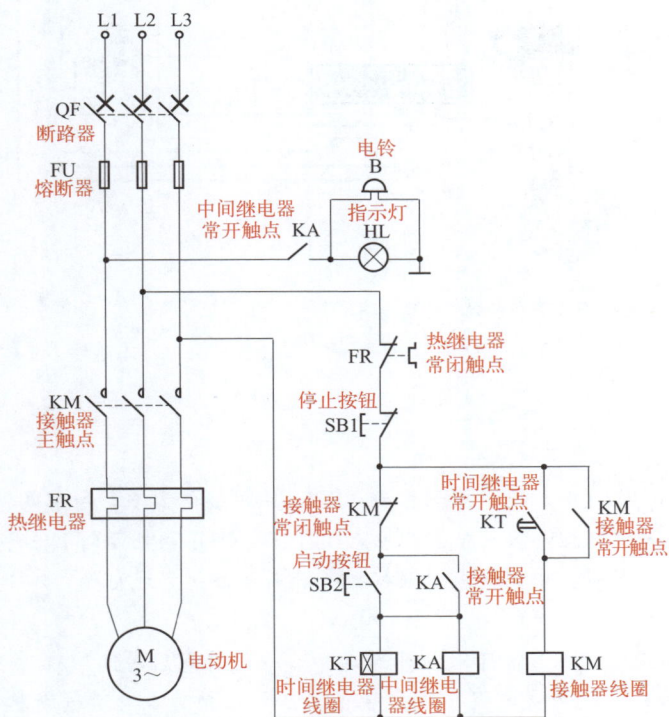

图 3-31　电动机启动前先发开车信号的控制线路图

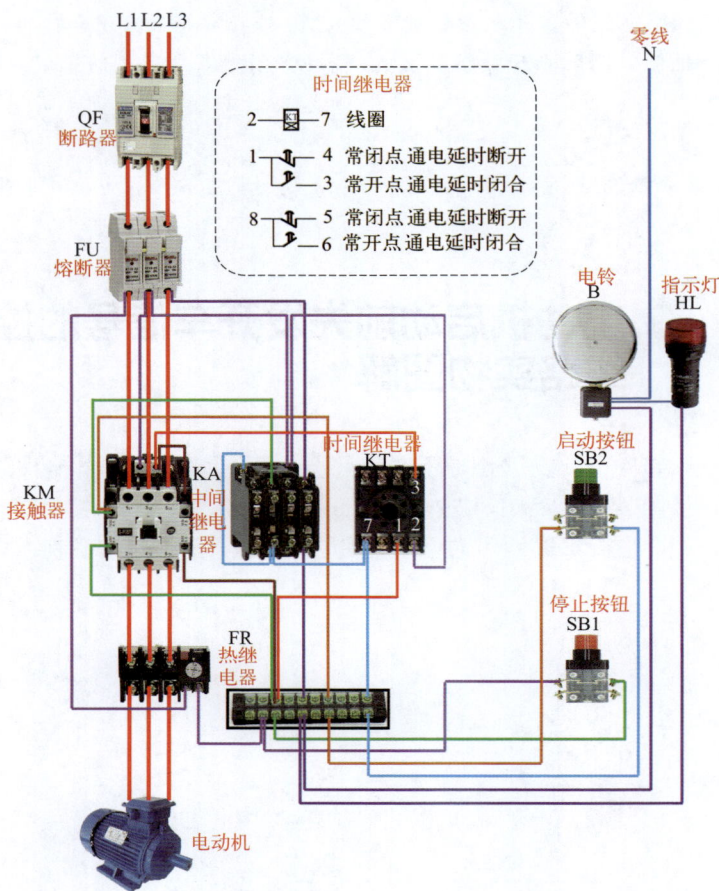

图3-32 电动机启动前先发开车信号的控制线路实物接线图

控制线路说明

（1）发出开车信号

先合上断路器 QF，按下启动按钮 SB2，时间继电器 KT 和中间继电器 KA 的线圈得电吸合，中间继电器 KA 常开触点闭合，电铃 B 和指示灯 HL 得电开始工作，发出开车提示。同时，中间继电器 KA 常开触点闭合，实现自锁。

（2）启动

此时时间继电器 KT 常开触点开始延时。一段时间后时间继电器 KT 常开触点闭合，接触器 KM 线圈得电吸合，主触点闭合，三相交流电通过断路器 QF、接触器 KM 主触点和热继电器 FR 后为电动机供电，电动机开始转动。接触器 KM 常开触点闭合，实现自锁。

（3）关闭开车信号

与此同时，接触器 KM 常闭触点分离，时间继电器 KT 和中间继电器 KA 线圈断电分离，中间继电器 KA 常开触点分离，电铃 B 和指示灯 HL 停止工作。同时时间继电器 KT 常开触点分离，由于接触器 KM 辅助常开触点闭合，接触器 KM 线圈依旧吸合，电动机继续运转。

（4）停止

按下停止按钮 SB1 时，接触器 KM 线圈断电释放，电动机断电停止转动。

3.17 ▶ 电动机间歇循环运行控制线路实物图解

电动机间歇循环运行控制线路可以实现在按下启动按钮后，电动机立刻启动，在电动机运转一会儿后，自动停止，再过一会儿，又会自动重新启动运转，之后会间歇循环运行。如图 3-33 和图 3-34 所示为电动机间歇循环运行控制线路图和实物接线图。

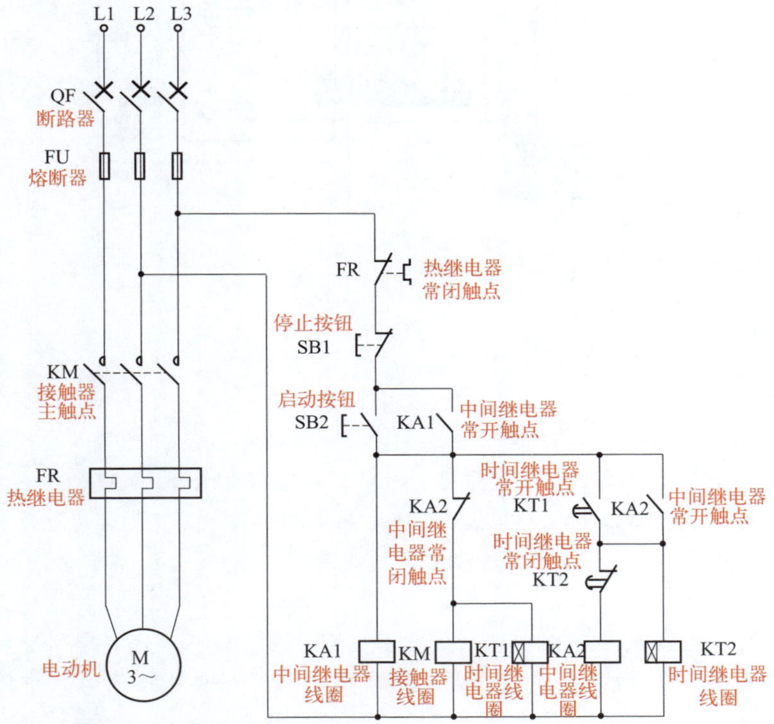

图 3-33　电动机间歇循环运行控制线路图

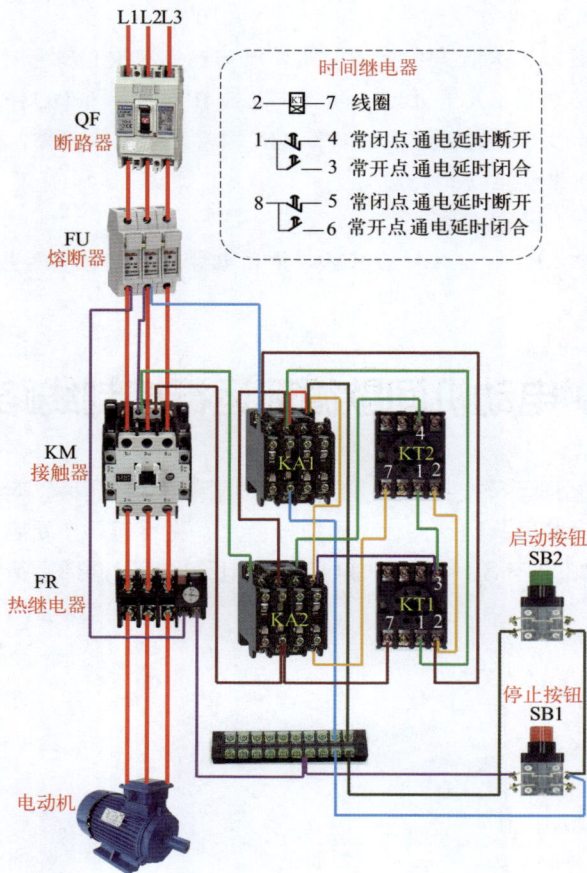

图 3-34　电动机间歇循环运行控制线路实物接线图

控制线路说明

（1）启动

先合上断路器 QF，按下启动按钮 SB2，中间继电器 KA1 线圈得电吸合，KA1 常开触点闭合使 KA1 自锁；此时接触器 KM 的线圈得电吸合，KM 的主触点闭合，三相交流电通过断路器 QF、接触器 KM 主触点和热继电器 FR 后为电动机供电，电动机开始转动。同时，时间继电器 KT1 的线圈得电吸合，KT1 常开触点开始延时。

（2）间歇停止

在时间继电器 KT1 延时一段时间之后，KT1 常开触点闭合，中间继电器 KA2 和时间继电器 KT2 线圈得电吸合，KT2 常闭触点开始延时；同时，中间继电器 KA2 常闭触点分离，KA2 常开触点闭合。然后接触器 KM 线圈失电分离，电动机停止转动。

（3）循环运行

时间继电器 KT2 的常闭触点延时一段时间之后分离，中间继电器 KA2 线圈断电分离，KA2 常闭触点恢复闭合，KA2 常开触点恢复分离。接触器 KM 线圈得电吸合，电动机重新开始转动。同时，时间继电器 KT1 线圈得电吸合，时间继电器 KT1 常开触点延长一段时间之后再次闭合，进入循环。

（4）手动停止

按下常闭按钮 SB1，接触器 KM 和所有继电器都失电分离，电动机停止转动。

3.18 电动机延时开机的间歇循环运行控制线路实物图解

电动机延时开机的间歇运行控制线路可以实现将转换开关拧到启动位置时，电动机不立刻启动，而是延时一会儿再启动。在电动机运转一会儿后，自动停止，再过一会儿，又会自动重新启动运转，之后会间歇运行，并进入循环。

如图 3-35 和图 3-36 所示为电动机延时开机的间歇运行控制线路图和实物接线图。

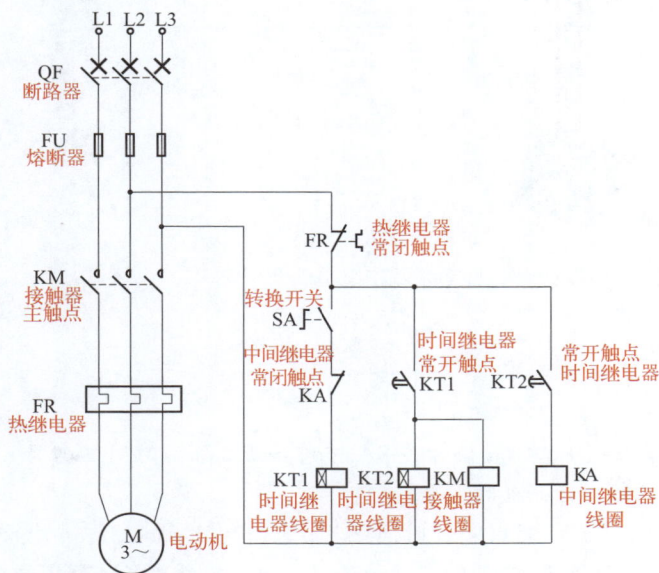

图 3-35　电动机延时开机的间歇运行控制线路图

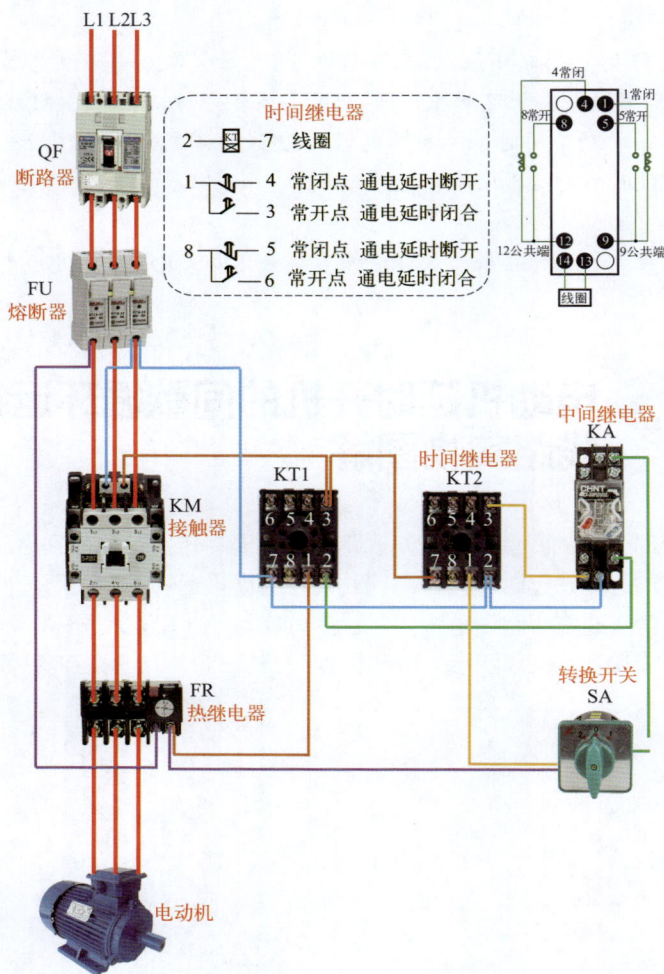

图 3-36 电动机延时开机的间歇运行控制线路实物接线图

控制线路说明

（1）启动

先合上断路器 QF，将转换开关 SA 拧到启动位置，时间继电器 KT1 线圈得电吸合，KT1 常开触点开始延时。

在时间继电器 KT1 延时一段时间之后，KT1 常开触点闭合。接着时间继电器 KT2 线圈得电吸合，KT2 常开触点开始延时。同时接触器 KM 线圈吸合，KM 的主触点闭合，三相交流电通过断路器 QF、接触器 KM 主触点和热继电器 FR 后为电动机供电，电动机开始转动。

（2）间歇停止

在时间继电器 KT2 延时一段时间之后，KT2 常开触点闭合。中间继电器 KA 线圈得电吸合，KA 常闭触点断开。接着时间继电器 KT1 线圈失电释放，KT1 常开触点断开。接触器 KM 线圈失电分离，主触点分离，电动机失去主电源，停止转动。

（3）循环运行

与此同时，时间继电器 KT2 线圈失电释放，KT2 常开触点分离，中间继电器 KA 线圈失电，KA 常闭触点闭合。时间继电器 KT1 线圈重新得电吸合，KT1 常开触点开始延时。时间继电器 KT1 延长一段时间之后再次闭合，接触器 KM 和时间继电器 KT2 线圈重新得电吸合，系统进入循环。

（4）手动停止

将转换开关 SA 拧到关闭位置，接触器 KM 和所有继电器的线圈都失电分离，电动机失去主电源，停止转动。

3.19 ▶ 电动机多保护启动控制线路实物图解

设备的外围辅助设备必须达到工作要求时（如压力、温度等），电动机才可以启动的控制线路称为多保护启动控制线路。

如图 3-37 和图 3-38 所示为电动机多保护启动控制线路图和实物接线图。

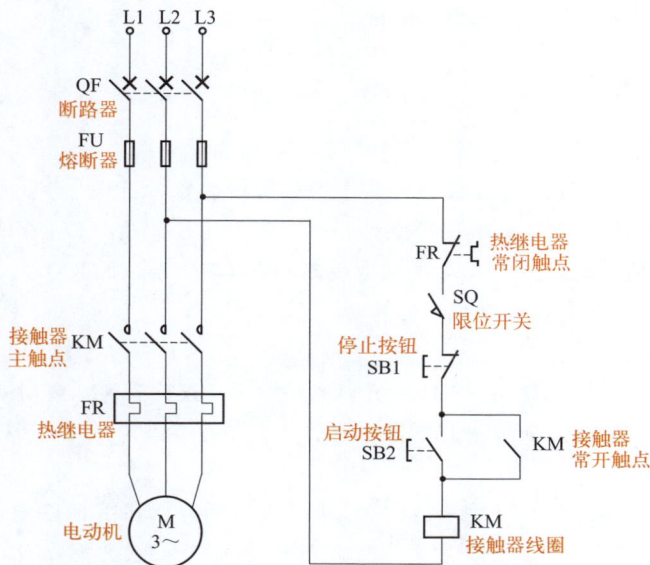

图 3-37　电动机多保护启动控制线路图

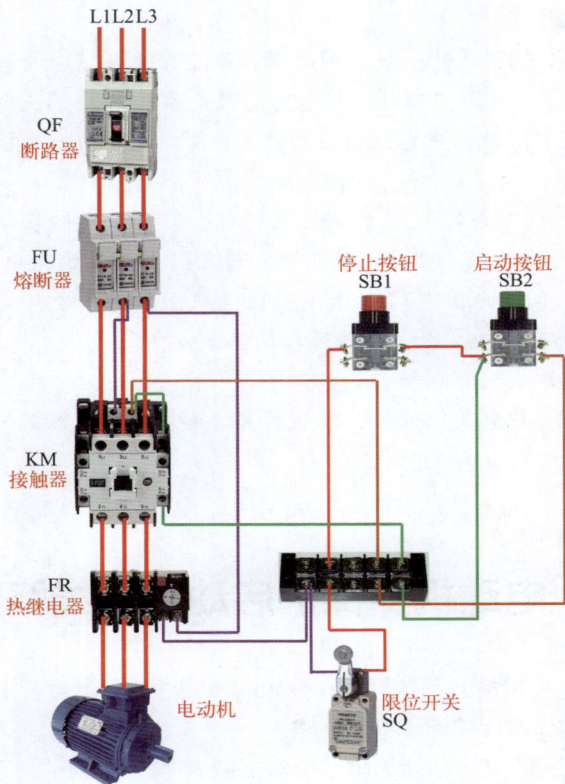

L1L2L3

QF
断路器

FU
熔断器

停止按钮
SB1

启动按钮
SB2

KM
接触器

FR
热继电器

电动机

限位开关
SQ

图 3-38　电动机多保护启动控制线路实物接线图

控制线路说明

（1）启动

先合上断路器 QF，当设备达到要求的位置时，限位开关 SQ 闭合，此时按下启动按钮 SB2，接触器 KM 线圈得电吸合，主触点闭合，接触器 KM 辅助常开触点闭合，实现自锁。此时，三相交流电通过断路器 QF、接触器 KM 主触点和热继电器 FR 后为电动机供电，电动机开始转动。

（2）停止

当按下停止按钮 SB1 时，SB1 常开触点被打开，接触器 KM 线圈断电释放，主、辅触点被打开，电动机断电停止转动。

（3）保护

如果设备没有达到启动要求，即 SQ 开关没有闭合，按下 SB2 启动按钮电路也不会起动工作。另外，当位置发生变化时，SQ 开关立即断开，电路断开，电动机停转，从而起到保护的作用。

3.20 电动机缺相保护控制线路实物图解

电动机缺相保护控制线路可以实现在电源出现缺相故障后自动保护线路的功能，如图3-39和图3-40所示为电动机缺相保护线路图和实物接线图。

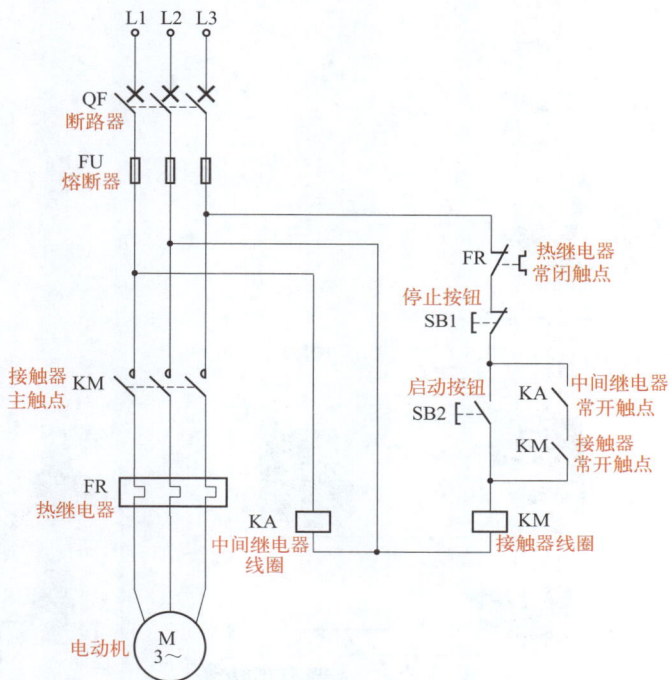

图3-39　电动机缺相保护线路图

控制线路说明

（1）启动

先合上断路器QF，此时中间继电器KA线圈得电吸合，KA常开触点闭合；接着按启动按钮SB2，接触器KM线圈得电吸合，主触点闭合，KM辅助常开触点闭合，实现自锁。此时，三相交流电通过断路器QF、接触器KM主触点和热继电器FR后为电动机供电，电动机开始转动。

（2）停止

按下停止按钮SB1时，SB1常开触点被打开，接触器KM线圈断电释放，主触点被打开，电动机断电停止转动。

（3）缺相保护

当L2或L3发生断路缺相时，控制电路会断电，接触器KM线圈失电分离，

KM 主触点分离，电动机停转。当 L1 发生断路时，中间继电器 KA 线圈断电分离，KA 常开触点分离，接触器 KM 线圈断电释放，KM 主触点分离，电动机停止转动。

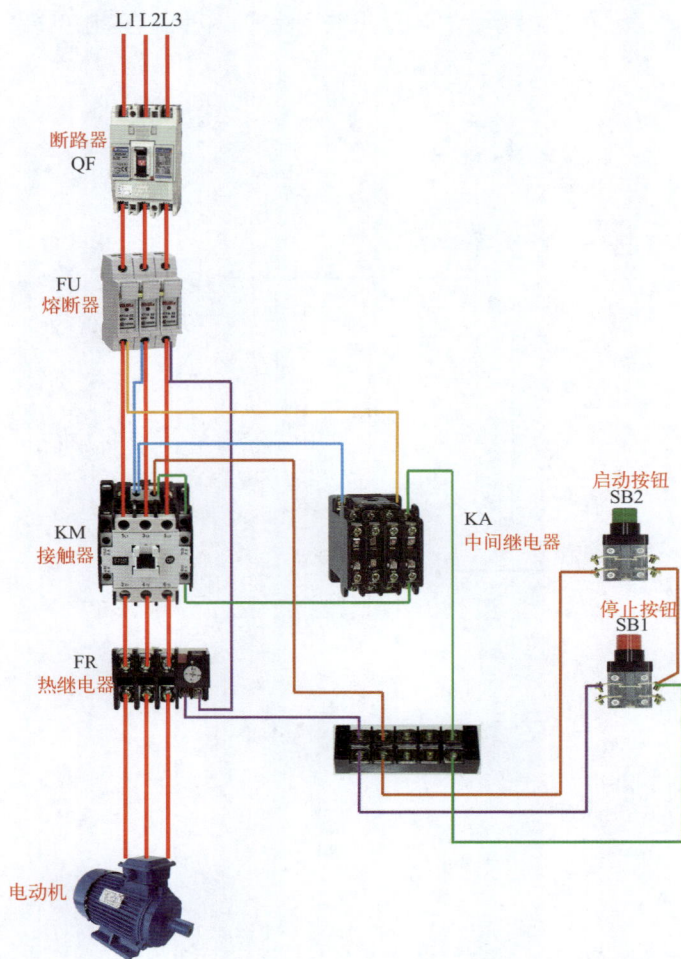

图 3-40 电动机缺相保护线路实物接线图

3.21 ▶ 零序电流断相保护控制线路实物图解

利用电流互感器输出的电流来控制电流继电器动作，从而实现对电动机断相保护的控制线路称为零序电流断相保护控制线路。当电源电路正常时，三相电流值的和为零，电流互感器二次侧无电流流过电流继电器；当电路发生断相时，就会有电流流过电流继电器，电流继电器动作断开接触器线圈供电，继而断开电动机供电，启动保护电动机的作用。

如图 3-41 和图 3-42 所示为零序电流断相保护控制线路图和实物接线图。

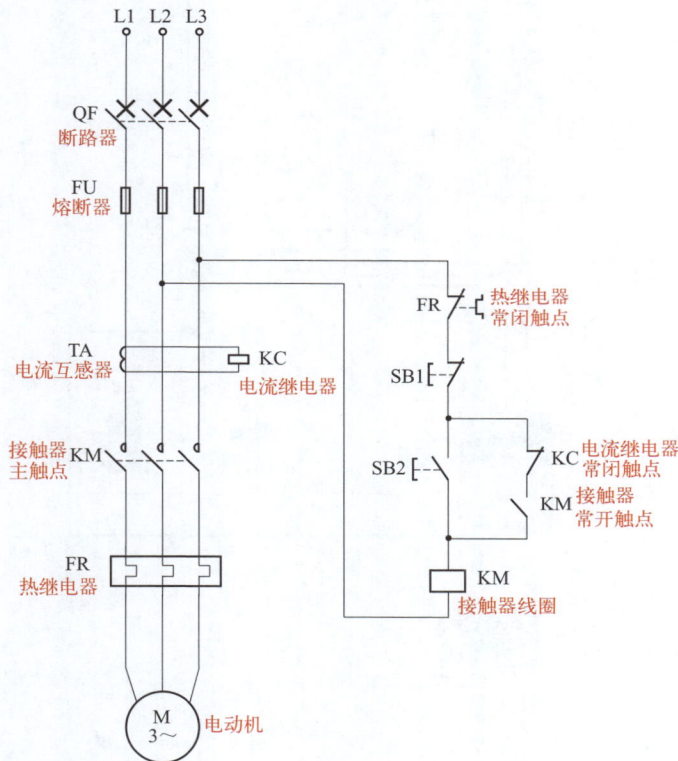

图 3-41　零序电流断相保护控制线路图

控制线路说明

（1）启动

先合上断路器 QF，然后按下启动按钮 SB2，接触器 KM 线圈得电吸合，主触点闭合，接触器 KM 辅助常开触点闭合，实现自锁。此时，三相交流电通过断路器 QF、电流互感器 TA、接触器 KM 主触点和热继电器 FR 后为电动机供电，电动机开始转动。由于电流互感器 TA 次级输出电流为零，电流继电器 KC 线圈不动作。

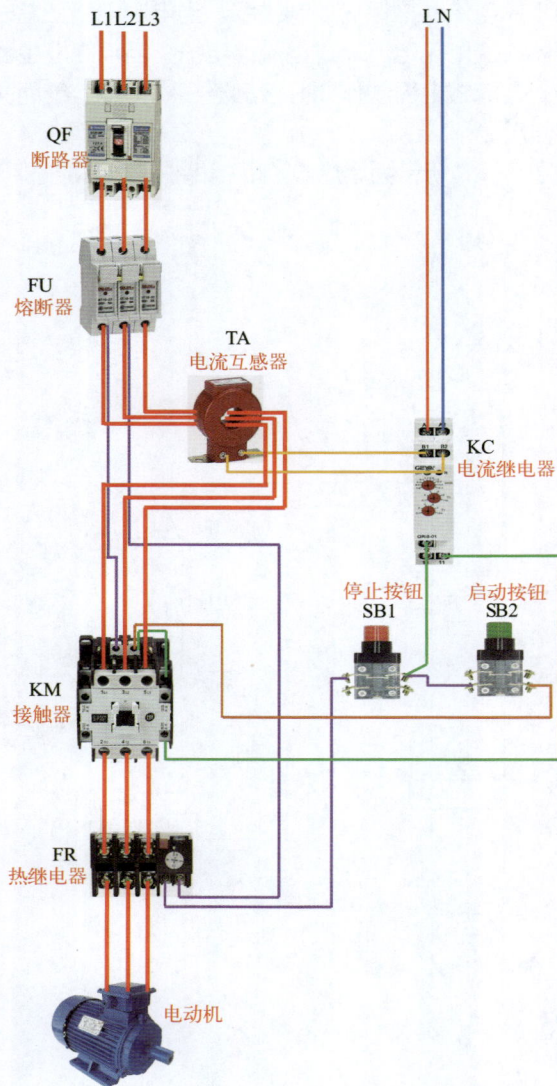

图 3-42　零序电流断相保护控制线路实物接线图

（2）停止

当按下停止按钮 SB1 时，接触器 KM 线圈断电释放，主触点被打开，电动机断电停止转动。

（3）保护

当 L1、L2 或 L3 发生断路缺相时，电流互感器 TA 次级输出电流不再为零，电流继电器 KC 线圈吸合，KC 常闭触点断开，接触器 KM 主触点分离，电动机停转。

3.22 电动机相间短路保护正反转控制线路实物图解

电动机相间短路保护正反转控制线路是为了防止容量较大的电动机在进行正反转切换时，由于电弧未完全熄灭，切换之后引起相间短路事故。

如图 3-43 和图 3-44 所示为电动机相间短路保护正反转控制线路图和实物接线图。

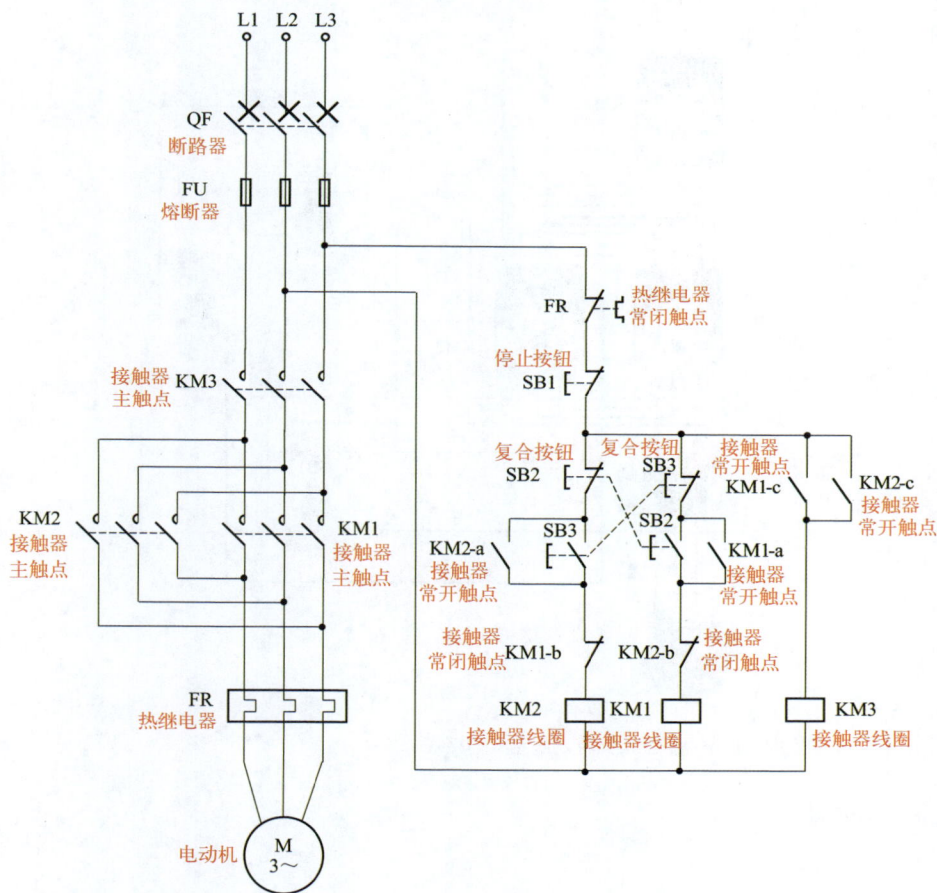

图 3-43 电动机相间短路保护正反转控制线路图

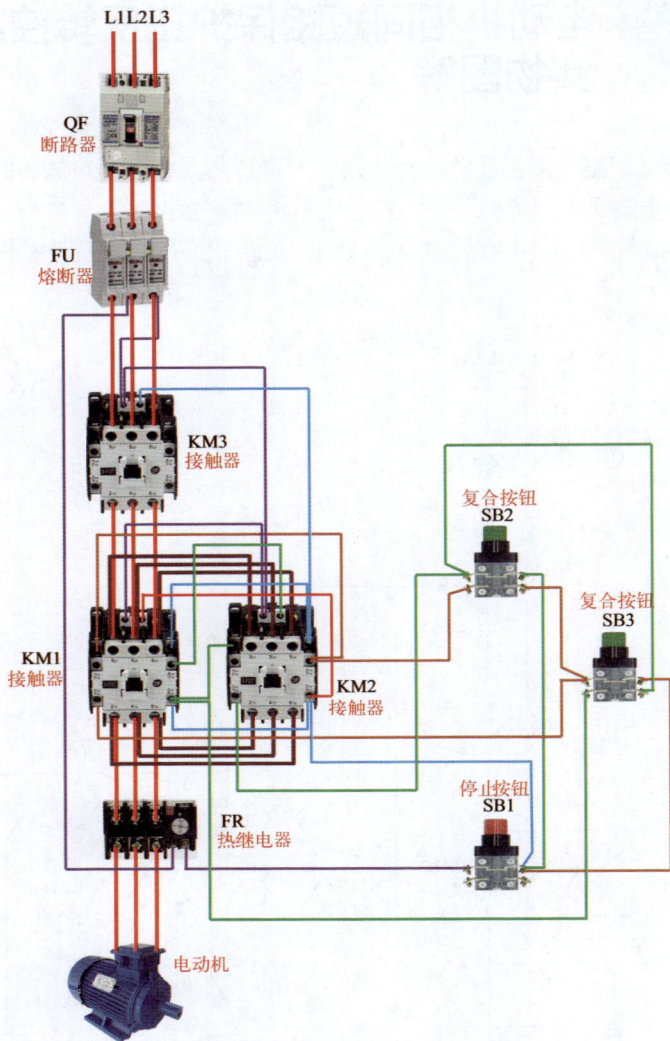

图 3-44　电动机相间短路保护正反转控制线路实物接线图

控制线路说明

（1）启动正转

先合上断路器 QF，按下复合按钮 SB2，SB2 常闭按钮分离，SB2 常开按钮闭合；接触器 KM1 线圈得电铁芯吸合，主触点闭合，KM1 辅助常开触点 KM1-a 闭合实现自锁。同时，KM1 辅助常开触点 KM1-c 闭合，接触器 KM3 线圈得电铁芯吸合，主触点闭合。此时，三相交流电通过断路器 QF、接触器 KM3、KM1 主触点和热继电器 FR 后为电动机供电，电动机开始正向转动。

（2）短路保护

同时，接触器 KM1 常闭触点 KM1-b 打开，防止 KM2 同时动作造成电源短路故障。

（3）停止

按下停止按钮 SB1 后，接触器 KM1、KM2、KM3 主触点分开，电动机停转。

（4）反转

按下复合按钮 SB3，SB3 常闭按钮分离，SB3 常开按钮闭合，接触器 KM1 和 KM3 线圈同时断电，主触点断开，能有效熄灭电弧，确保不会发生短路问题；同时接触器 KM2 线圈得电铁芯吸合，主触点闭合，KM2 辅助常开触点 KM2-a 同时闭合，实现自锁。KM2 常开触点 KM2-c 闭合，接触器 KM3、KM2 主触点闭合，电动机开始反转。同时，接触器 KM2 常闭触点 KM2-b 打开，防止 KM1 同时动作造成电源短路故障。

3.23 ▶ 电动机电磁制动控制线路实物图解

在电动机制动时，利用电磁抱闸紧紧抱住电动机的转轴，使电动机快速停转的电路称为电动机电磁制动控制线路。电磁抱闸通常在通电情况下，松开对电动机转轴的抱紧；断电时利用弹簧的弹力紧紧抱紧转轴。

如图 3-45 和图 3-46 所示为电动机电磁制动控制线路图和实物接线图。

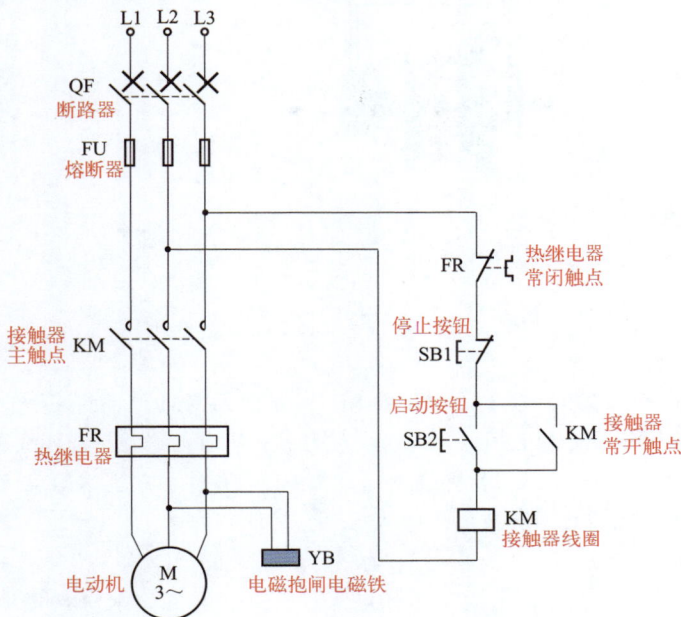

图 3-45　电动机电磁制动控制线路图

79

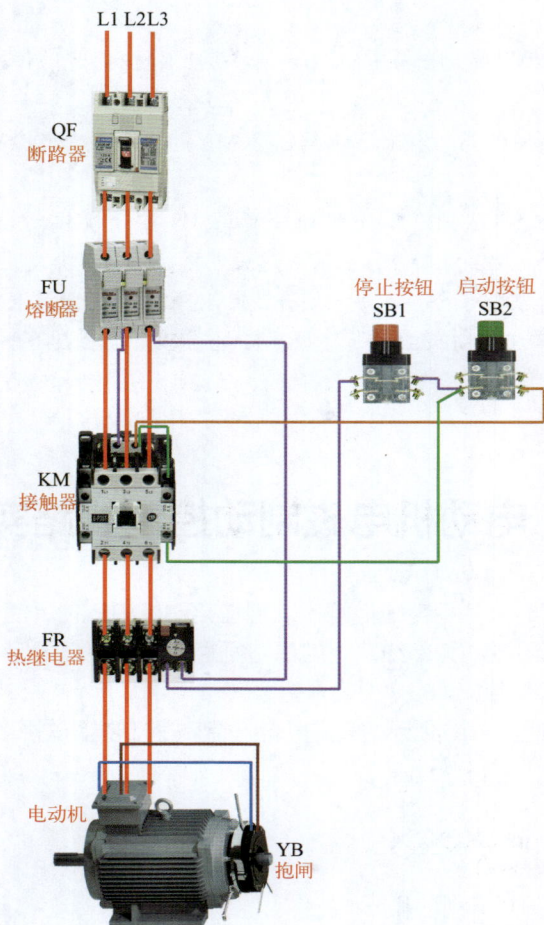

L1 L2L3

QF
断路器

FU
熔断器

停止按钮　启动按钮
SB1　　SB2

KM
接触器

FR
热继电器

电动机

YB
抱闸

图 3-46　电动机电磁制动控制线路实物接线图

控制线路说明

（1）启动

先合上断路器 QF，按下启动按钮 SB2，接触器 KM 线圈得电铁芯吸合，主触点闭合，KM 辅助常开触点同时闭合，实现自锁；同时电磁抱闸 YB 线圈得电吸合，松开电动机主轴。此时，三相交流电通过断路器 QF、接触器 KM 主触点和热继电器 FR 后为电动机供电，电动机开始转动。

（2）停止

按下停止按钮 SB1 时，SB1 常开触点被打开，接触器 KM 线圈断电释放，其主触点分离，电动机断电停止工作。此时电磁抱闸也同时断电，电磁铁释放衔铁，在弹簧的作用下，紧紧抱紧电动机主轴，使电动机停止转动。

3.24 电动机反接制动控制线路实物图解

通过电动机转子上的反向转矩使电动机快速制动的线路称为电动机反接制动线路。电动机反接制动的反向转矩是通过改变旋转磁场的方向（将两相定子绕组接线交换）获得的，当转子转速为零时，电动机将反向旋转，在零速反接制动开关的帮助下，使电动机与电源断开。为了制动准确，在电动机转速低于 100r/min 时，利用速度继电器断开制动电路，停止反向制动，防止反向启动。

如图 3-47 和图 3-48 所示为反接制动控制线路图和实物接线图。

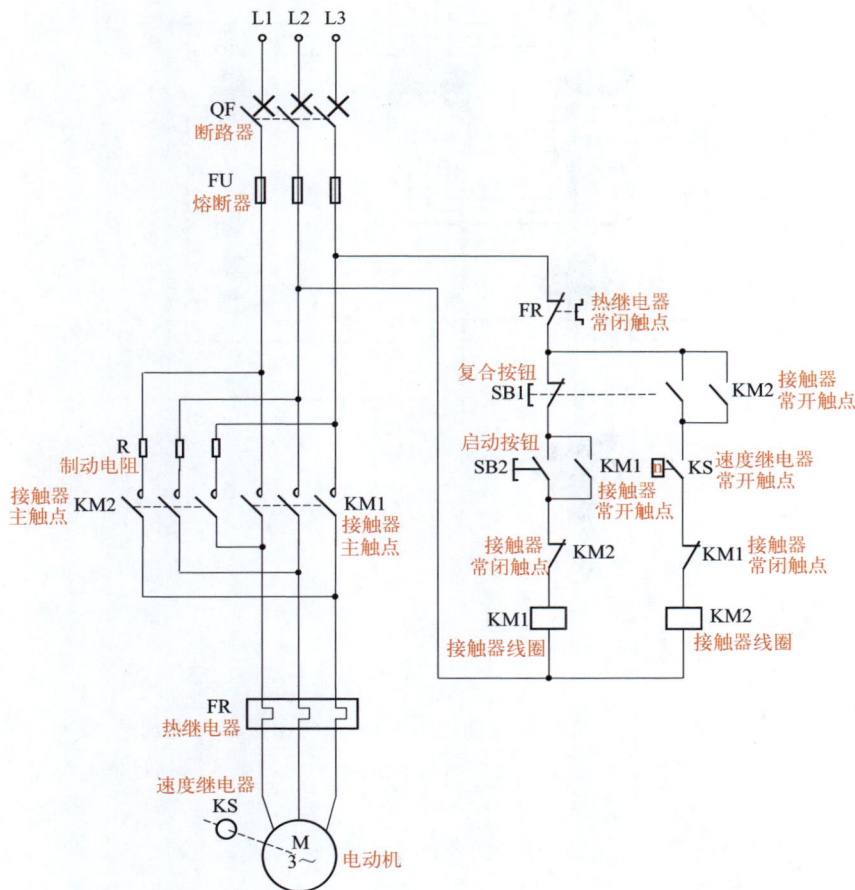

图 3-47　反接制动控制线路图

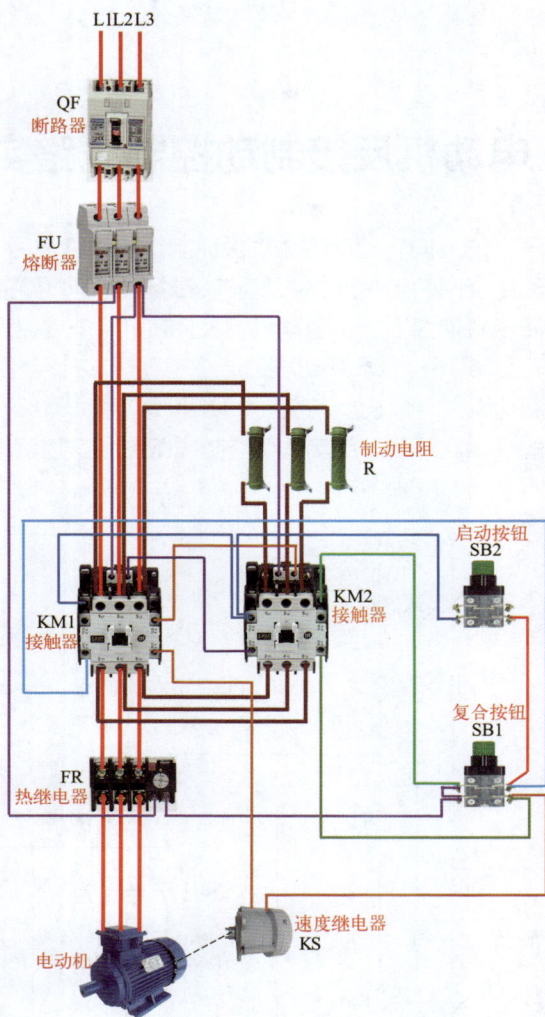

L1L2L3

QF
断路器

FU
熔断器

制动电阻
R

启动按钮
SB2

KM1
接触器

KM2
接触器

复合按钮
SB1

FR
热继电器

电动机

速度继电器
KS

图 3-48 反接制动控制线路实物接线图

控制线路说明

（1）启动

先合上断路器 QF，按下启动按钮 SB2，接触器 KM1 线圈得电铁芯吸合，主触点闭合，接触器 KM1 常开触点闭合，实现自锁。此时，三相交流电通过断路器 QF、接触器 KM1 主触点和热继电器 FR 后为电动机供电，电动机开始正向转动。当电动机转速升高后，速度继电器的常开触点 KS 闭合，为反接制动接触器 KM2 接通做准备。

（2）反接制动

按下复合按钮 SB1，SB1 常闭触点断开，SB1 常开触点闭合，接触器 KM1 线圈断电释放，KM1 常闭触点闭合，接触器 KM2 线圈得电，KM2 主触点闭合。同时 KM2 常开触点闭合，实现自锁，KM2 常闭触点断开，防止接触器 KM1 同时动作，发生短路故障，电动机反接制动。电动机转速迅速降低，当电机转速接近零时，速度继电器 KS 的常开触点 KS 断开，KM2 线圈断电释放，电动机制动结束。

3.25 电动机 Y－△手动启动控制线路实物图解

在电动机启动时，定子绕组临时接成 Y 形，降低启动时加在电动机定子绕组上的电压，限制启动电流，待电动机启动后接近额定转速时正常运行时，再手动切换接成△形的控制线路称为 Y－△手动启动控制线路。

如图 3-49 和图 3-50 所示为电动机 Y－△手动启动控制线路图和实物接线图。

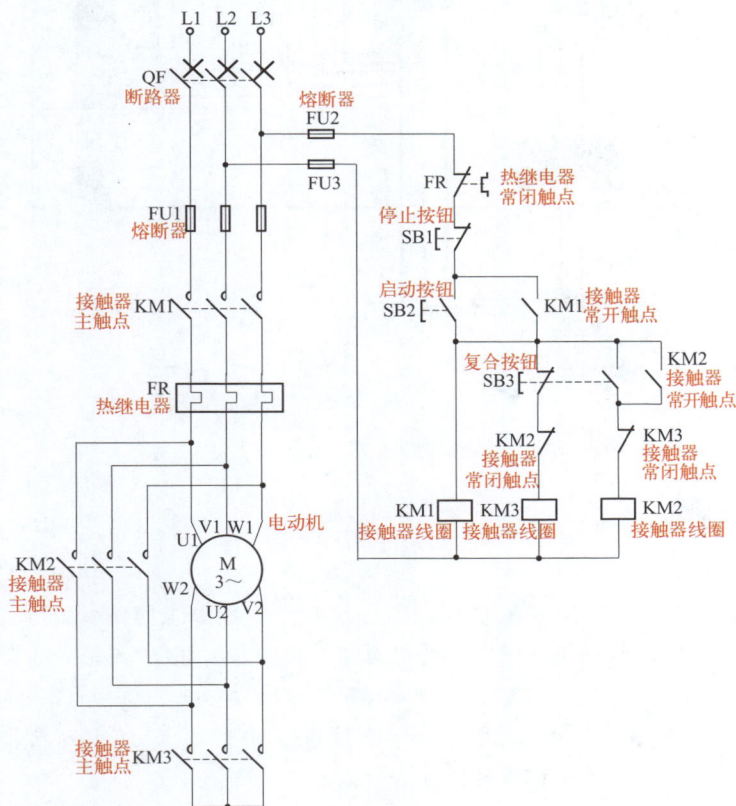

图 3-49 电动机 Y－△手动启动控制线路图

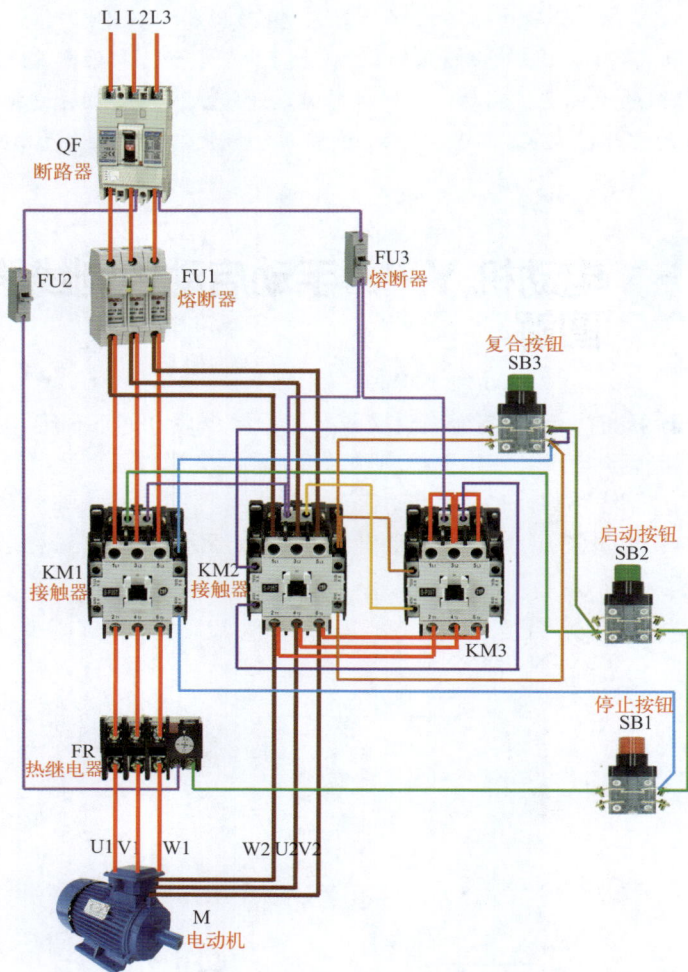

图 3-50　电动机 Y- △手动启动控制线路实物接线图

控制线路说明

（1）Y 形低速启动

先合上断路器 QF，按下启动按钮 SB2，接触器 KM1 和 KM3 线圈得电铁芯吸合，主触点闭合，KM1 常开触点闭合，实现自锁。接触器 KM3 常闭触点断开，防止接触器 KM2 同时动作，进行联锁。此时，接触器 KM3 将电动机三个绕组尾端相连，电动机按 Y 形连接。三相交流电通过断路器 QF、接触器 KM1 主触点和热继电器 FR 后为电动机供电，电动机开始低速启动。

（2）△形高速运转

当电动机转速升高，接近额定转速时，按下运行按钮SB3。SB3常闭触点断开，SB3常开触点闭合，接触器KM3线圈失电释放，主触点分离，KM3常闭触点闭合。接着接触器KM2线圈得电吸合，KM2常开触点闭合实现自锁。KM2常闭触点断开，防止接触器KM3同时动作，进行联锁。此时，接触器KM2主触点将电动机绕组接成△形，电动机在高速下运行，完成Y-△降压启动。

3.26 电动机 Y-△自动启动控制线路实物图解

在电动机启动时，定子绕组临时接成Y形，降低启动时加在电动机定子绕组上的电压，限制启动电流，待电动机启动后接近额定转速时正常运行时，自动切换接成△形的控制线路称为 Y-△自动启动控制线路。

如图 3-51 和图 3-52 所示为电动机 Y-△自动启动控制线路图和实物接线图。

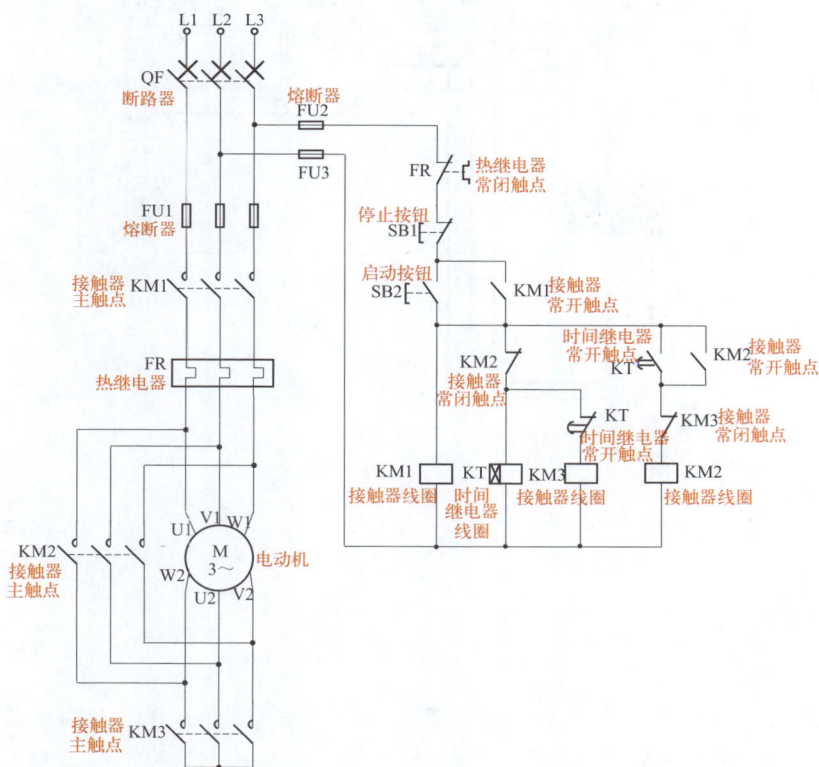

图 3-51 电动机 Y-△自动启动控制线路图

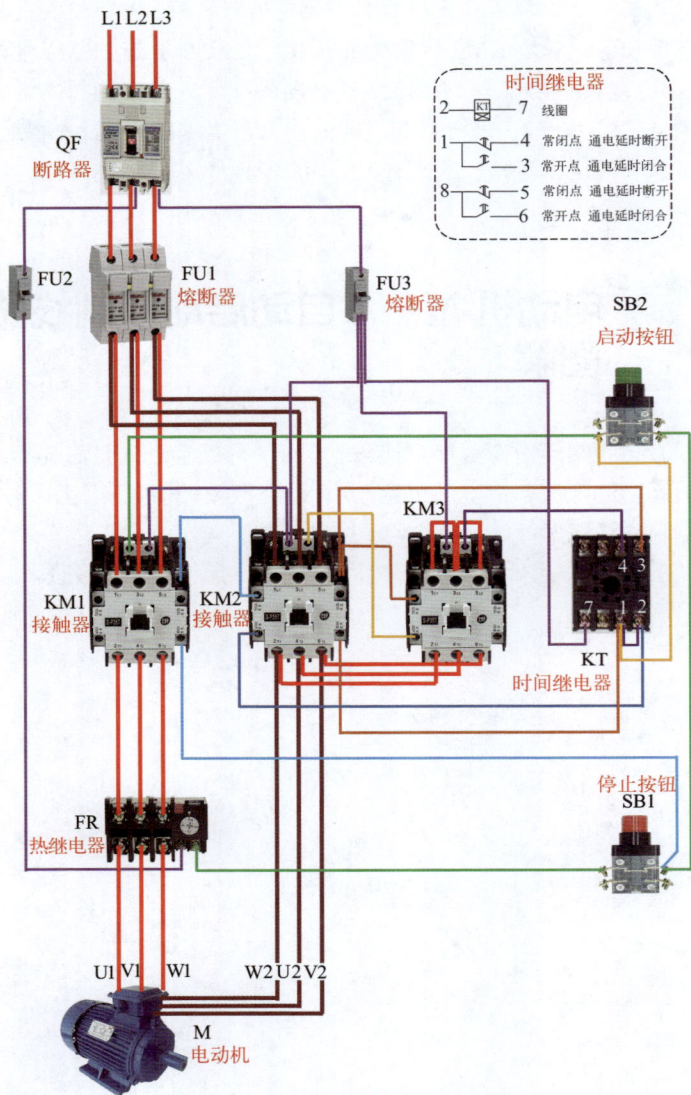

时间继电器

2 — KT — 7	线圈
1 — 4	常闭点 通电延时断开
— 3	常开点 通电延时闭合
8 — 5	常闭点 通电延时断开
— 6	常开点 通电延时闭合

L1 L2 L3

QF 断路器

FU2   FU1 熔断器   FU3 熔断器   SB2 启动按钮

KM3

KM1 接触器   KM2 接触器   KT 时间继电器

停止按钮 SB1

FR 热继电器

U1 V1 W1   W2 U2 V2

M 电动机

图 3-52　电动机 Y-△自动启动控制线路实物接线图

控制线路说明

（1）Y 形低速启动

　　先合上断路器 QF，按下启动按钮 SB2，接触器 KM1 和 KM3、时间继电器 KT 线圈得电铁芯吸合，接触器 KM1 和 KM3 主触点闭合，且接触器 KM1 常开触点闭合，实现自锁；时间继电器 KT 中常开触点和常闭触点开始延时；接触器 KM3 常闭触点断开，防止接触器 KM2 误动作，进行联锁。此时，接触器 KM3 将电动机三个绕组尾端相连，电动机按 Y 形连接。三相交流电通过断路器 QF、接触器 KM1 主触点和热继电器 FR 后为电动机供电，电动机开始低速启动。

（2）△形高速运转

延时一段时间后（此时电动机转速已经升高，接近额定转速），时间继电器常闭触点断开，常开触点闭合；此时，接触器 KM3 线圈失电释放，主触点分离，接触器 KM3 常闭触点闭合。接着接触器 KM2 线圈得电吸合，KM2 常开触点闭合实现自锁，KM2 常闭触点断开，防止接触器 KM3 误动作，进行联锁。此时，接触器 KM2 主触点将电动机绕组接成△形，电动机在高速下运行，完成 Y-△降压启动。

3.27 电动机自耦降压自动启动控制线路实物图解

启动时利用自耦变压器来降低加在电动机上的启动电压，待电动机启动后再使电动机与自耦变压器脱离，从而在全压下正常转动的控制线路称为自耦降压自动启动控制线路。自耦降压启动电路常用于较大功率的电机启动。

如图 3-53 和图 3-54 所示为电动机自耦降压自动启动控制线路图和实物接线图。

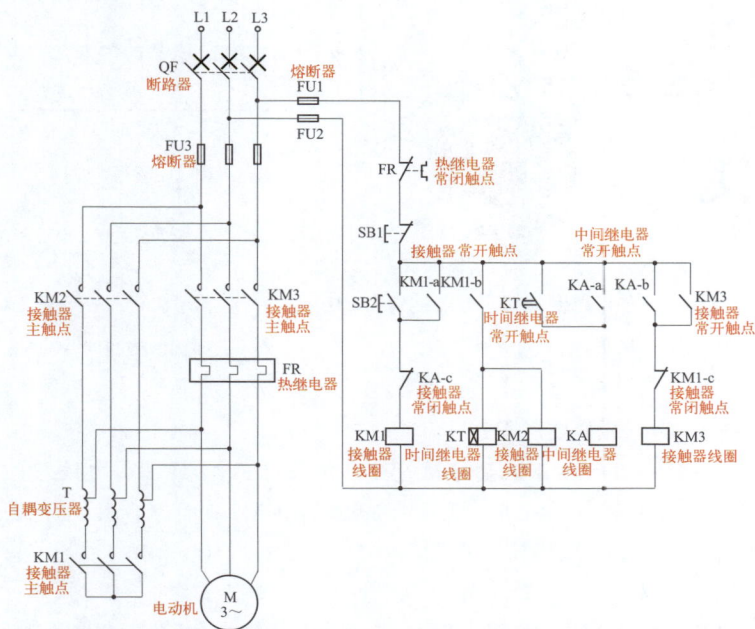

图 3-53　电动机自耦降压自动启动控制线路图

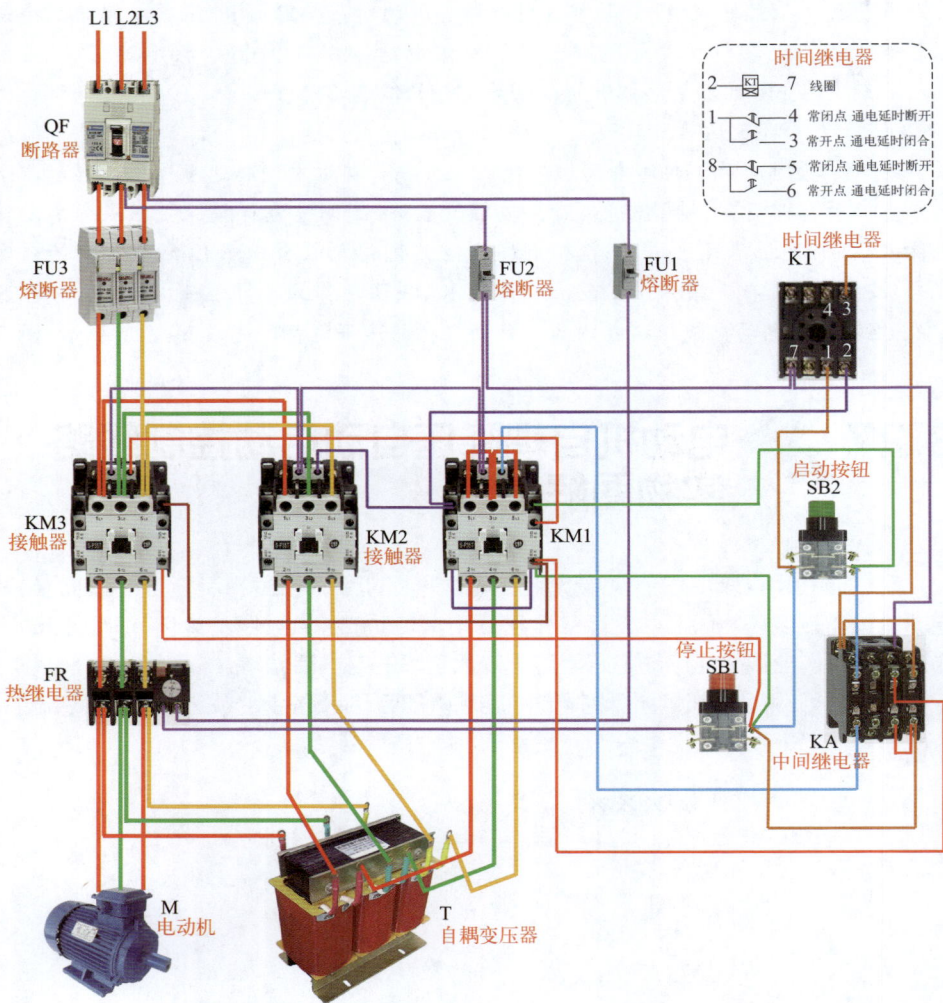

图 3-54　电动机自耦降压自动启动控制线路实物接线图

控制线路说明

（1）自耦变压器接成星形

先合上断路器 QF，按下启动按钮 SB2，接触器 KM1 线圈得电铁芯吸合，主触点闭合，将自耦变压器接成星形；KM1 常开触点 KM1-a 闭合，实现自锁；KM1 常闭触点 KM1-c 断开，防止接触器 KM3 误动作，进行联锁。

（2）低速启动

同时，常开触点 KM1-b 闭合，时间继电器 KT 线圈吸合，KT 常开触点开始延时；接触器 KM2 线圈也同时吸合，接触器 KM2 主触点闭合。接着三相交流电通过断路器 QF、接触器 KM2 主触点、自耦变压器的低压抽头给电动机供电，电动机低速转动。

（3）完成自耦启动

延时一段时间后（此时电动机转速已经升高，接近额定转速）KT 常开触点闭合，中间继电器 KA 线圈吸合，其常开触点 KA-a 闭合实现自锁；中间继电器常闭触点 KA-c 断开，接触器 KM1 线圈断电释放，主触点分离；其常开触点 KM1-b 断开，时间继电器 KT 和接触器 KM2 线圈失电释放，KM2 主触点分离。同时，中间继电器常开触点 KA-b 闭合，接触器 KM3 线圈得电吸合，主触点闭合，其常开触点 KM3-a 闭合实现自锁。此时，三相交流电通过断路器 QF、接触器 KM3 主触点、热继电器 FR 给电动机供电，电动机在高速下运行，完成自耦降压启动。

3.28 电动机短时间停电来电后自动快速再启动线路实物图解

在一些需连续作业，不能停止的场合，当线路失电后备用电源立即启动，这时就要求电机能够自动启动，即电动机在经短暂停电又恢复供电时需快速自动启动。

如图 3-55 和图 3-56 所示为电动机短时间停电来电后自动快速再启动线路图和实物接线图。

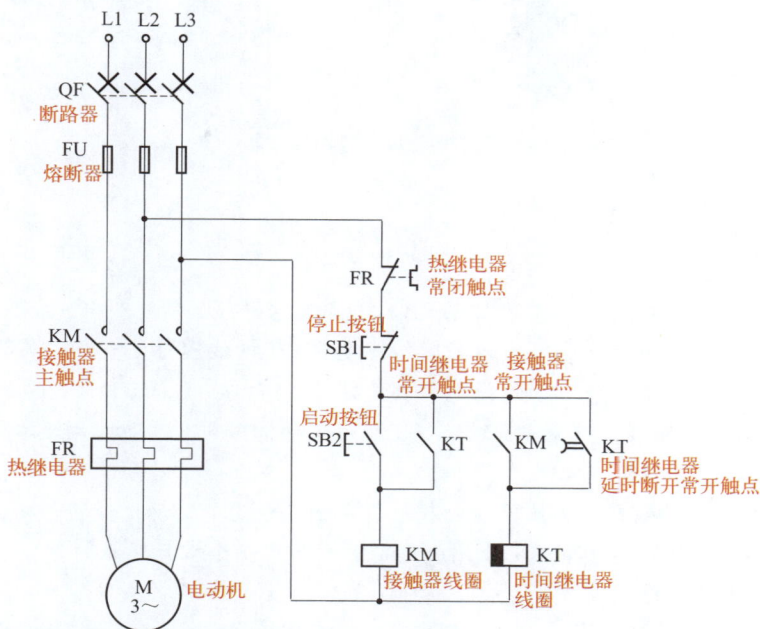

图 3-55　电动机短时间停电来电后自动快速再启动线路图

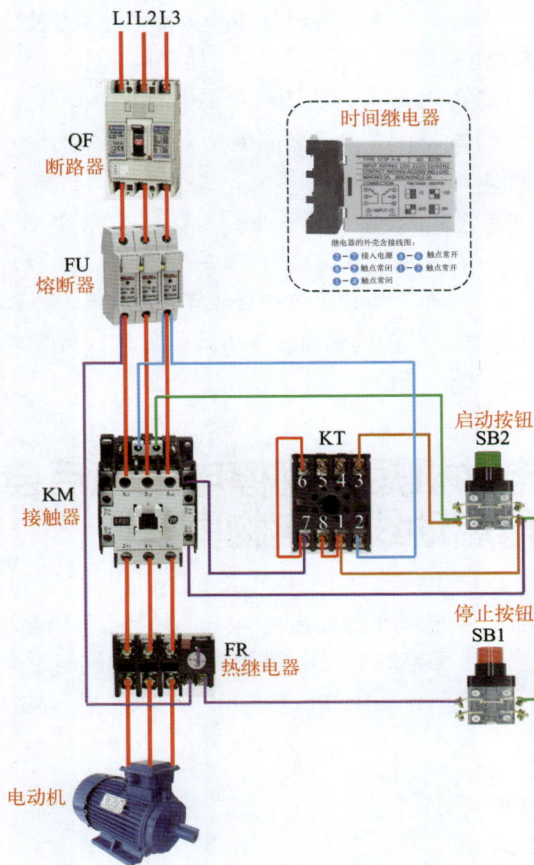

图 3-56　电动机短时间停电来电后自动快速再启动线路实物接线图

控制线路说明

（1）启动

先合上断路器 QF，按下启动按钮 SB2，接触器 KM 线圈得电吸合，主触点闭合，接触器 KM 常开触点闭合，断电延时时间继电器 KT 的线圈得电吸合，其两个常开触点闭合，使接触器 KM 和时间继电器 KT 实现自锁。此时，三相交流电通过断路器 QF、接触器 KM 主触点和热继电器 FR 后为电动机供电，电动机开始转动。

（2）停电后

当停电后，接触器 KM 线圈断电释放，主触点分离，电动机停转。接触器 KM 常开触点分离，时间继电器 KT 线圈失电释放，其中一个常开触点断开，另一个延时断开常开触点继续闭合。

（3）短时停来电后自动再启动

当短时间停电来电后，此时由于时间继电器 KT 的一个延时断开常开触点还处于闭合状态，因此时间继电器 KT 线圈得电吸合，其两个常开触点均闭合。

同时，接触器 KM 线圈得电吸合，主触点闭合，由于时间继电器 KT 的常开触点合处于闭合状态，接触器 KM 实现自锁。此时，三相交流电通过断路器 QF、接触器 KM 主触点和热继电器 FR 后为电动机供电，电动机开始转动，实现短时停电来电后自动再启动。

3.29 电动机长时间停电来电后自动再启动控制线路实物图解

在某些需要长时间运行且不能中断供电的场合，如工厂的生产线、不间断电源系统等，通过自动再启动功能，确保设备在停电后能迅速恢复运行，减少生产中断和时间损失。

如图 3-57 和图 3-58 所示为电动机长时间停电来电后自动再启动控制线路图和实物接线图。

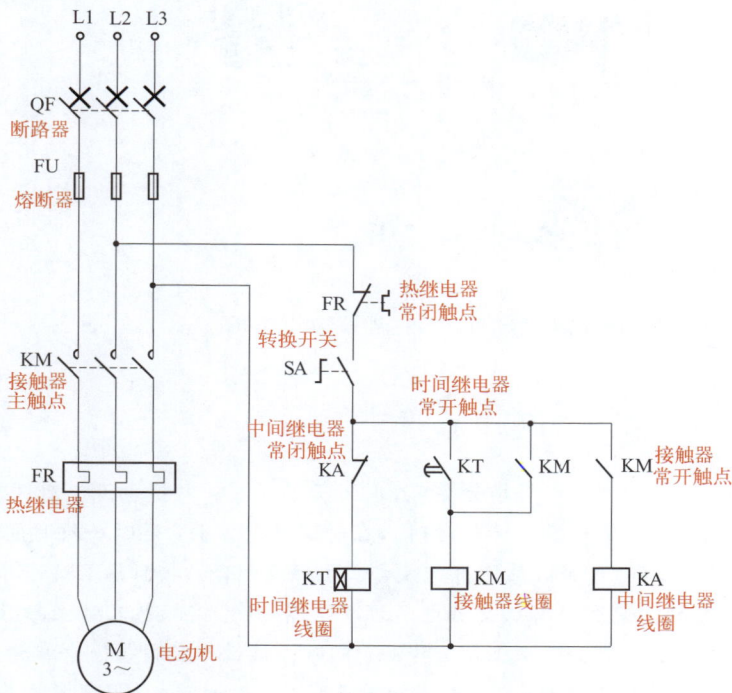

图 3-57　电动机长时间停电来电后自动再启动控制线路图

91

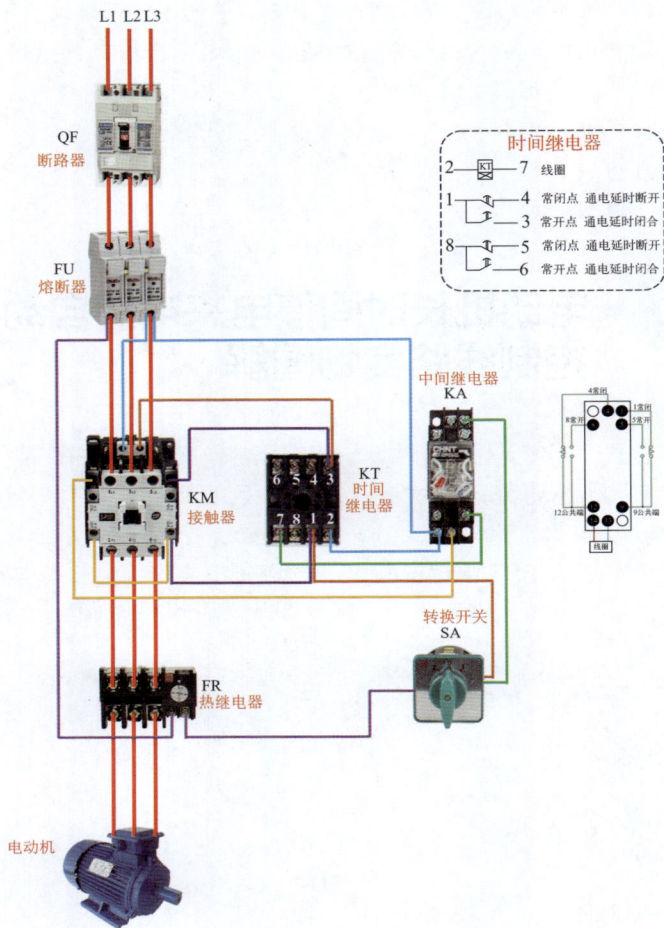

L1 L2 L3

QF
断路器

FU
熔断器

时间继电器

2		7	线圈
1		4	常闭点 通电延时断开
		3	常开点 通电延时闭合
8		5	常闭点 通电延时断开
		6	常开点 通电延时闭合

中间继电器
KA

KM
接触器

KT
时间继电器

转换开关
SA

FR
热继电器

电动机

图 3-58　电动机长时间停电来电后自动再启动控制线路实物接线图

控制线路说明

（1）启动

先合上断路器 QF，将转换开关 SA 拧到开启位置，接通电源，时间继电器 KT 线圈得电吸合，KT 常开触点开始延时。在时间继电器 KT 延时一段时间之后，KT 常开触点闭合，接触器 KM 线圈得电吸合，主触点闭合，接触器 KM 一个常开触点闭合，实现自锁。此时，三相交流电通过断路器 QF、接触器 KM 主触点和热继电器 FR 后为电动机供电，电动机开始转动。同时，接触器 KM 另一个常开触点闭合，中间继电器 KA 线圈得电吸合，KA 常闭触点断开，时间继电器 KT 线圈失电释放，KT 常开触点断开，由于接触器 KM 在自锁状态，电动机继续转动。

（2）停电后

当停电后，接触器 KM 线圈断电释放，主触点分离，电动机停转。接触器 KM 常开触点分离，时间继电器 KT 线圈失电释放，其通电延时常开触点断开。

（3）长时停电来电后自动再启动

当长时间停电来电后，此时由于转换开关 SA 处于开启位置，时间继电器 KT 线圈得电吸合，KT 常开触点开始延时。在时间继电器 KT 延时一段时间之后，KT 常开触点闭合，接触器 KM 线圈得电吸合，主触点闭合，接触器 KM 一个常开触点闭合，实现自锁。此时，三相交流电通过断路器 QF、接触器 KM 主触点和热继电器 FR 后为电动机供电，电动机开始转动，实现长时间停电来电后自动再启动。

3.30 工厂工作台自动往返循环控制线路实物图解

通过检测执行元件的位置或行程，自动往返控制线路能够触发相应的电气动作，使执行元件在预设的两个或多个位置间自动往返运动。自动往返控制线路广泛应用于各种机械设备、生产线、物流系统等场合，如工厂工作台要求加工线自动往返循环运行，这种加工线控制线路一般结合两个行程开关来实现自动往返循环控制。

如图 3-59 和图 3-60 所示为工厂工作台自动往返循环控制线路图和实物接线图。

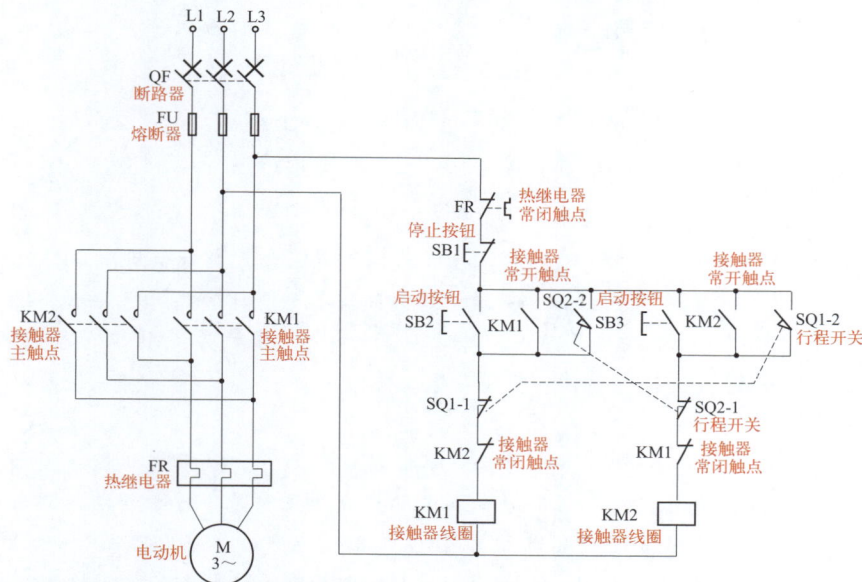

图 3-59 工厂工作台自动往返循环控制线路图

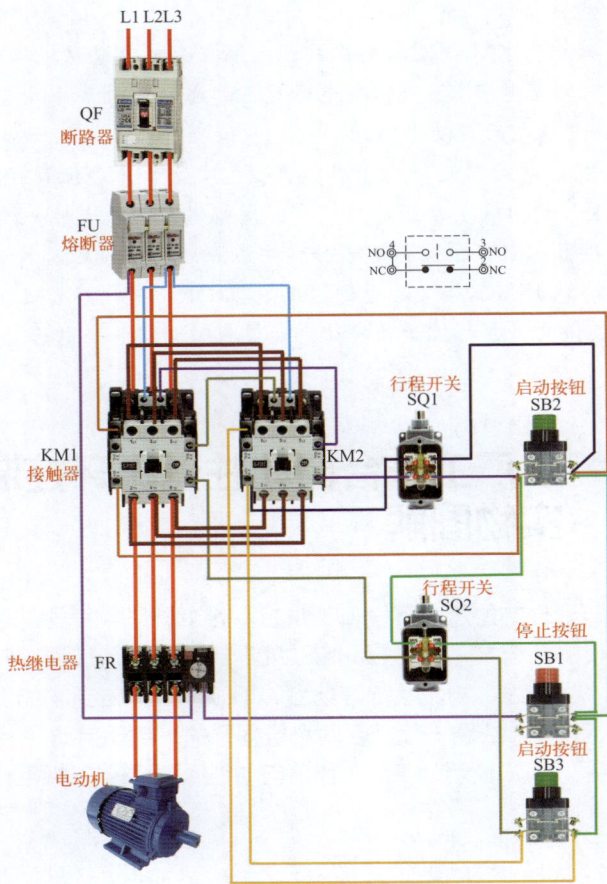

L1 L2 L3

QF
断路器

FU
熔断器

NO — NO
NC — NC

行程开关
SQ1

启动按钮
SB2

KM1
接触器

KM2

行程开关
SQ2

停止按钮
SB1

热继电器 FR

启动按钮
SB3

电动机

图 3-60　工厂工作台自动往返循环控制线路实物接线图

控制线路说明

（1）启动

当按下启动按钮 SB2 时，接触器 KM1 线圈得电吸合，主触点闭合，KM1 常开触点闭合，实现自锁。此时，三相交流电通过断路器 QF、接触器 KM1 和热继电器 FR 后为电动机供电，电动机开始正向转动。与此同时，接触器 KM1 常闭触点断开，防止接触器 KM2 线圈得电动作，实现互锁。

（2）反向运动

当机械运行到行程开关 SQ1 时，SQ1 常闭触点断开，SQ1 常开触点闭合，接触器 KM1 线圈失电释放，主触点分离，电动机失去主电源，停止转动。同时，接触器 KM1 常闭触点恢复闭合，接触器 KM2 线圈得电吸合，主触点闭合，KM2 常开触点闭合，实现自锁。此时，三相交流电通过断路器 QF、接触器 KM2 和热继电器 FR 后为电动机供电，电动机开始反向转动，机械开始反向运动。与此同时，接触器 KM2 常闭触点断开，防止接触器 KM1 线圈得电动作，实现互锁。

（3）自动往返运动

当机械运行到行程开关 SQ2 时，SQ2 常闭触点断开，SQ2 常开触点闭合，接触器 KM2 线圈失电释放，主触点分离，电动机失去主电源，停止转动。同时接触器 KM1 线圈重新得电吸合，主触点闭合，电动机开始正向转动，进入自动循环过程。

（4）停止

当按下停止按钮 SB1 时，接触器 KM1 或 KM2 线圈断电分离，电动机失去主电源，停止转动。

3.31 ▶ 仅用一个行程开关实现自动往返控制线路实物图解

在仅用一个行程开关实现自动往返控制线路中，使用一个双轮不可复位行程开关来控制机械装置的往返运动。双轮不可复位式行程开关一般安装在机器中部，而左右两只保护撞块则应分别安装在移动机械上。

如图 3-61 和图 3-62 所示为仅用一个行程开关实现自动往返控制线路图和实物接线图。

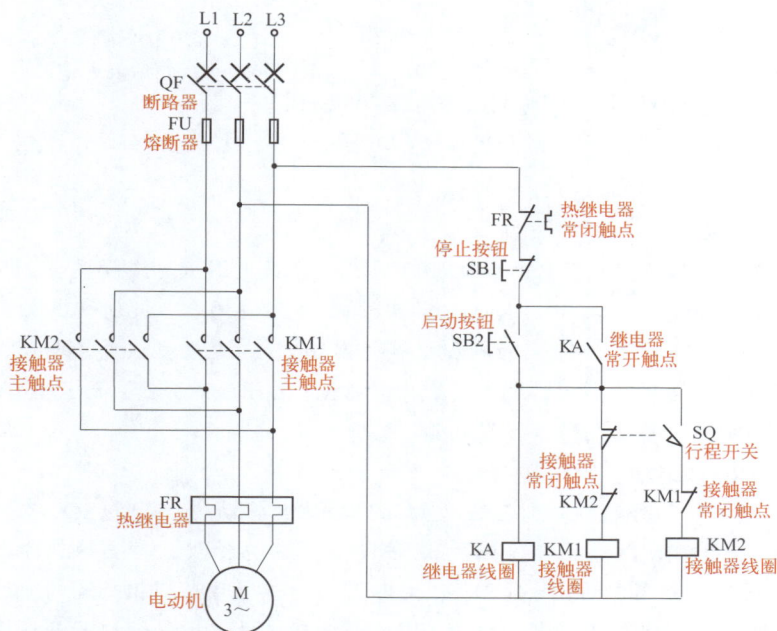

图 3-61 仅用一个行程开关实现自动往返控制线路图

95

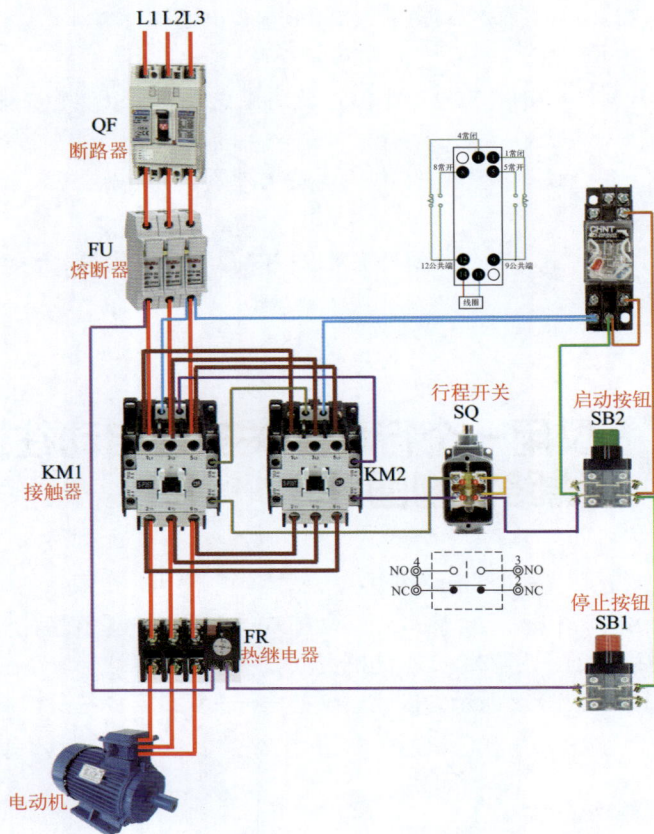

图 3-62　仅用一个行程开关实现自动往返控制线路实物接线图

控制线路说明

（1）启动

合上断路器 QF，按下启动按钮 SB2 时，中间继电器 KA 线圈吸合，其常开触点闭合实现自锁。同时接触器 KM1 线圈吸合，主触点闭合，此时，三相交流电通过断路器 QF、接触器 KM1 主触点和热继电器 FR 后为电动机供电，电动机开始正向转动，机械装置向左移动。同时，接触器 KM1 常闭触点分离，防止接触器 KM2 同时动作造成电源短路故障，实现互锁。

（2）反向运动

当机械运行到移动到位时，左边的到位撞块会推动行程开关 SQ，使 SQ 常闭触点断开，SQ 常开触点闭合，接触器 KM1 线圈断电释放，其主触点分离，电动机停转。同时接触器 KM2 线圈吸合，主触点闭合，此时，三相交流电通过断路器 QF、接触器 KM2 主触点和热继电器 FR 后为电动机供电，电动机开始反向转动，实现反向运动。同时，接触器 KM2 常闭触点分离，防止接触器 KM1 同时动作造成电源短路故障，实现互锁。

（3）自动往返运动

当机械向右移动到位时，右边的到位撞块会恢复行程开关 SQ 的原始状态，即常闭点闭合、常开点断开。此时，接触器 KM1 的线圈再次得电并吸合，主触点闭合，此时，三相交流电通过断路器 QF、接触器 KM1 主触点和热继电器 FR 后为电动机供电，电动机重新开始正向转动，机械装置又向左移动。如此循环，实现自动往返控制。

（4）停止

当按下停止按钮 SB1 时，接触器 KM1 或 KM2 线圈断电分离，其连接的电动机都停止运转。

3.32 两条运输原料传送带的控制线路实物图解

工厂两条运输原料的传送带要求启动的时候先启动第一条传送带，然后再启动第二条传送带。关闭的时候先停止第二条传送带，然后再停止第一条传送带。

如图 3-63 和图 3-64 所示为两条运输原料传送带启动和停止的控制线路图和实物接线图。

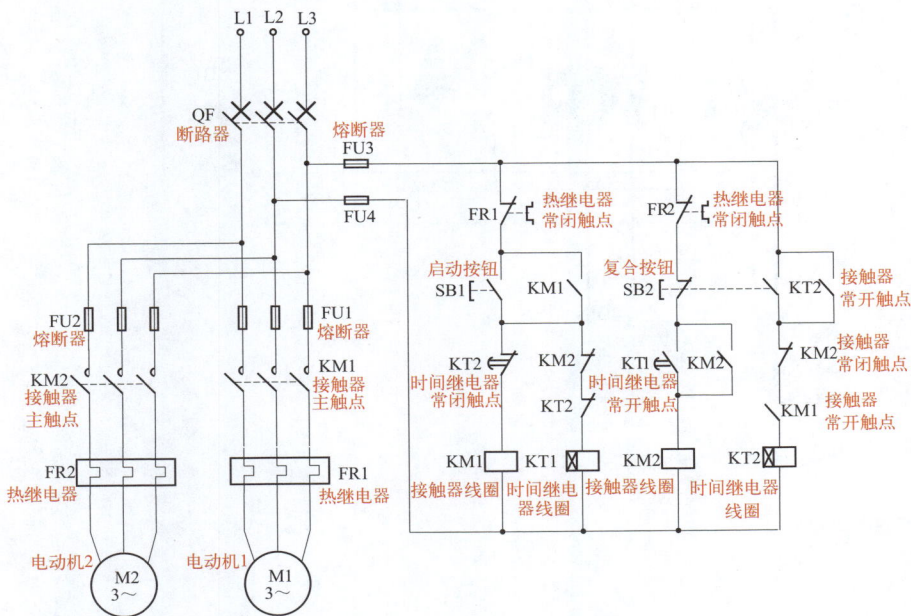

图 3-63　两条运输原料传送带启动和停止的控制线路图

97

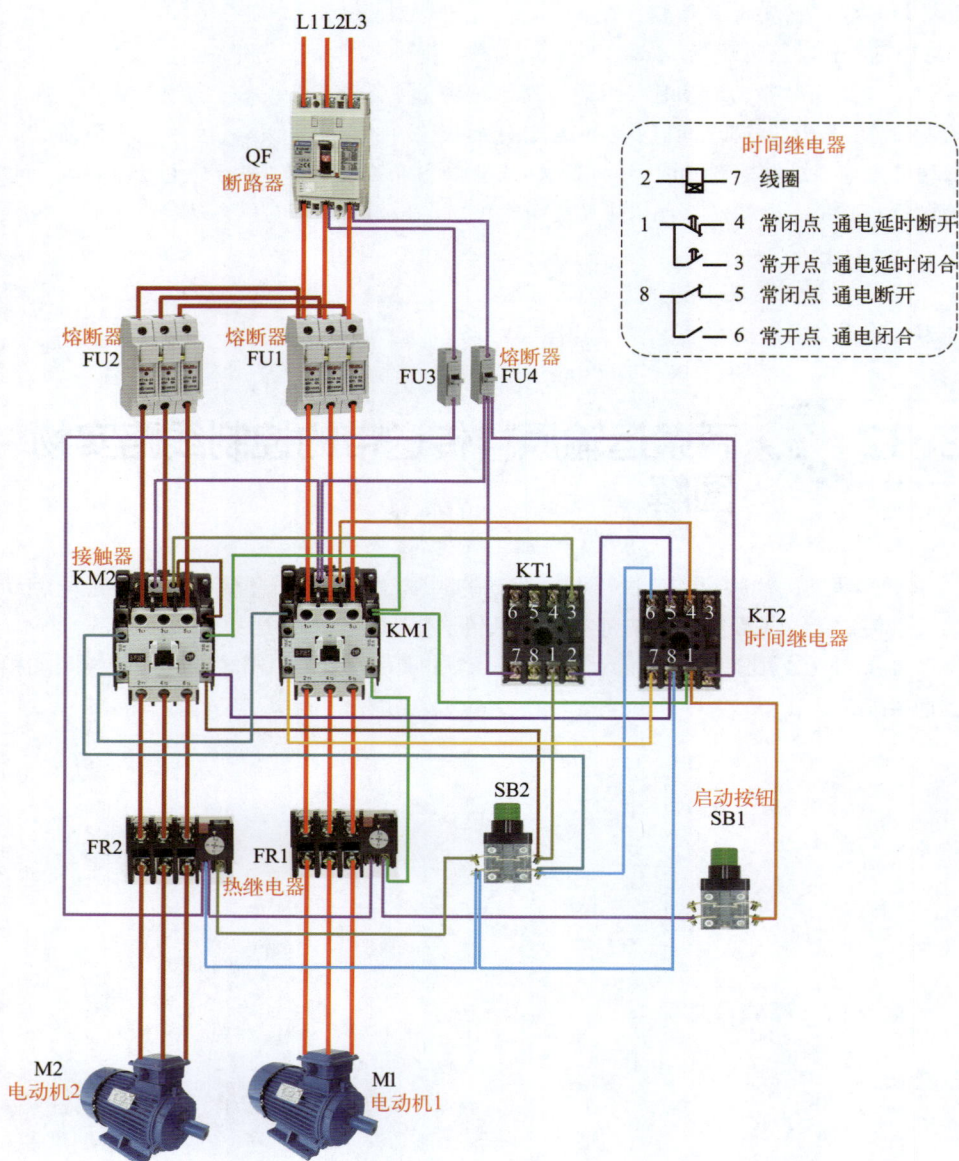

L1 L2 L3

QF
断路器

时间继电器

2	⊣▢⊢	7	线圈
1		4	常闭点 通电延时断开
		3	常开点 通电延时闭合
8		5	常闭点 通电断开
		6	常开点 通电闭合

熔断器
FU2

熔断器
FU1

FU3   熔断器
       FU4

接触器
KM2

KM1

KT1

6 5 4 3
7 8 1 2

6 5 4 3
7 8 1 2

KT2
时间继电器

SB2

启动按钮
SB1

FR2

FR1
热继电器

M2
电动机2

M1
电动机1

图 3-64   两条运输原料传送带的控制线路实物接线图

控制线路说明

（1）启动第一个传送带

先合上断路器 QF，按下启动按钮 SB1，接触器 KM1 线圈得电吸合，主触点闭合，接触器 KM1 的其中一个常开触点同时闭合，实现自锁。另一个 KM1 常开触点闭合，为时间继电器 KT2 工作做好准备。此时，三相交流电通过断路器 QF、接触器 KM1 和热继电器 FR1 后为电动机 M1 供电，电动机 1 开始转动，第一个传送带开始运转。

同时，时间继电器 KT1 线圈得电吸合，KT1 常开触点开始延时。

（2）启动第二个传送带

在时间继电器 KT1 延时一段时间之后，KT1 常开触点闭合，接触器 KM2 线圈得电吸合，主触点闭合，接触器 KM2 的其中一个常开触点同时闭合，实现自锁。此时，三相交流电通过断路器 QF、接触器 KM2 和热继电器 FR1 后为电动机 M2 供电，电动机 2 开始转动，第二个传送带开始运转。

同时，接触器 KM2 常闭触点断开，时间继电器 KT1 线圈失电释放，KT1 常开触点断开。

（3）停止第二个传送带

按下复合按钮 SB2，SB2 常闭触点断开，常开触点闭合。接着接触器 KM2 线圈失电释放，主触点分离，电动机 2 停止转动，第二个传送带停止运转。

同时，接触器 KM2 的常闭触点闭合，时间继电器 KT2 线圈得电吸合，KT2 常开触点闭合实现自锁。其中一个 KT2 常闭触点开始延时，另一个常闭触点分离，防止时间继电器 KT1 线圈动作。

（4）停止第一个传送带

在时间继电器 KT2 延时一段时间之后，KT2 常闭触点分离，接触器 KM1 线圈失电释放，主触点分离，电动机 1 停止转动，第一个传送带停止运转。

同时，接触器 KM1 常开触点断开，时间继电器 KT2 线圈失电分离，其 2 个常闭触点闭合，1 个常开触点分离。

3.33 单相交流电动机连续运行控制线路实物图解

单相交流电动机连续控制线路是指按下启动按钮单相电动机得电启动运转，松开启动按钮电动机依旧正常运转的控制线路。单相交流电动机与三相交流电动机的控制方法类似，只是电动机的接线略有不同。

如图 3-65 和图 3-66 所示为单相交流电动机连续控制线路图和实物接线图。

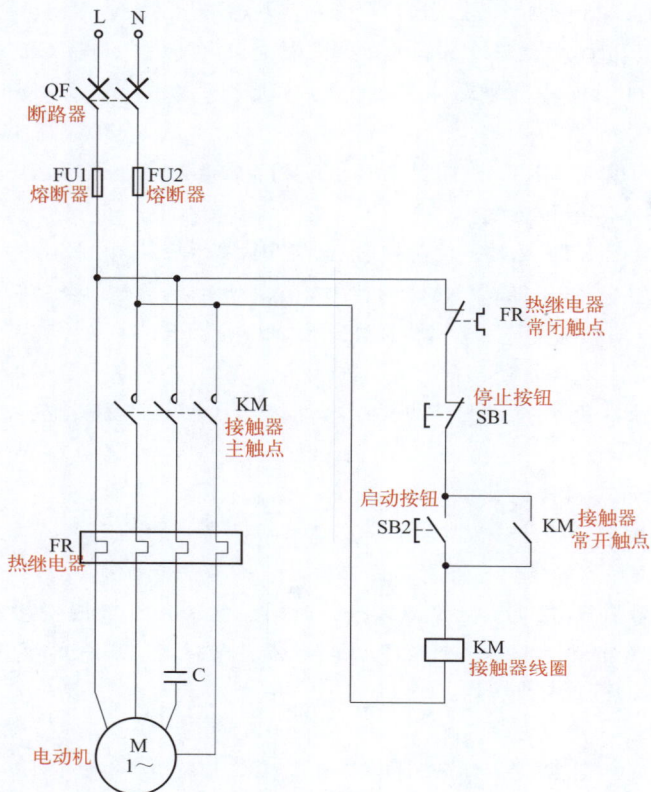

图 3-65　单相交流电动机连续运行控制线路图

控制线路说明

（1）启动

合上断路器 QF，按下启动按钮 SB2，接触器 KM 线圈得电吸合，主触点闭合，KM 辅助常开触点闭合，实现自锁。此时，单相交流电通过断路器 QF、接触器 KM 主触点和热继电器 FR 后为单相电动机供电，电动机开始转动。

（2）停止

当按下停止按钮 SB1 时，SB1 常开触点被打开，接触器 KM 线圈断电释放，主、辅触点被打开，电动机断电停止转动。

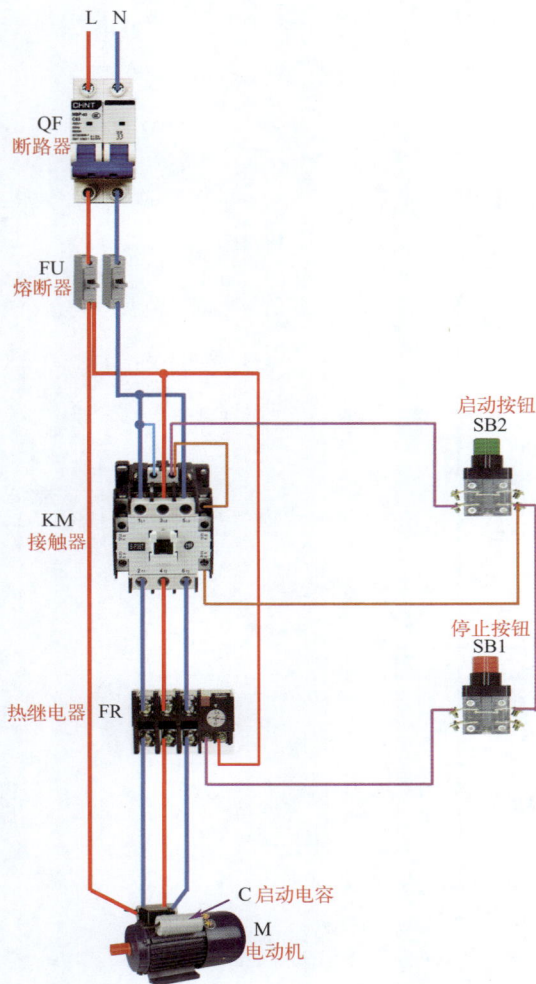

图 3-66　单相交流电动机连续运行控制线路实物接线图

3.34 单相交流电动机正、反向连续运行控制线路实物图解

单相交流电动机的正、反向连续运动控制线路可以实现，按正转复合按钮控制电动机正转连续运转，同时断开反转的电路；按下反转复合按钮电动机反转连续运转，同时断开正转的电路。电路的互锁通过复合按钮和接触器辅助触点实现。

如图 3-67 和图 3-68 所示为单相交流电动机正、反向连续运行控制线路图和实物接线图。

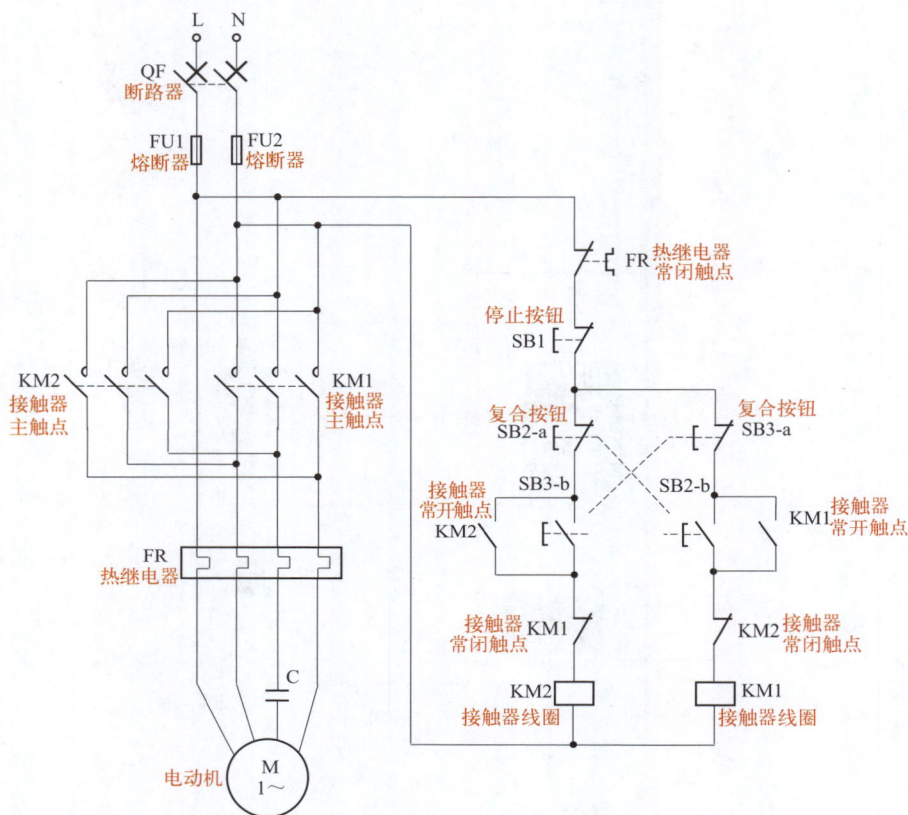

图 3-67　单相交流电动机正、反向连续运行控制线路图

控制线路说明

（1）启动正转运行

当需要发动机正转时，首先合上断路器 QF，按下复合按钮 SB2-a，接触器 KM1 线圈得电铁芯吸合，主触点闭合。此时，三相交流电通过断路器 QF、接触器 KM1 主触点和热继电器 FR 后为电动机供电，电动机开始正向转动。与此同时，KM1 的辅助常开触点闭合，实现自锁；KM1 常闭触点断开，与接触器 KM2 进行联锁，防止 KM1 和 KM2 同时动作造成电源短路。

（2）启动反转运行

当需要发动机反转时，按下复合按钮 SB3-a，常开触点 SB3-b 断开，接触器 KM1 线圈断电释放，主触点分离；同时，接触器 KM2 线圈得电铁芯吸合，主触点闭合，此时，电源通过接触器 KM2 为电动机供电而实现反转。KM2 的辅助常开触点闭合，实现自锁；KM2 常闭触点断开，与接触器 KM1 进行联锁。

（3）停止

当按下 SB1 按钮后，接触器 KM1 和 KM2 线圈都断电，主触点分开，电动机停止转动。

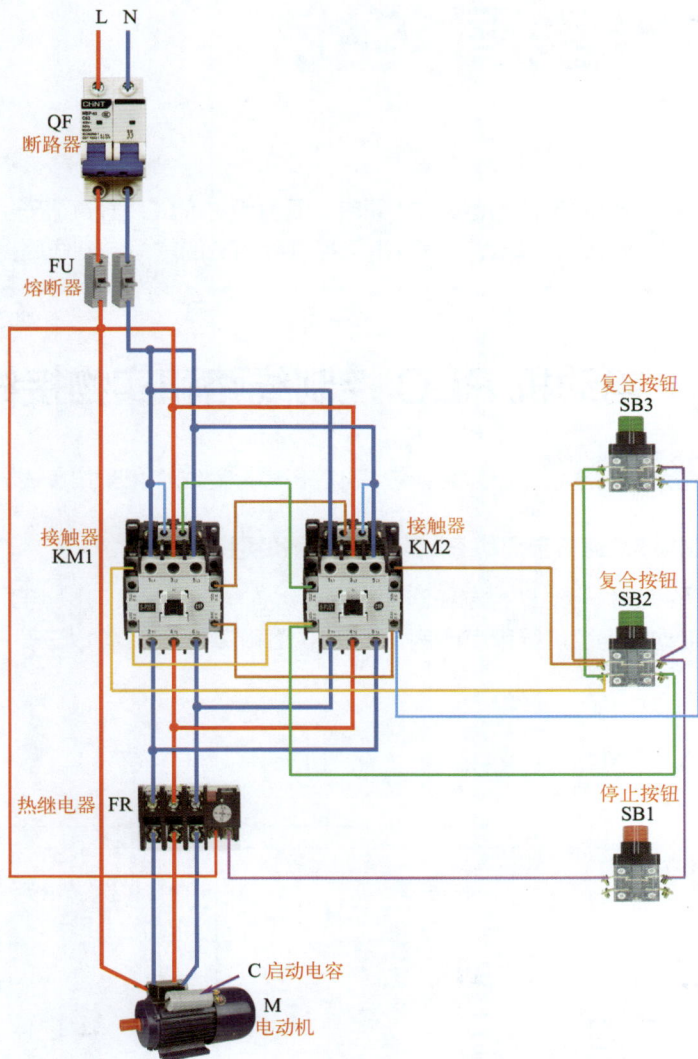

图 3-68　单相交流电动机正、反向连续运行控制线路实物接线图

图解 PLC 控制线路和实物接线图实战

用 PLC 控制电动机不但接线方式简单，而且通过 PLC 程序可以轻松改变电动机的控制方式。本章将详解 PLC 控制器组成的常见控制线路。

4.1　电动机 PLC 控制线路和实物接线图

本节将重点讲解通过 PLC 控制电动机的各种控制线路和实物接线图。

4.1.1　电动机连续运行带点动 PLC 控制线路和实物接线图

电动机连续运行带点动控制线路要求既可以连续运行，又可以点动运行。如图 4-1 所示为电动机连续运行带点动 PLC 控制线路和实物接线图（以三菱 PLC 为例）。

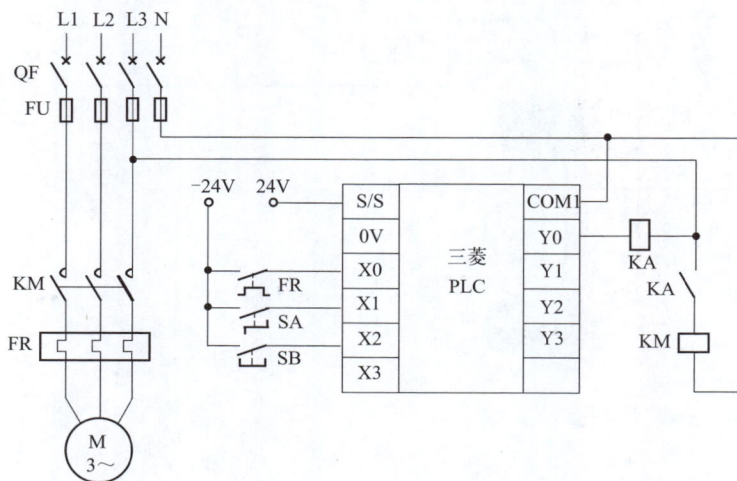

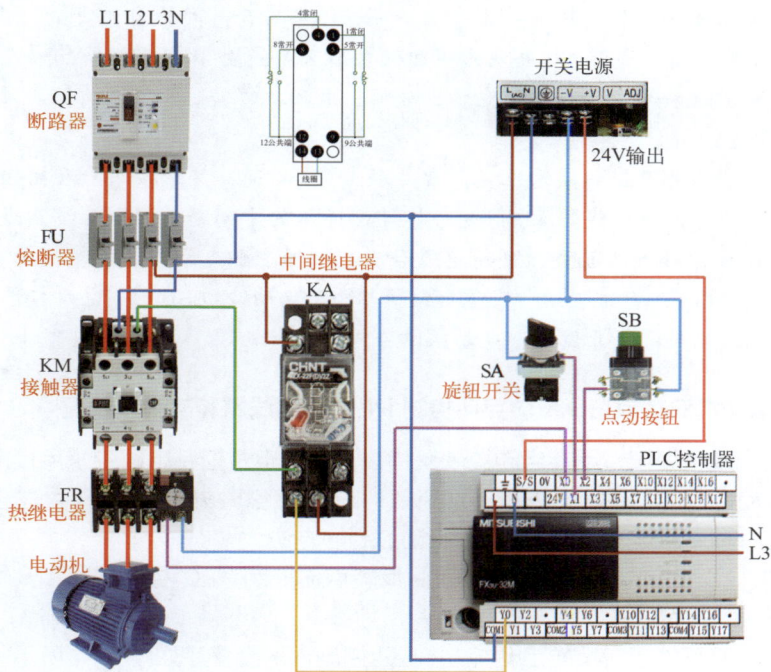

图 4-1　电动机连续运行带点动 PLC 控制线路和实物接线图

电动机连续运行带点动 PLC 控制梯形图程序如图 4-2 所示（以三菱 PLC 为例）。

> **提示**　梯形图编程元件下方标注为其对应在传统控制系统中相应的按钮、线圈等。

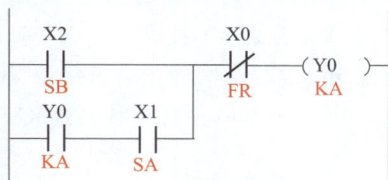

图 4-2　电动机连续运行带点动 PLC 控制梯形图程序

PLC程序控制说明

（1）点动运行

首先将开关 SA 扳到断开位置，常开触点 X1 断开，然后按下启动按钮 SB，常开触点 X2 接通，输出线圈 Y0 得电，其外部连接的中间继电器 KA 线圈吸合，KA 常开触点闭合，接触器 KM 线圈得电吸合，接触器主触点闭合，电动机得电开始运转。同时常开触点 Y0 被接通，由于常开触点 X1 断开，因此自锁失效。当松开启动按钮 SB 时，输出线圈 Y0 失电，中间继电器 KA 线圈分离，KA 常开触点分离，接触器 KM 线圈失电分离，KM 主触点分离，电动机停转。

（2）连续运行

首先将开关 SA 扳到接通位置，常开触点 X1 接通，然后按下启动按钮 SB，常开触点 X2 接通，输出线圈 Y0 得电，其外部连接的中间继电器 KA 线圈吸合，KA 常开触点闭合，接触器 KM 线圈得电吸合，接触器主触点闭合，电动机得电开始运转。同时常开触点 Y0 被接通，实现自锁。当松开启动按钮 SB 时，电动机依旧运转。当把开关 SA 又扳到断开位置，电动机才会停转。

4.1.2 电动机双互锁正、反转点动控制 PLC 控制线路和实物接线图

电动机双互锁正、反转点动控制是指在普通的电气控制电路中采用接触器、按钮两种互锁控制的方法，这样能更加有效地防止短路事故的发生。下面主要讲解利用 PLC 实现双互锁、电动机正反转点动控制的方法。

如图 4-3 所示为电动机双互锁正、反转点动控制 PLC 控制线路和实物接线图（以三菱 PLC 为例）。

电动机双互锁正、反转点动控制 PLC 控制梯形图程序如图 4-4 所示（以三菱 PLC 为例）。

PLC程序控制说明

（1）正向转动与停止

当按下按钮 SB2 时，常开触点 X2 接通，输出线圈 Y0 得电，其连接的中间继电器 KA1 线圈得电吸合，KA1 常开触点闭合，接着接触器 KM1 线圈得电吸合，主触点闭合，电动机正向转动。与此同时，常闭触点 X2 断开，常闭触点 Y0 断开，接触器 KM1 常闭触点分离，保证线圈 Y1 失电，防止接触器线圈 KM2 误动作。

当松开按钮 SB2 时，常开触点 X2 断开，输出线圈 Y0 失电，其连接的中间继电器 KA1 线圈失电分离，KA1 常开触点分离，接触器 KM1 线圈失电释放，主触点分离，电动机停止转动。

（2）反向转动与停止

当按下按钮 SB1 时，常开触点 X1 接通，输出线圈 Y1 得电，其连接的中间继电器 KA2 线圈得电吸合，KA2 常开触点闭合，接触器 KM2 线圈得电吸合，电动机反向转动。与此同时，常闭触点 X1 断开，常闭触点 Y1 断开，接触器 KM2 常闭触点断开，保证线圈 Y0 失电，防止接触器线圈 KM1 误动作。

当松开按钮 SB1 时，常开触点 X1 断开，输出线圈 Y1 失电，其连接的中间继电器 KA2 线圈失电分离，KA2 常开触点分离，接触器 KM2 线圈失电释放，主触点分离，电动机停止反向转动。

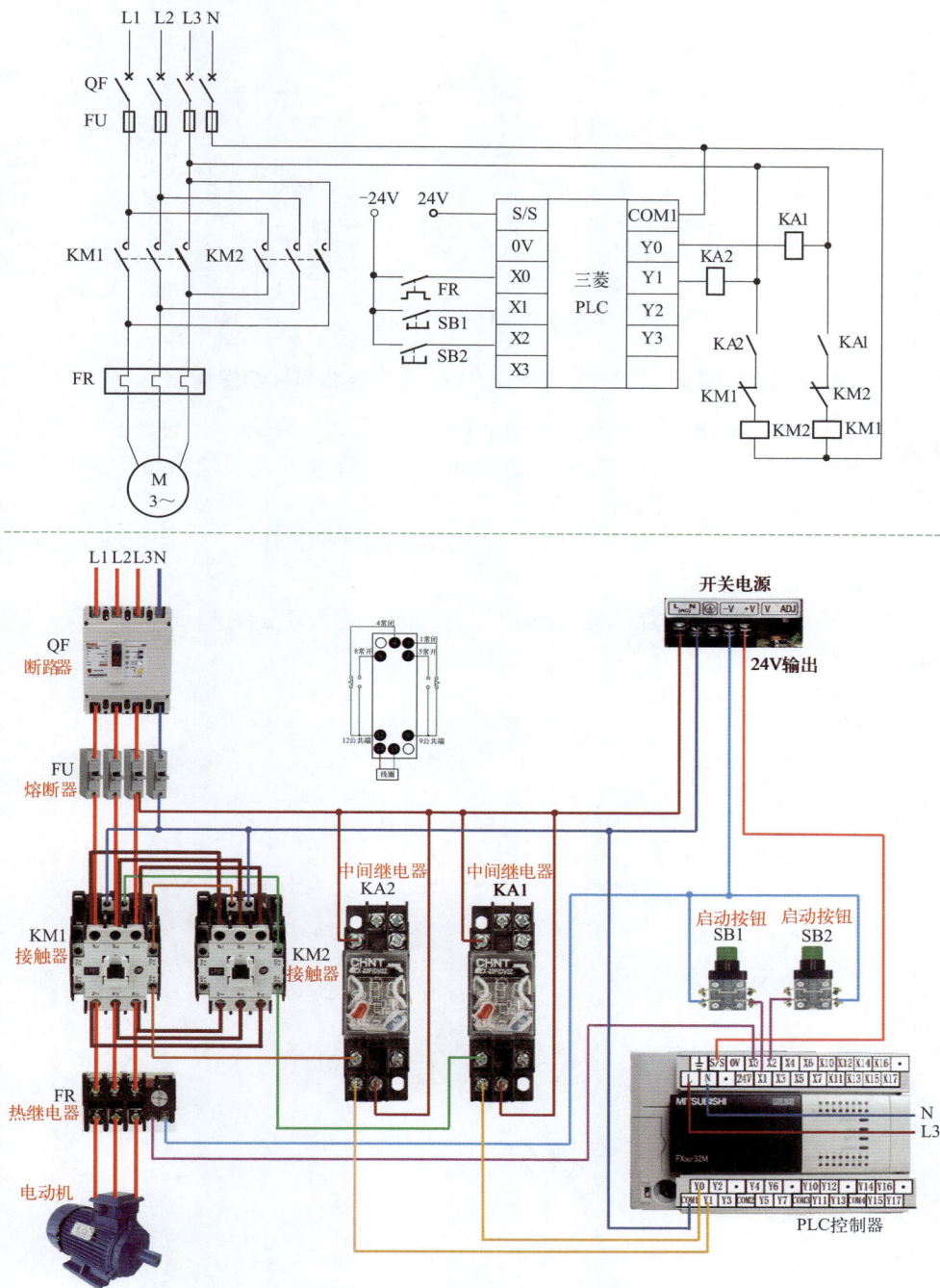

图 4-3　电动机双互锁正、反转点动控制 PLC 控制线路和实物接线图

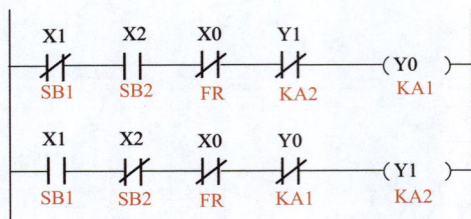

图 4-4　电动机双互锁正、反转点动控制 PLC 控制梯形图程序

4.1.3　电动机双互锁正、反转连续运行 PLC 控制线路和实物接线图

　　按下正转启动按钮电动机正向转动，同时断开反转的电路，松开按钮电动机停转。按下反转启动按钮电动机反向转动，同时断开正转的电路。电路的互锁通过接触器辅助触点和 PLC 程序实现。

　　如图 4-5 所示为电动机双互锁正、反转连续运行 PLC 控制线路和实物接线图（以三菱 PLC 为例）。

　　电动机双互锁正、反转连续运行 PLC 控制梯形图程序如图 4-6 所示（以三菱 PLC 为例）。

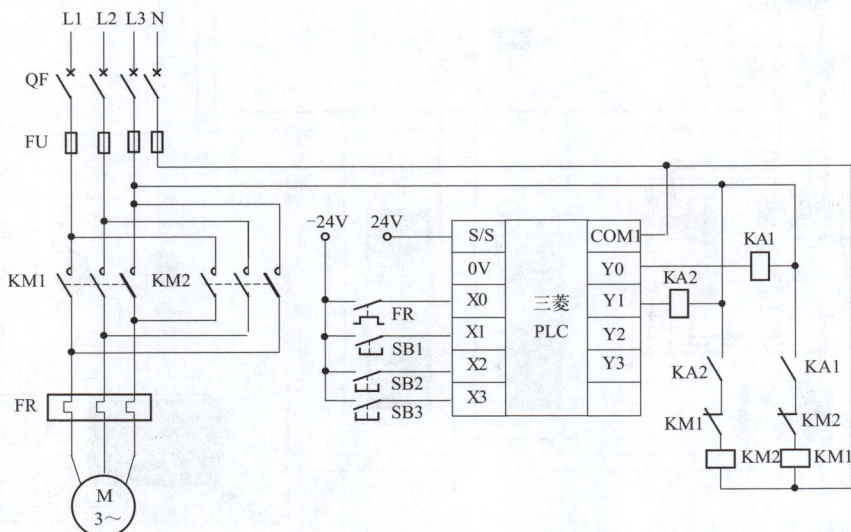

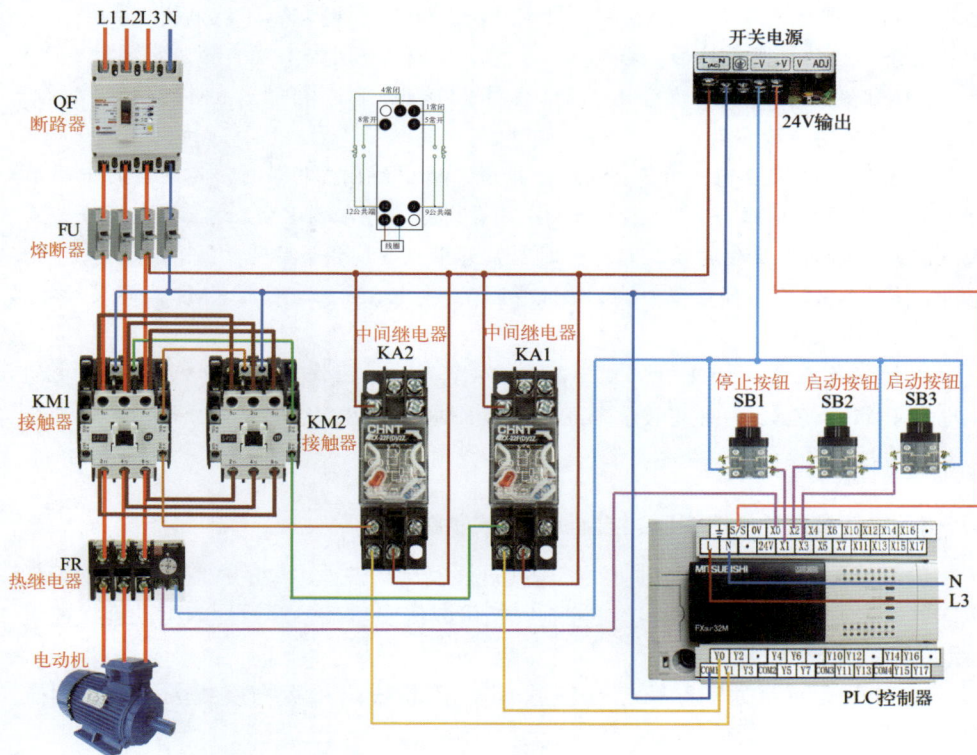

图 4-5　电动机双互锁正、反转连续运行 PLC 控制线路和实物接线图

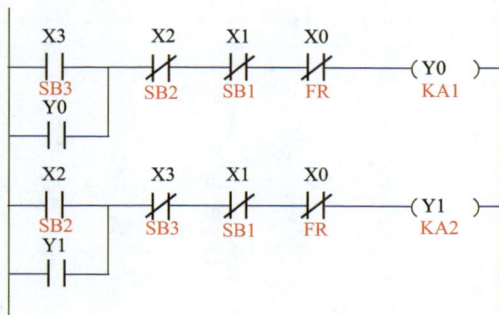

图 4-6　电动机双互锁正、反转连续运行 PLC 控制梯形图程序

PLC程序控制说明

（1）正向连续转动

当按下按钮 SB3 时，常开触点 X3 接通，输出线圈 Y0 得电，其连接的中间继

电器 KA1 线圈得电吸合，KA1 常开触点闭合，接着接触器 KM1 线圈得电吸合，主触点闭合，电动机正向转动。与此同时，常开触点 Y0 闭合实现自锁，常闭触点 X3 断开，接触器 KM1 常闭触点分离，保证线圈 Y1 失电，防止接触器 KM2 线圈误动作。

（2）反向连续转动

当按下按钮 SB2 时，常开触点 X2 接通，输出线圈 Y1 得电，其连接的中间继电器 KA2 线圈得电吸合，KA2 常开触点闭合，接着接触器 KM2 线圈得电吸合，主触点闭合，电动机反向转动。与此同时，常开触点 Y1 闭合实现自锁，常闭触点 X2 断开，接触器 KM2 常闭触点分离，保证线圈 Y0 失电，防止接触器 KM1 线圈误动作。

（3）停止

当按下停止按钮 SB1 时，常闭触点 X1 断开，输出线圈 Y0 和 Y1 失电，中间继电器 KA1 和 KA2 线圈失电分离，接触器 KM1 和 KM2 线圈失电分离，主触点分离，电动机停转。

4.1.4　电动机自动往返 PLC 控制线路和实物接线图

通过行程开关控制电动机正反转以实现设备自动往返运动的控制线路称为电动机自动往返 PLC 控制线路。这种控制线路可以使设备在设定行程内自动连续往复运动，提高生产效率。

如图 4-7 所示为电动机自动往返 PLC 控制线路和实物接线图（以西门子 PLC 为例）。

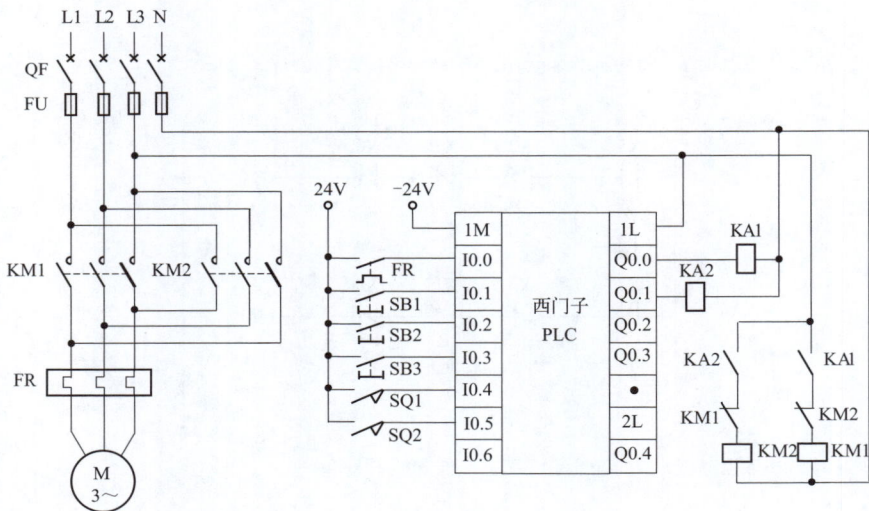

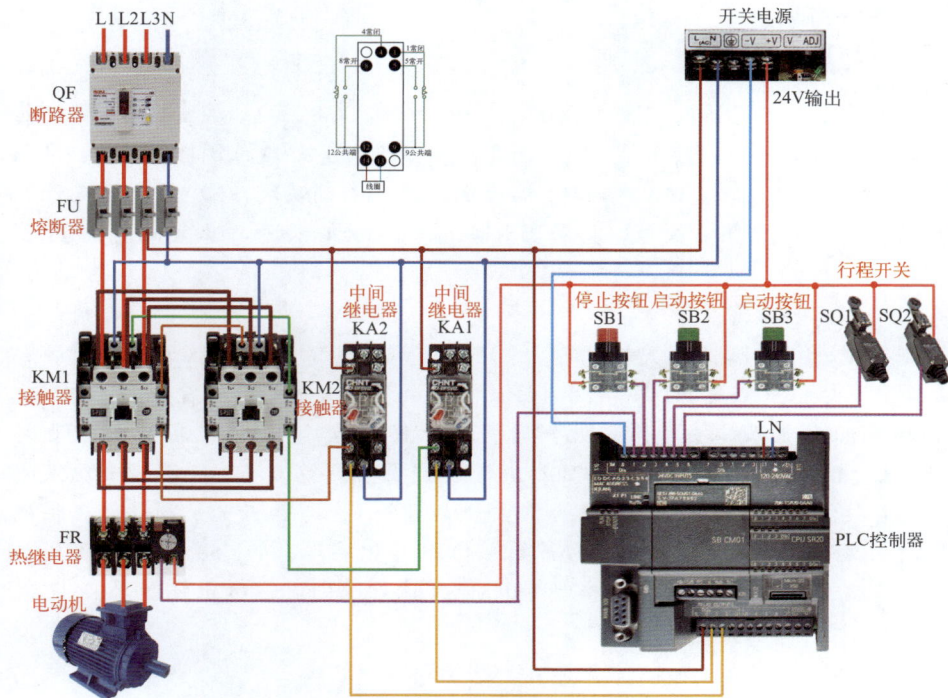

图 4-7 电动机自动往返 PLC 控制线路和实物接线图

电动机自动往返 PLC 控制梯形图程序如图 4-8 所示（以西门子 PLC 为例）。

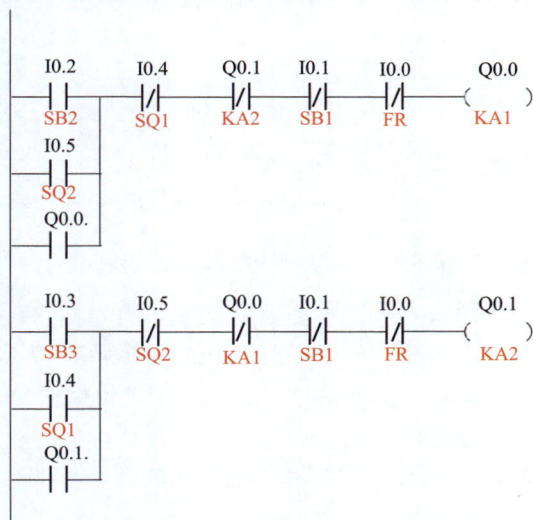

图 4-8 电动机自动往返 PLC 控制梯形图程序

（1）启动

当按下启动按钮SB2，常开触点I0.2接通，线圈Q0.0得电，其连接的中间继电器KA1线圈得电吸合，KA1常开触点闭合，接着接触器KM1线圈得电吸合，主触点闭合，电动机开始正向转动。同时，常开触点Q0.0接通实现自锁，常闭触点Q0.0断开保证输出线圈Q0.1失电，接触器KM1常闭触点断开，防止接触器KM2误动作。

（2）反转往返运动

当机械运行到限位开关SQ1时，SQ1动作，常开触点SQ1接通，常闭触点I0.4断开，线圈Q0.0失电，中间继电器KA1线圈失电分离，KA1常开触点分离，接触器KM1线圈失电分离。与此同时，常开触点I0.4接通，常闭触点Q0.0闭合，线圈Q0.1得电，其连接的中间继电器KA2线圈得电吸合，KA2常开触点闭合，接着接触器KM2线圈得电吸合，主触点闭合，电动机开始反向转动，机械开始向相反的方向运动。同时，常开触点Q0.1接通实现自锁，常闭触点Q0.1断开，保证输出线圈Q0.0失电，接触器KM2常闭触点断开，防止接触器KM1误动作。

（3）正转往返运动

当机械运行到限位开关SQ2时，SQ2动作，常开触点SQ2接通，常闭触点I0.5断开，线圈Q0.1失电，

中间继电器KA2线圈失电分离，接触器KM2线圈失电分离。同时常开触点I0.5接通，常闭触点Q0.1闭合，线圈Q0.0重新得电，电动机又开始正向转动，从而实现了正、反转往返运行。

（4）停止

当按下停止按钮SB1时，常闭触点I0.1断开，输出线圈Q0.0和Q0.1失电，中间继电器KA1和KA2线圈失电分离，接触器KM1和KM2线圈失电分离，主触点分离，电动机停转。

4.1.5 电动机可逆带限位保护PLC控制线路和实物接线图

为了防止设备在运动时超出运动位置极限，在极限位置装有限位开关，当设备运行到极限位置时，限位开关动作使之能够停止的控制线路称为电动机可逆带限位保护PLC控制线路。如图4-9所示为电动机可逆带限位保护PLC控制线路和实物接线图（以三菱PLC为例）。

电动机可逆带限位保护PLC控制梯形图程序如图4-10所示（以三菱PLC为例）。

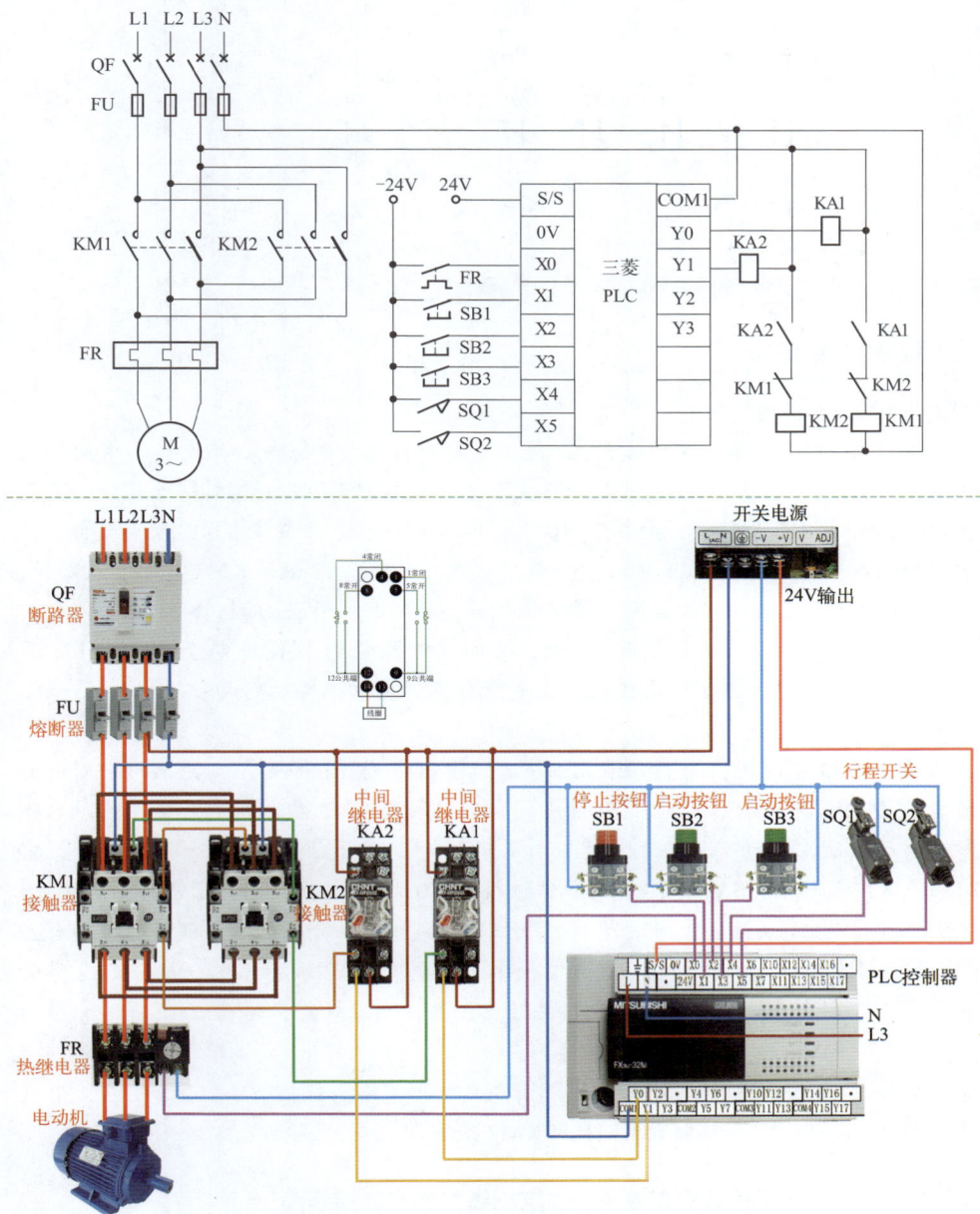

图 4-9　电动机可逆带限位保护 PLC 控制线路和实物接线图

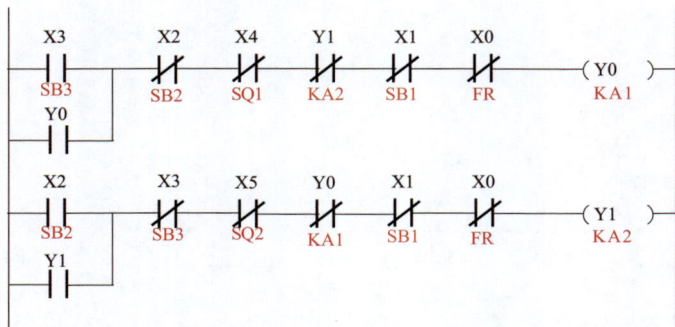

图 4-10　电动机可逆带限位保护 PLC 控制梯形图程序

PLC程序控制说明

（1）正向运动

按下按钮 SB3 时，常开触点 X3 接通，输出线圈 Y0 得电，其连接的中间继电器 KA1 线圈得电吸合，KA1 常开触点闭合，接着接触器 KM1 线圈得电吸合，主触点闭合，电动机正向转动，设备正向运动。与此同时，常开触点 Y0 闭合实现自锁，常闭触点 X3 断开，常闭触点 Y0 断开，保证线圈 Y1 失电，接触器 KM1 常闭触点断开，防止接触器 KM2 误动作。当运动到极限位置，碰到极限开关 SQ1，SQ1 开关闭合，常开触点 X4 断开，输出线圈 Y0 失电，中间继电器 KA1 线圈失电分离，KA1 常开触点分离，接触器 KM1 线圈释放，主触点分离，电动机停止转动。

（2）反向运动

按下按钮 SB2 时，常开触点 X2 接通，输出线圈 Y1 得电，其连接的中间继电器 KA2 线圈得电吸合，KA2 常开触点闭合，接触器 KM2 线圈得电吸合，主触点闭合，电动机反向转动，设备反向运动。与此同时，常开触点 Y1 闭合实现自锁，常闭触点 X2 断开，常闭触点 Y1 断开，保证线圈 Y0 失电，接触器 KM2 常闭触点断开，防止接触器 KM1 误动作。当运动到极限位置，碰到极限开关 SQ2，SQ2 开关闭合，常开触点 X5 断开，输出线圈 Y1 失电，中间继电器 KA2 线圈失电分离，KA2 常开触点分离，接触器 KM2 线圈释放，主触点分离，电动机停止转动。

（3）停止

当按下停止按钮 SB1 时，常闭触点 X1 断开，输出线圈 Y0 和 Y1 失电，中间继电器 KA1 和 KA2，接触器 KM1 和 KM2 线圈均失电分离，电动机停转。

4.1.6　两台电动机按顺序启动 PLC 控制线路和实物接线图

在一个设备启动之后另一个设备才能启动的控制线路称为顺序启动控制线路，如图 4-11 所示是两台电动机按顺序启动 PLC 控制线路和实物接线图（以西门子 PLC 为例）。

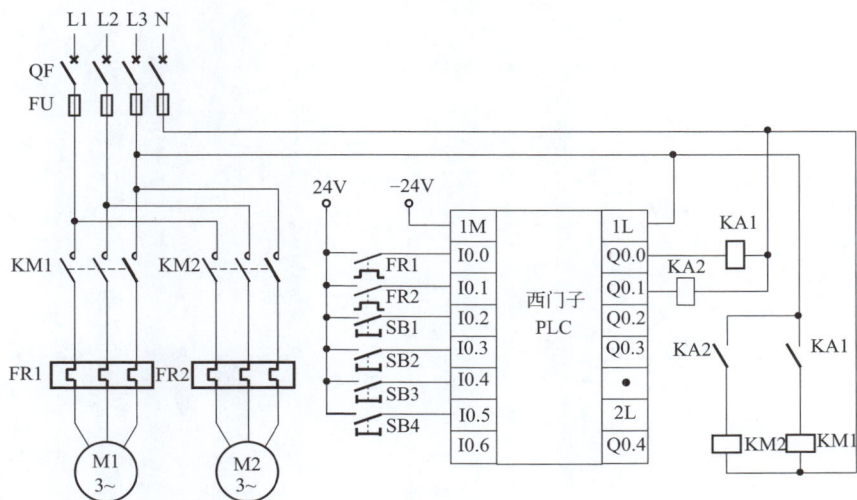

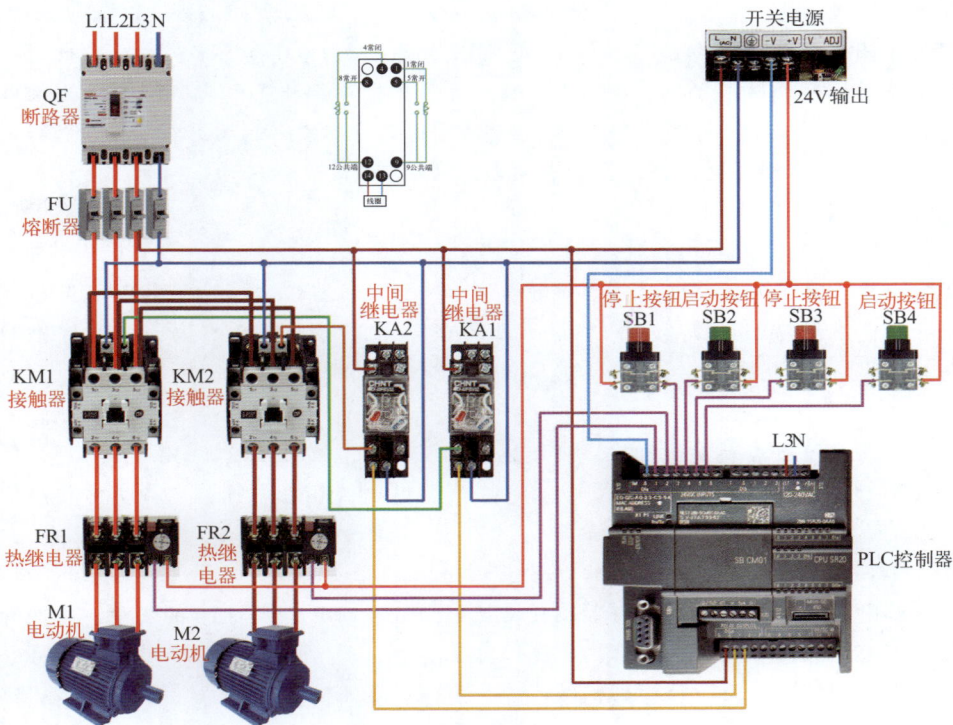

图 4-11 两台电动机按顺序启动 PLC 控制线路和实物接线图

　　两台电动机按顺序启动 PLC 控制梯形图程序如图 4-12 所示（以西门子 PLC 为例）。

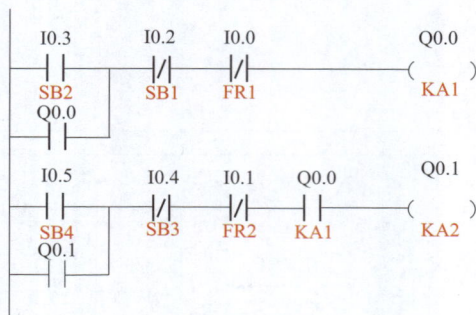

图 4-12　两台电动机按顺序启动 PLC 控制梯形图程序

PLC程序控制说明

（1）顺序启动

当按下启动按钮 SB2，常开触点 I0.3 接通，线圈 Q0.0 得电，其连接的中间继电器 KA1 线圈得电吸合，KA1 常开触点闭合，接着接触器 KM1 线圈得电吸合，主触点闭合，电动机 M1 开始转动。同时，常开触点 Q0.0 接通实现自锁。此时再按下启动按钮 SB4，常开触点 I0.5 接通，由于此时常开触点 Q0.0 被接通，因此线圈 Q0.1 得电，其连接的中间继电器 KA2 线圈得电吸合，KA2 常开触点闭合，接着接触器 KM2 线圈得电吸合，主触点闭合，电动机 M2 开始转动。同时，常开触点 Q0.1 接通实现自锁。

（2）同时停止

当按下停止按钮 SB1 时，常闭触点 I0.2 断开，线圈 Q0.0 失电，常开触点 Q0.0 断开，使线圈 Q0.1 也失电，中间继电器 KA1 和 KA2 线圈失电分离，接触器 KM1 和 KM2 线圈失电分离，主触点分离，两个电动机都停转。

（3）无法启动

如果先按下启动按钮 SB4，常开触点 I0.5 接通，但常开触点 Q0.0 未接通，所以线圈 Q0.1 不能接通，中间继电器 KA2 线圈失电，KA2 常开触点分离，接触器 KM2 线圈失电，电动机 M2 不转。

（4）无法同时停止

如果先按下停止按钮 SB3 时，使常闭触点 I0.4 断开，线圈 Q0.1 失电，中间继电器 KA2 线圈失电分离，接触器 KM2 线圈分离，电动机 M2 停转，而线圈 Q0.0 不受影响，电动机 M1 继续转动。

4.1.7　两台电动机顺序停止 PLC 控制线路和实物接线图

必须先停止一个设备之后另一个设备才能停止的控制线路称为顺序停止控制线路，如图 4-13 所示是两台电动机按顺序停止 PLC 控制线路和实物接线图（以西门子 PLC 为例）。

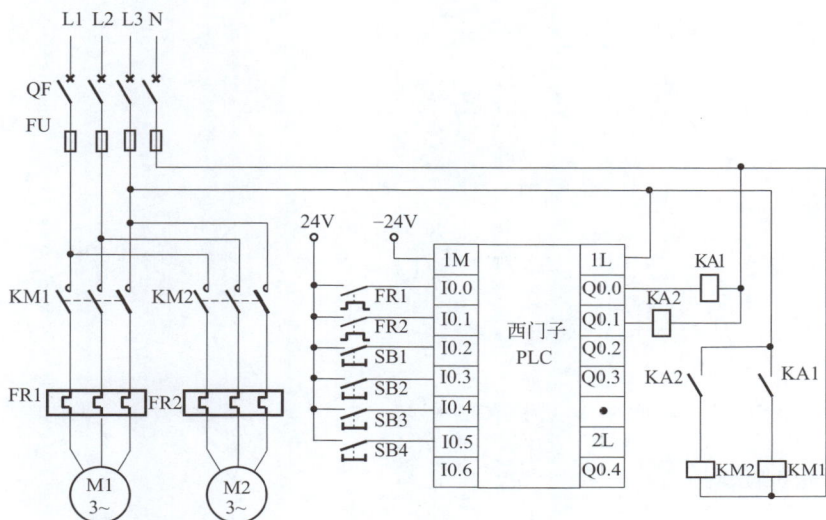

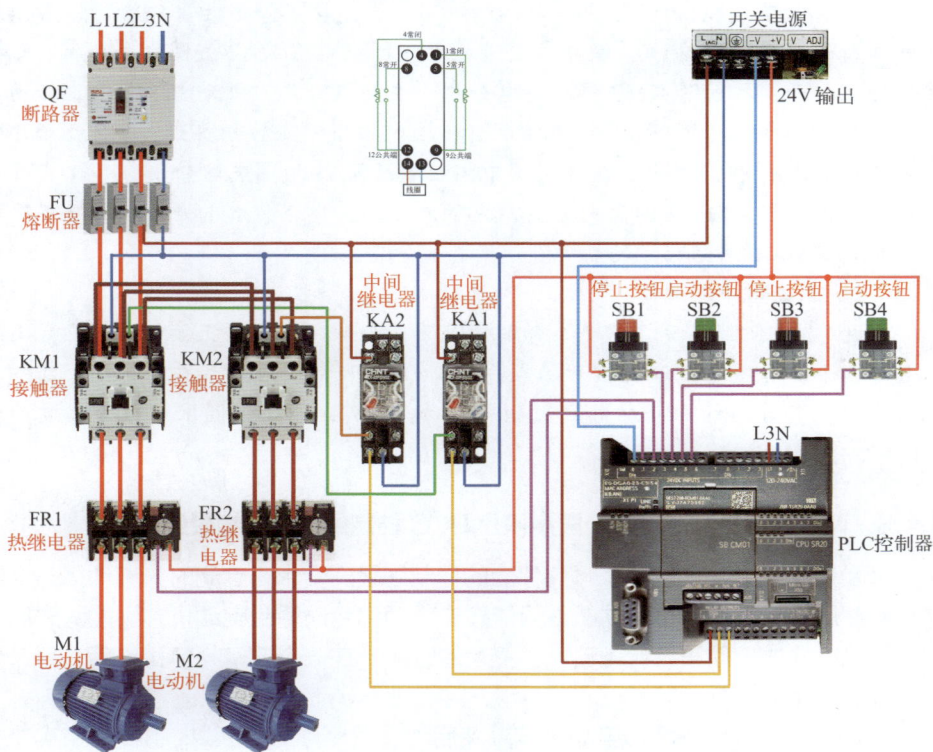

图 4-13　两台电动机按顺序停止 PLC 控制线路和实物接线图

两台电动机按顺序停止 PLC 控制梯形图程序如图 4-14 所示（以西门子 PLC 为例）。

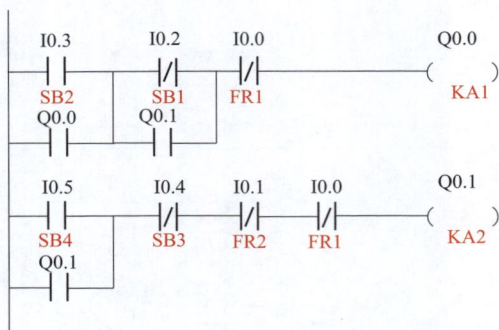

图 4-14　两台电动机按顺序停止 PLC 控制梯形图程序

PLC程序控制说明

（1）顺序停止

在两台电动机 M1 和 M2 都启动的情况下，当先按下停止按钮 SB3 时，常闭触点 I0.4 断开，输出线圈 Q0.1 失电，其连接的中间继电器 KA2 线圈失电分离，KA2 常开触点断开，接触器 KM2 线圈失电分离，主触点分离，电动机 M2 停止转动。在线圈 Q0.1 失电后，常开触点 Q0.1 断开，这时按下停止按钮 SB1，常闭触点 I0.2 断开，输出线圈 Q0.0 失电，其连接的中间继电器 KA1 线圈失电分离，KA1 常开触点断开，接触器 KM1 线圈失电分离，主触点分离，电动机 M1 停转。从而实现电动机 M1 和 M2 顺序停止运转。

（2）无法顺序停止

在两台电动机 M1 和 M2 都启动的情况下，如果先按下停止按钮 SB1，常闭触点 I0.2 断开，母线电流通过常开触点 Q0.0、Q0.1 和常闭触点 I0.0，输出线圈 Q0.0 依旧得电，其连接的中间继电器 KA1 线圈和接触器 KM1 线圈依旧吸合，电动机 M1 不会停止转动。

4.1.8　两台电动机顺序启动、顺序停止 PLC 控制线路和实物接线图

两台电动机按顺序启动、顺序停止的控制线路，要求在启动时先启动第一个电动机，然后再启动第二个电动机，只能按这个顺序启动两台电动机，不能同时启动两台电动机或先启动第二台电动机。停止的时候，在一个设备先停止之后，另一个设备才能停止。

如图 4-15 所示是两台电动机按顺序启动、顺序停止 PLC 控制线路和实物接线图（以西门子 PLC 为例）。

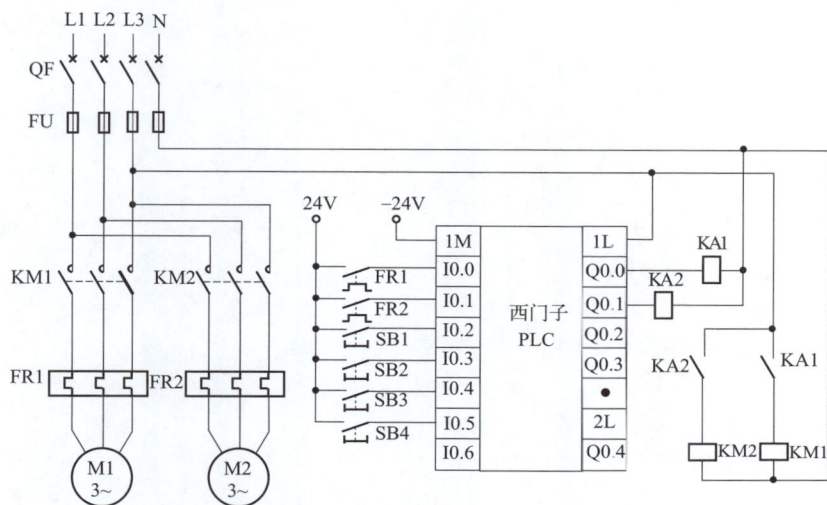

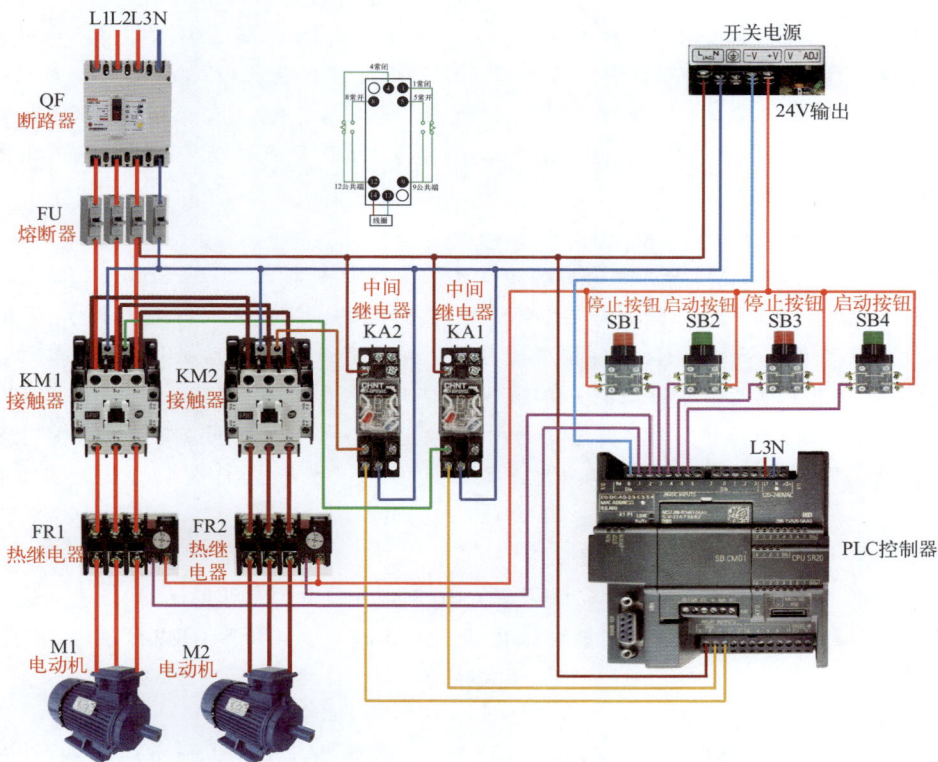

图 4-15　两台电动机按顺序启动、顺序停止 PLC 控制线路和实物接线图

两台电动机按顺序启动、顺序停止 PLC 控制梯形图程序如图 4-16 所示（以西门子 PLC 为例）。

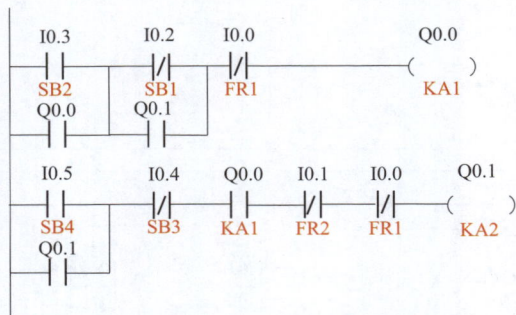

图 4-16　两台电动机按顺序启动、顺序停止 PLC 控制梯形图程序

PLC程序控制说明

（1）顺序启动

当按下启动按钮 SB2，常开触点 I0.3 接通，线圈 Q0.0 得电，其连接的中间继电器 KA1 线圈得电吸合，KA1 常开触点闭合，接着接触器 KM1 线圈得电吸合，主触点闭合，电动机 M1 开始转动。同时，常开触点 Q0.0 接通实现自锁。此时再按下启动按钮 SB4，常开触点 I0.5 接通，由于此时常开触点 Q0.0 被接通，因此线圈 Q0.1 得电，其连接的中间继电器 KA2 线圈得电吸合，KA2 常开触点闭合，接着接触器 KM2 线圈得电吸合，主触点闭合，电动机 M2 开始转动。同时，常开触点 Q0.1 接通实现自锁。

（2）顺序停止

在两台电动机 M1 和 M2 都启动的情况下，当先按下停止按钮 SB3 时，常闭触点 I0.4 断开，输出线圈 Q0.1 失电，其连接的中间继电器 KA2 线圈失电分离，KA2 常开触点断开，接触器 KM2 线圈失电分离，主触点分离，电动机 M2 停止转动。在线圈 Q0.1 失电后，常开触点 Q0.1 断开，这时按下停止按钮 SB1，常闭触点 I0.2 断开，输出线圈 Q0.0 失电，其连接的中间继电器 KA1 线圈失电分离，KA1 常开触点断开，接触器 KM1 线圈失电分离，主触点分离，电动机 M1 停转。从而实现电动机 M1 和 M2 顺序停止运转。

（3）无法顺序启动

如果先按下启动按钮 SB4，常开触点 I0.5 接通，由于常开触点 Q0.0 未接通，所以线圈 Q0.1 不能接通，中间继电器 KA2 线圈未得电，接触器 KM2 线圈未得电，电动机 M2 不转。

（4）无法顺序停止

在两台电动机 M1 和 M2 都启动的情况下，如果先按下停止按钮 SB1，常闭触点 I0.2 断开，母线电流通过常开触点 Q0.0、Q0.1 和常闭触点 I0.0，输出线圈 Q0.0 依旧得电，其连接的中间继电器 KA1 线圈和接触器 KM1 线圈依旧吸合，电动机 M1 不会停止转动。

4.1.9　先发出开车信号电动机再启动 PLC 控制线路和实物接线图

　　需要在启动前发出工作警告信号，以便告知附近人员远离设备，防止事故发生的控制线路称为先发出开车信号电动机再启动控制线路。如图 4-17 所示为先发出开车信号电动机再启动 PLC 控制线路和实物接线图（以三菱 PLC 为例）。

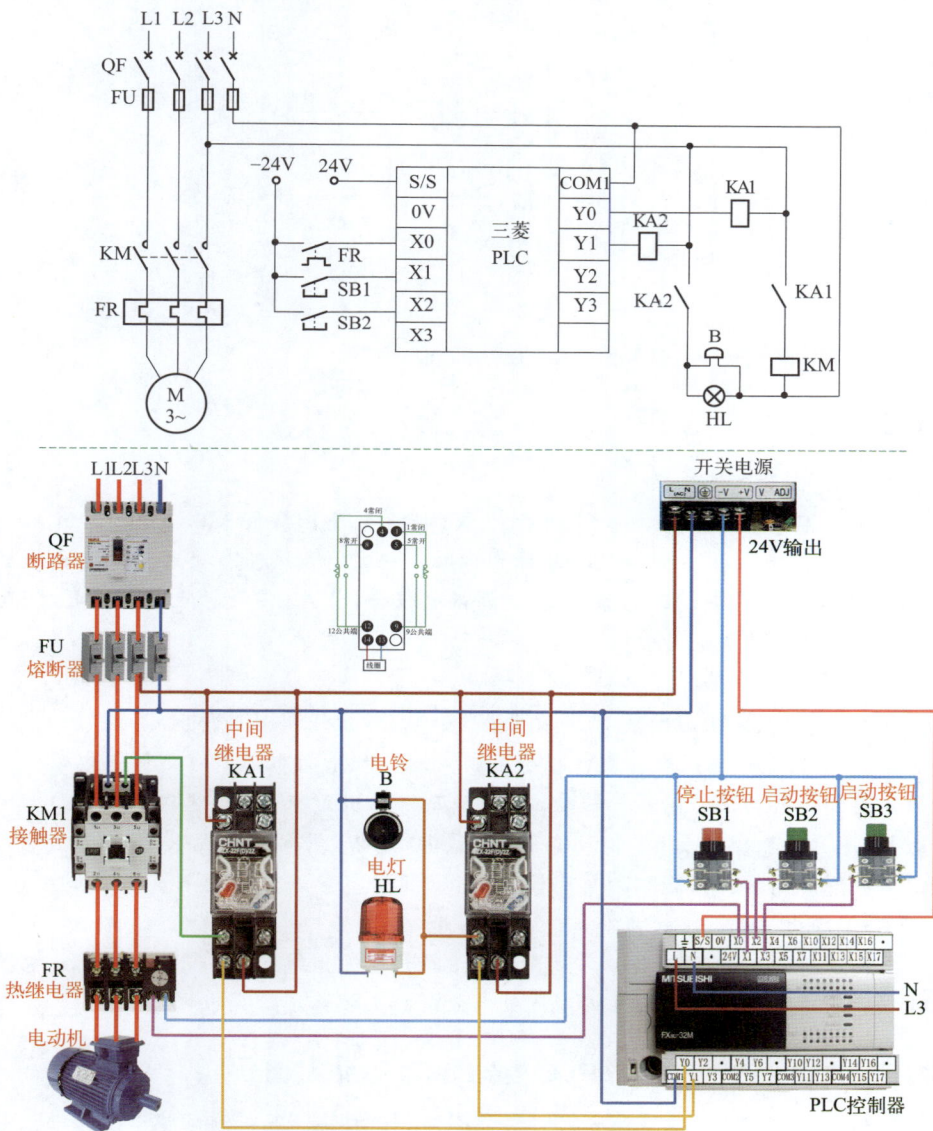

图 4-17　先发出开车信号电动机再启动 PLC 控制线路和实物接线图

先发出开车信号电动机再启动 PLC 控制梯形图程序如图 4-18 所示（以三菱 PLC 为例）。

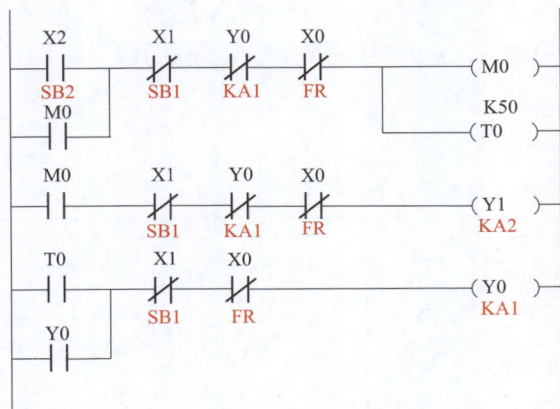

图 4-18　先发出开车信号电动机再启动 PLC 控制梯形图程序

PLC程序控制说明

（1）发出开车信号

当按下启动按钮 SB2 时，常开触点 X2 接通，输出线圈 M0 得电，常开触点 M0 接通实现自锁。同时定时器 T0 开始计时。在常开触点 M0 接通后，输出线圈 Y1 得电，其连接的中间继电器 KA2 线圈得电吸合，KA2 常开触点闭合，电灯 HL 通电发光，电铃 B 通电发出报警。

（2）电动机启动

5s 后，定时器 T0 动作，常开触点 T0 接通，输出线圈 Y0 得电，其连接的中间继电器 KA1 线圈得电吸合，KA1 常开触点闭合，接着接触器 KM 线圈得电吸合，主触点闭合，电动机通电开始转动。与此同时，常开触点 Y0 接通实现自锁，常闭触点 Y0 断开，输出线圈 Y1 和 M0 及定时器 T0 失电，中间继电器 KA2 线圈失电，KA2 常开触点断开，报警灯和电铃断电，停止报警。

（3）停止

当按下停止按钮 SB1 时，常闭触点 X1 断开，输出线圈 Y0 失电，中间继电器 KA1 线圈失电分离，接触器 KM 线圈失电分离，主触点分离，电动机停转。

4.1.10　电动机间歇循环运行 PLC 控制线路和实物接线图

按时间控制的自动循环运行控制线路称为间歇循环运行控制线路，这种电路多用于自动喷泉等设备的控制。如图 4-19 所示为电动机间歇循环运行 PLC 控制线路和实物接线图（以三菱 PLC 为例）。

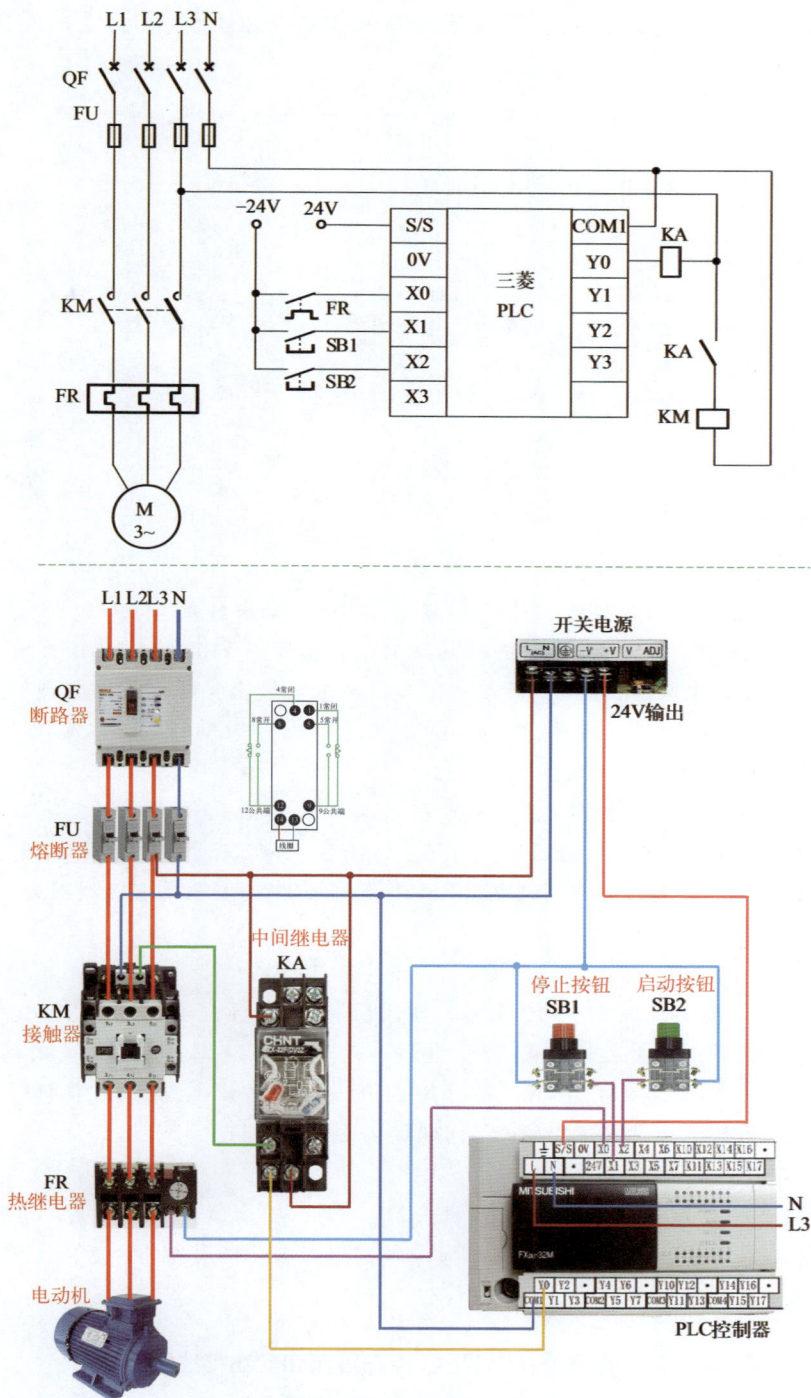

图 4-19　电动机间歇循环运行 PLC 控制线路和实物接线图

电动机间歇循环运行PLC控制梯形图程序如图4-20所示（以三菱PLC为例）。

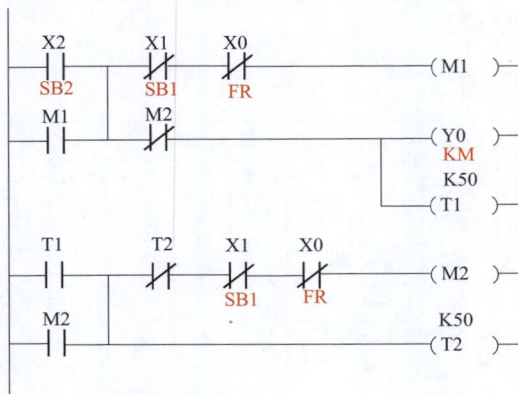

图 4-20　电动机间歇循环运行 PLC 控制梯形图程序

PLC程序控制说明

（1）手动启动

当按下启动按钮SB2时，常开触点X2接通，输出线圈M1得电，常开触点M1接通实现自锁。同时定时器T1开始计时，输出线圈Y0得电，其连接的中间继电器KA线圈得电吸合，KA常开触点闭合，接着接触器KM线圈得电吸合，主触点闭合，电动机接通开始运转。

（2）自动停止

5s后，定时器T1动作，常开触点T1接通，定时器T2开始计时，同时输出线圈M2得电，常开触点M2接通实现自锁。常闭触点M2断开，定时器T1复位，输出线圈Y0失电，其连接的中间继电器KA线圈失电分离，接触器KM线圈失电分离，主触点分离，电动机停转。

（3）自动启动

电机停转5s后，定时器T2动作，常闭触点T2断开，输出线圈M2失电，常开触点M2断开，由于定时器T1断电复位，常开触点T1断开，因此定时器T2断电复位。同时常闭触点M2接通，定时器T1开始计时，输出线圈Y0重新得电，电动机又重新开始运转，这样就实现了间歇循环运行的控制。

（4）手动停止

当按下停止按钮SB1时，常闭触点X1断开，输出线圈M1失电，常开触点M1断开，输出线圈Y0失电，其连接的中间继电器KA线圈失电分离，接触器KM线圈失电分离，主触点分离，电动机停转。

4.1.11　电动机零序电流断相保护 PLC 控制线路和实物接线图

通过采集电源线电流判断缺相故障的控制线路称为零序电流断相保护控制线

路。如图 4-21 所示为电动机零序电流断相保护 PLC 控制线路和实物接线图（以西门子 PLC 为例）。

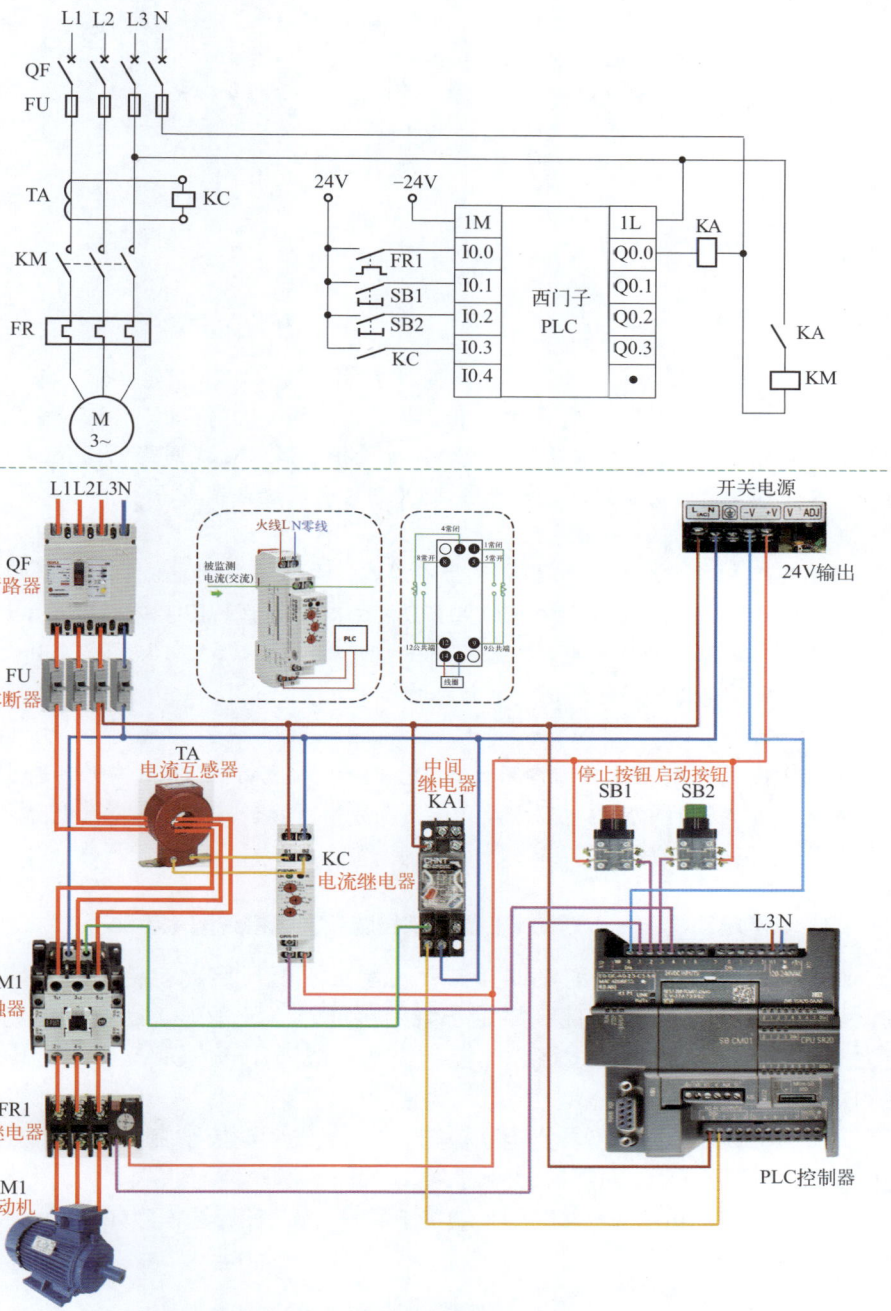

图 4-21　电动机零序电流断相保护 PLC 控制线路和实物接线图

电动机零序电流断相保护 PLC 控制梯形图程序如图 4-22 所示（以西门子 PLC 为例）。

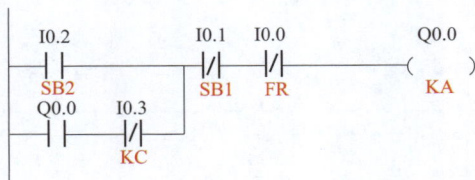

图 4-22　电动机零序电流断相保护 PLC 控制梯形图程序

PLC程序控制说明

（1）启动

当按下启动按钮SB2，常开触点I0.2接通，线圈Q0.0得电，其连接中间继电器KA线圈得电吸合，KA常开触点闭合，接着接触器KM线圈得电吸合，主触点闭合，电动机开始转动。同时，常开触点Q0.0接通实现自锁。

（2）断相保护

当出现断相故障时，三相电流的和不为零，就有不平衡电流流过电流互感器TA，使电流继电器KC动作，常开触点KC接通，常闭触点I0.3断开，使输出线圈Q0.0失电，其连接的中间继电器KA线圈失电分离，接触器KM线圈失电分离，主触点分离，电动机停转，起到保护电动机的作用。

（3）停止

当按下停止按钮SB1时，常闭触点I0.1断开，常开触点Q0.0断开，输出线圈Q0.0失电，其连接的中间继电器KA线圈失电分离，接触器KM线圈失电分离，主触点分离，电动机停转。

4.1.12　异步电动机 Y- △启动 PLC 控制线路和实物接线图（手动）

笼型异步电动机启动时临时接成 Y（星形）低压启动，待电动机启动后接近额定转速时，再手动控制将定子绕组接成 △（三角形）运行的控制线路称为 Y- △启动手动控制线路。此控制线路一般适用于 20kW 以下的电动机启动。

如图 4-23 所示为笼型异步电动机的 Y- △启动手动控制 PLC 控制线路和实物接线图（以三菱 PLC 为例）。

笼型异步电动机的 Y- △启动手动控制 PLC 控制梯形图程序如图 4-24 所示（以三菱 PLC 为例）。

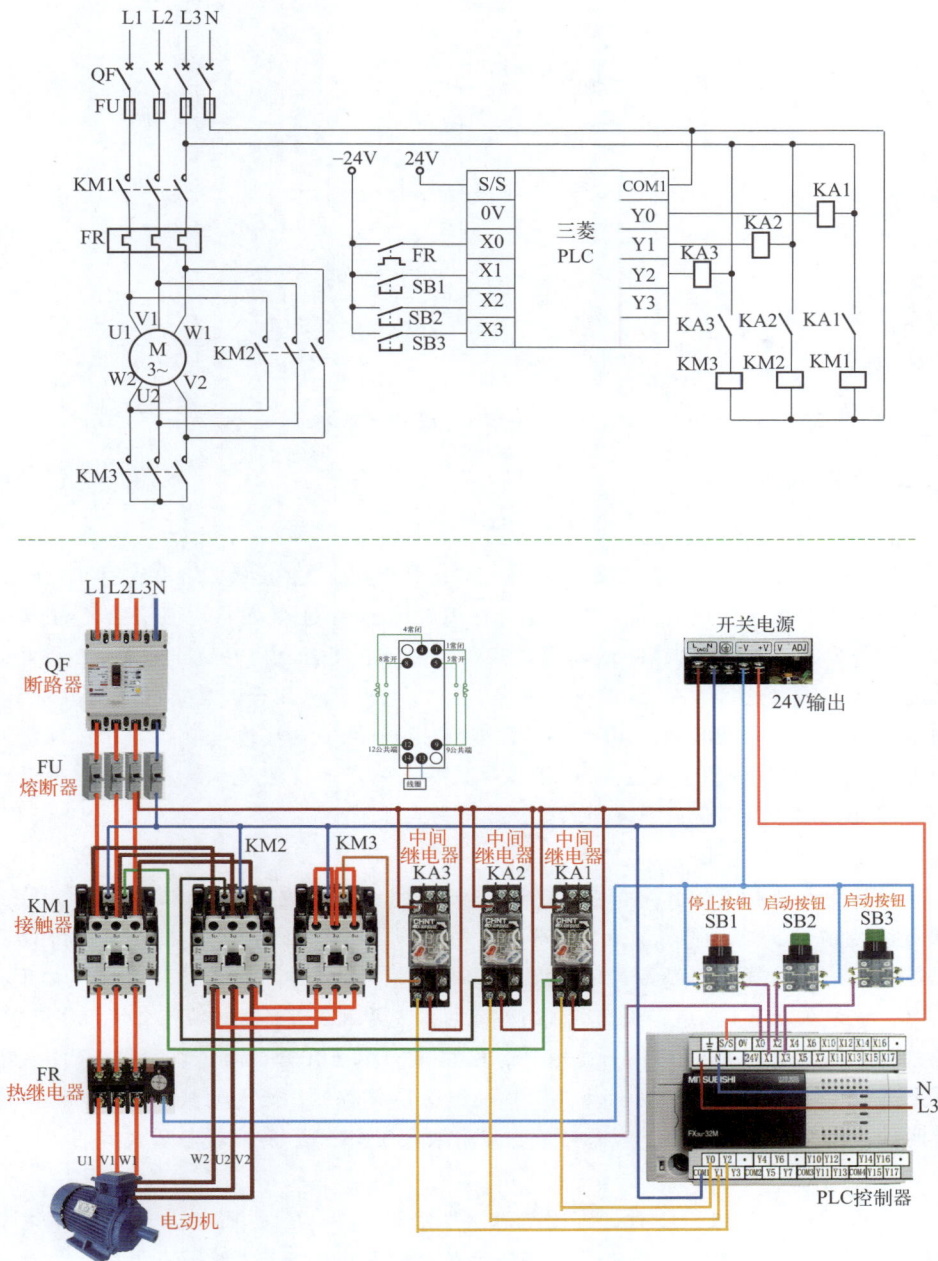

图 4-23　笼型异步电动机的 Y- △ 启动手动控制 PLC 控制线路和实物接线图

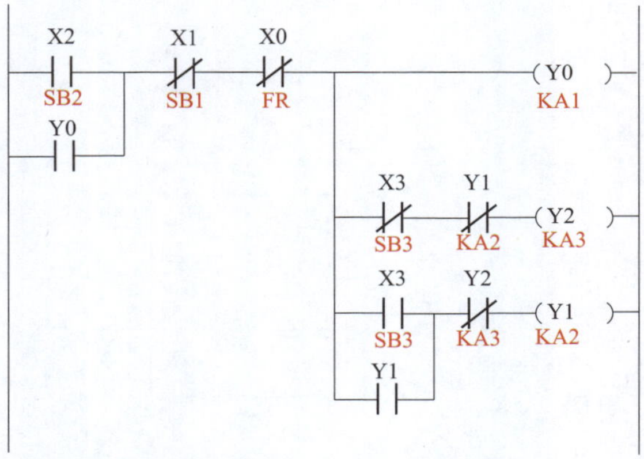

图 4-24　笼型异步电动机的 Y- △启动手动控制 PLC 控制梯形图程序

PLC程序控制说明

（1）Y 形低速启动

当要启动电动机时，按下启动按钮 SB2，常开触点 X2 接通，输出线圈 Y0 得电，常开触点 Y0 接通实现自锁，其连接的中间继电器 KA1 线圈得电吸合，KA1 常开触点闭合，接着接触器 KM1 线圈得电吸合，主触点闭合。同时输出线圈 Y2 得电，其连接的中间继电器 KA3 线圈得电吸合，KA3 常开触点闭合，接着接触器 KM3 线圈得电吸合，主触点闭合。由于接触器 KM1 闭合主触点接通电动机定子三相绕组的首端，接触器 KM3 闭合主触点将三对主触点将定子绕组尾端连在一起，电动机形成 Y 形连接，低压低速启动。同时，常闭触点 Y2 断开，防止接触器 KM2 误动作。

（2）△形高速运转

随着电动机转速的升高，待接近额定转速时（或观察电流表接近额定电流时），按下运行按钮 SB3，常闭触点 X3 断开，输出线圈 Y2 失电，其连接的中间继电器 KA3 线圈失电分离，接触器 KM3 线圈失电分离，将电动机三相绕组尾端连接打开。同时，常开触点 X3 接通，输出线圈 Y1 得电，常开触点 Y1 接通实现自锁，线圈 Y1 连接的中间继电器 KA2 线圈得电吸合，KA2 常开触点闭合，接着接触器 KM2 线圈得电吸合，主触点闭合，将电动机三相绕组连接成△形，使电动机在△形接法下高速运转，完成了 Y- △降压启动。另外，常闭触点 Y1 断开，防止接触器 KM3 误动作。

（3）停止

当按下停止按钮 SB1 时，常闭触点 X1 断开，Y0、Y1、Y2 失电，中间继电器 KA1、KA2、KA3 线圈失电分离，接触器 KM1、KM2、KM3 线圈失电分离，主触点分离，电动机停转。

4.1.13　异步电动机 Y- △启动 PLC 控制线路和实物接线图（自动）

笼型异步电动机启动时临时接成 Y（星形）低压启动，待电动机启动后接近额

定转速时，自动将定子绕组接成△（三角形）运行的控制线路称为 Y- △启动自动
控制线路。如图 4-25 所示为笼型异步电动机的 Y- △启动自动控制 PLC 控制线
路和实物接线图（以三菱 PLC 为例）。

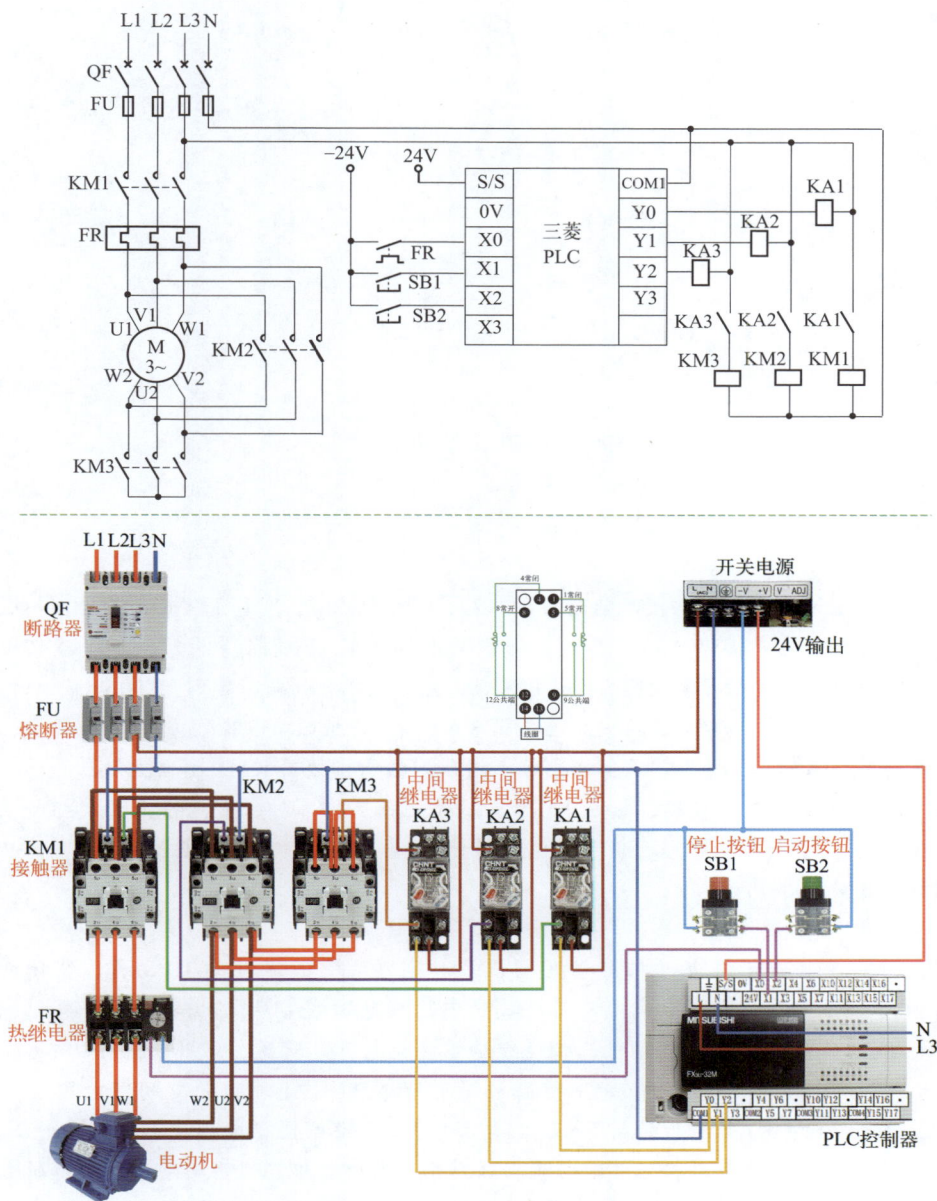

图 4-25　笼型异步电动机的 Y- △启动自动控制 PLC 控制线路和实物接线图

笼型异步电动机的 Y- △ 启动自动控制 PLC 梯形图程序如图 4-26 所示（以三菱 PLC 为例）。

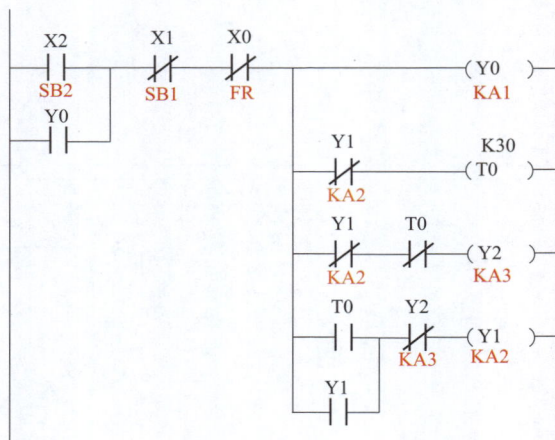

图 4-26 笼型异步电动机的 Y- △ 启动自动控制 PLC 梯形图程序

PLC程序控制说明

（1）Y 形低速启动

当要启动电动机时，按下启动按钮 SB2，常开触点 X2 接通，输出线圈 Y0 得电，常开触点 Y0 接通实现自锁，其连接的中间继电器 KA1 线圈得电吸合，KA1 常开触点闭合，接着接触器 KM1 线圈得电吸合，主触点闭合。同时定时器 T0 开始计时，输出线圈 Y2 得电，其连接的中间继电器 KA3 线圈得电吸合，KA3 常开触点闭合，接着接触器 KM3 线圈得电吸合，主触点闭合。由于接触器 KM1 闭合主触点接通电动机定子三相绕组的首端，接触器 KM3 闭合主触点将三对主触点将定子绕组尾端连在一起，电动机在 Y 形连接下低电压低速启动。同时，常闭触点 Y2 断开，防止接触器 KM2 误动作。

（2）△形高速运转

3s 后（可以根据电动机启动时间设定时间参数），定时器 T0 动作，常闭触点 T0 断开，输出线圈 Y2 失电，其连接的中间继电器 KA3 线圈失电分离，接触器 KM3 线圈失电分离，将电动机三相绕组尾端连接打开。同时，常开触点 T0 接通，输出线圈 Y1 得电，常开触点 Y1 接通实现自锁，线圈 Y1 连接的中间继电器 KA2 线圈得电吸合，KA2 常开触点闭合，接着接触器 KM2 线圈得电吸合，主触点闭合。KM2 主触头闭合将电动机三相绕组连接成△形，使电动机在△形接法下高速运转，完成了 Y- △降压启动。另外，线圈 Y1 得电后，常闭触点 Y1 断开，定时器 T0 失电复位，防止接触器 KM3 误动作。

（3）停止

当按下停止按钮 SB1 时，常闭触点 X1 断开，Y0、Y1、Y2 失电，中间继电器 KA1、KA2、KA3 线圈失电分离，接触器 KM1、KM2、KM3 线圈失电分离，主触点分离，电动机停转。

4.1.14　电动机自耦降压启动 PLC 控制线路和实物接线图（自动）

自耦变压器一般有两组抽头，可以得到不同的输出电压（一般为电源电压的 80% 和 65%），启动时使自耦变压器中的一组抽头接在电动机回路中，当电动机的转速接近额定转速时，将自耦变压器切除，使电动机直接接在三相电源上进入运转状态。利用自耦变压器降低电动机端电压的启动控制线路称为自耦降压启动控制线路。如图 4-27 所示为电动机自耦降压启动 PLC 控制线路和实物接线图（以西门子 PLC 为例）。

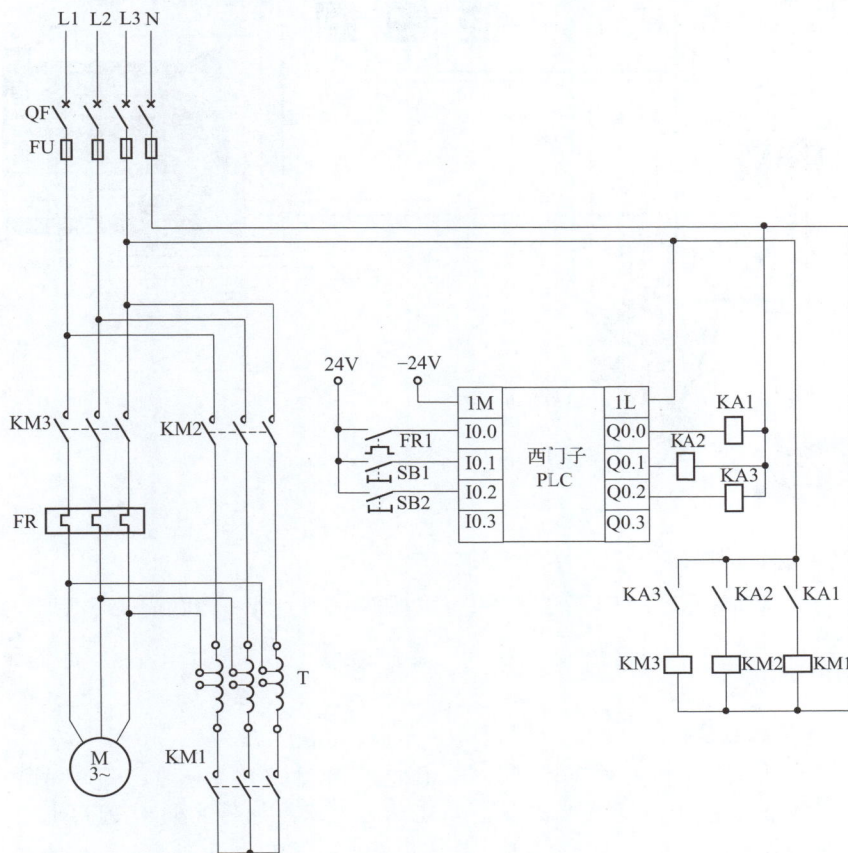

图 4-27

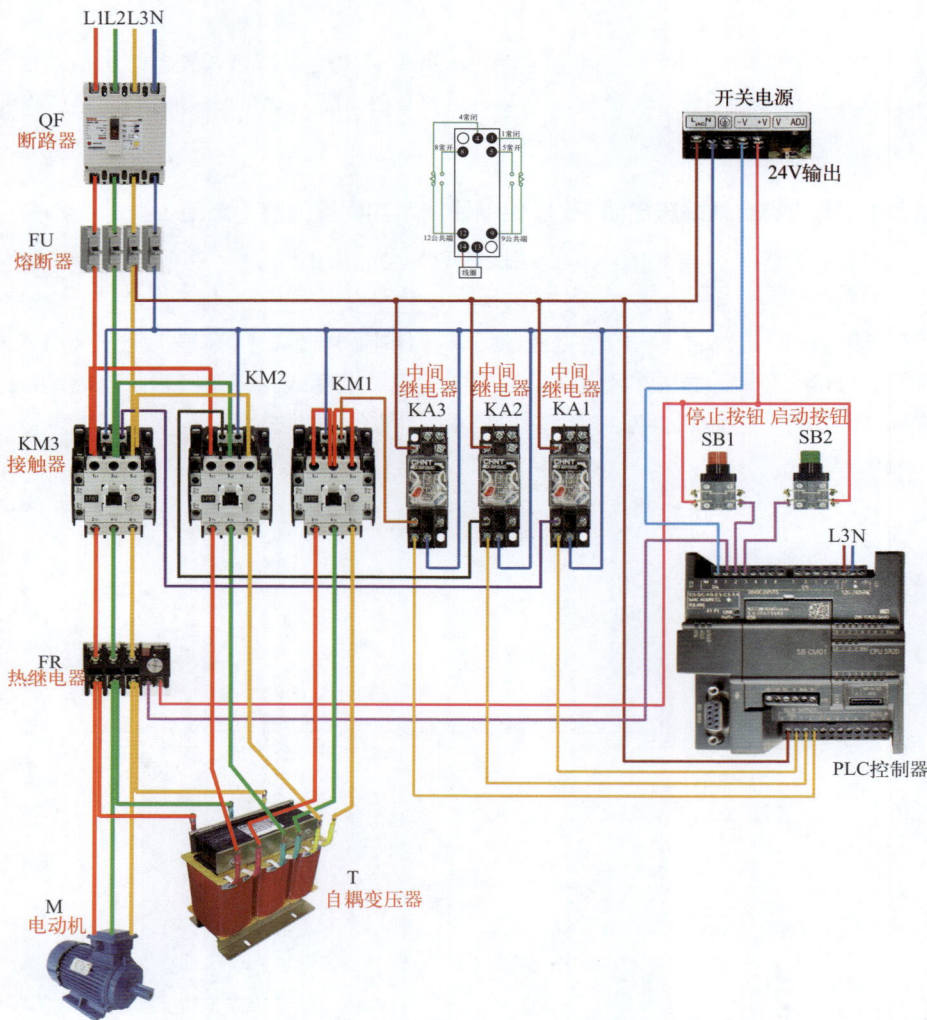

L1 L2 L3 N

QF
断路器

FU
熔断器

开关电源

24V输出

KM2   KM1

KM3
接触器

中间
继电器
KA3

中间
继电器
KA2

中间
继电器
KA1

停止按钮 启动按钮
SB1   SB2

L3 N

FR
热继电器

PLC控制器

M
电动机

T
自耦变压器

图4-27　电动机自耦降压启动PLC控制线路和实物接线图

电动机自耦降压启动PLC梯形图程序如图4-28所示（以西门子PLC为例）。

PLC程序控制说明

（1）低压启动

当要启动电动机时，按下启动按钮SB2，常开触点I0.2接通，输出线圈Q0.0得电，常开触点Q0.0接通实现自锁，其连接的中间继电器KA1线圈得电吸合，KA1常开触点闭合，接着接触器KM1线圈得电吸合，KM1主触头闭合将自耦变压器线圈接成星形。与此同时常开触点Q0.0接通，使定时器T37开始计时，输出线圈 Q0.1 得电，线圈 Q0.1 连接的中间继电器 KA2 线圈得电吸合，KA2 常开触点闭合，接触器 KM2 的线圈得电吸合。由于 KM2 闭合主触点使自耦变压器的低压抽头（例如 65%）将三相电压的 65% 接入电动机，使电动机在低电压启动。同时，常闭触点 Q0.0 断开，防止接触器 KM3 误动作。

（2）自动切换到高速运转

3s 后（可以根据电动机启动时间设定时间参数），定时器 T37 动作，常开触点 T37 接通，输出线圈 M0.0 得电，常开触点 M0.0 接通实现自锁。常闭触点 M0.0 断开，使输出线圈 Q0.0 失电，其连接的中间继电器 KA1 线圈失电分离，接触器 KM1 线圈失电分离，KM1 主触头分离，使自耦变压器线圈尾端连接打开。同时，线圈 Q0.0 失电，使常开触点 Q0.0 断开，定时器 T37 断电复位。常闭触点 Q0.0 接通，常开触点 M0.0 接通，输出线圈 Q0.2 得电，常开触点 Q0.2 接通实现自锁。线圈 Q0.2 连接的中间继电器 KA3 线圈得电吸合，KA3 常开触点闭合，接触器 KM3 线圈得电吸合，使电动机在全压下高速运转，完成自耦降压启动。

（3）停止

当按下停止按钮 SB1 时，常闭触点 I0.1 断开，Q0.0、Q0.1、Q0.2 失电，中间继电器 KA1、KA2、KA3 线圈失电分离，接触器 KM1、KM2、KM3 线圈失电分离，主触点分离，电动机停转。

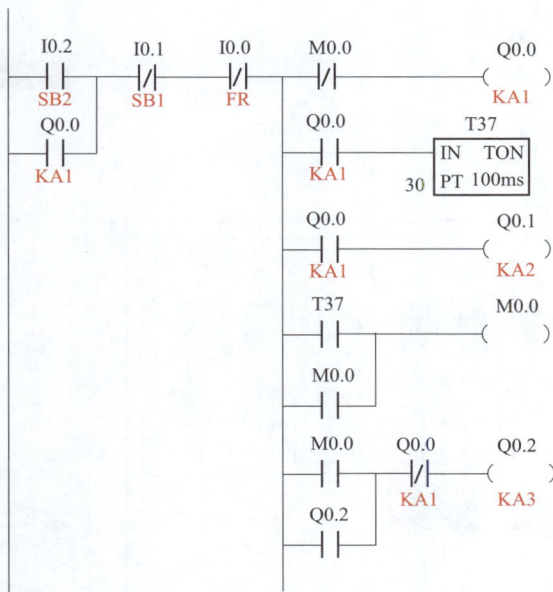

图 4-28　电动机自耦降压启动 PLC 梯形图程序

4.1.15　双速电动机手动调速 PLC 控制线路和实物接线图

双速电动机是一种由两个不同挡位的线圈组成的电动机，它可以在两种不同的速度下运行。双速电动机的高速线圈和低速线圈分别由不同的绕组组成，当电动机工作时，高速线圈和低速线圈可以根据不同的工作模式进行切换，从而实现不同挡位的转速。

如图4-29所示为双速电动机手动调速PLC控制线路和实物接线图（以西门子PLC为例）。

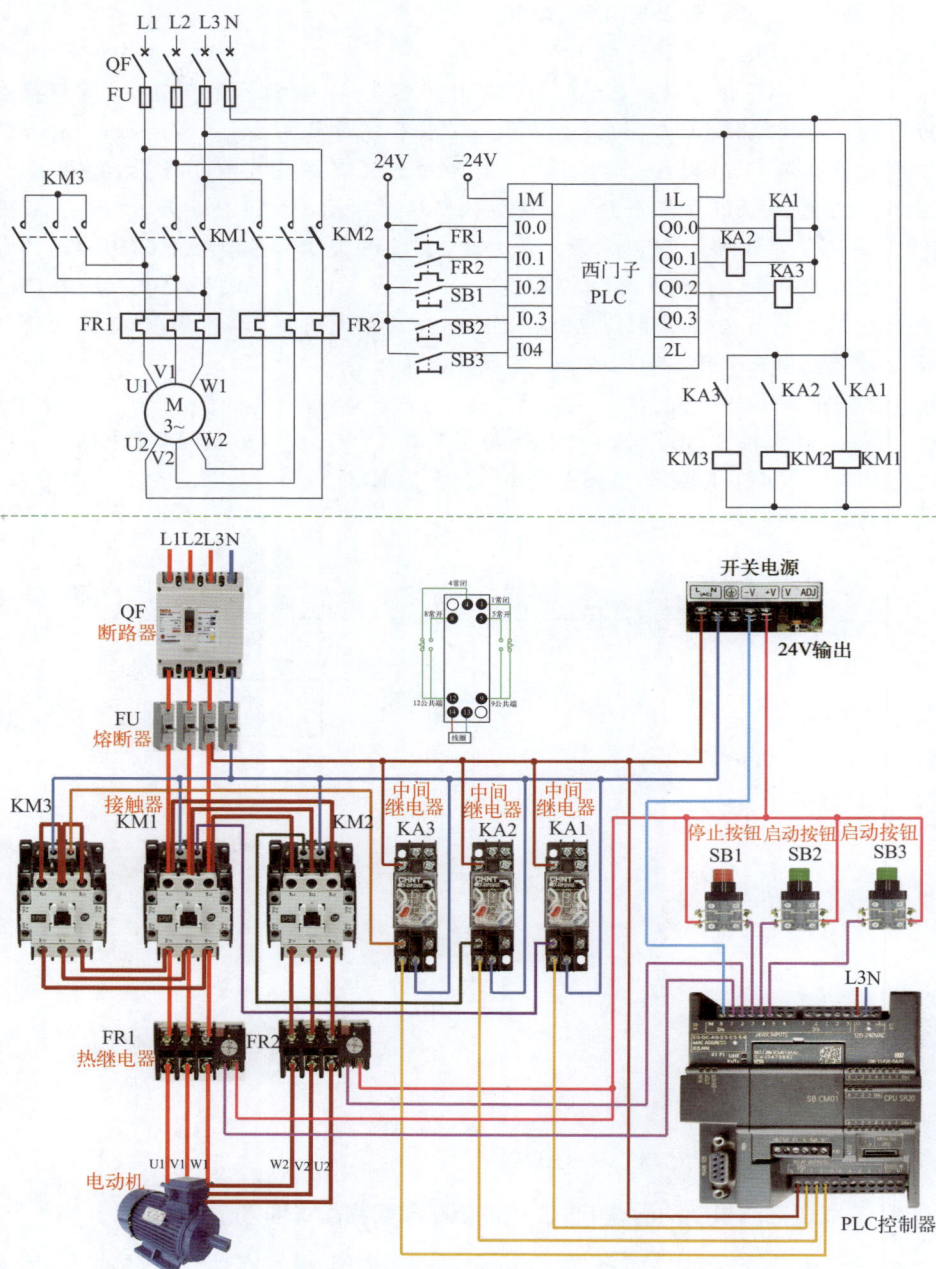

图 4-29　双速电动机手动调速 PLC 控制线路和实物接线图

双速电动机手动调速 PLC 梯形图程序如图 4-30 所示（以西门子 PLC 为例）。

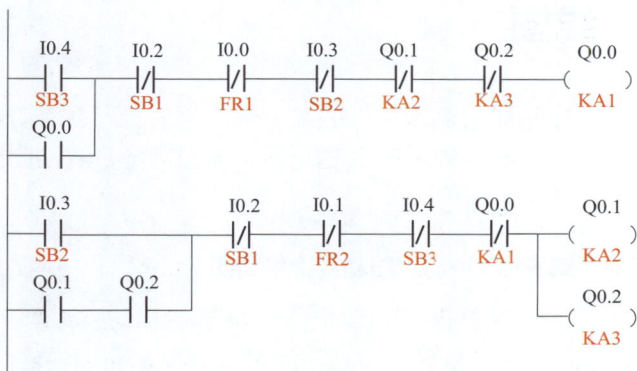

图 4-30　双速电动机手动调速 PLC 梯形图程序

PLC程序控制说明

（1）低速启动

当要△形低速启动时，按下启动按钮 SB3，常开触点 I0.4 接通，输出线圈 Q0.0 得电，常开触点 Q0.0 接通实现自锁，其连接的中间继电器 KA1 线圈得电吸合，KA1 常开触点闭合，接着接触器 KM1 线圈得电吸合。接触器 KM1 主触头闭合接通电源与 U1、V1、W1 的连接，电动机呈△形启动低速运行。与此同时，常闭触点 I0.4 断开，常闭触点 Q0.0 断开，防止接触器 KM2 和 KM3 误动作。

（2）高速运转

当要 Y 形高速运行时，按下运行按钮 SB2，常闭触点 I0.3 断开，输出线圈 Q0.0 失电，其连接的中间继电器 KA1 线圈失电分离，接触器 KM1 主触点分离，常闭触点 Q0.0 接通。同时，常开触点 I0.3 接通，输出线圈 Q0.1 和 Q0.2 得电，常开触点 Q0.1 和 Q0.2 接通实现自锁。线圈 Q0.1 连接的中间继电器 KA2 线圈得电吸合，KA2 常开触点闭合，接触器 KM2 线圈得电吸合，KM2 主触点闭合使电源与电动机的 U2、V2、W2 端连接。线圈 Q0.2 连接的中间继电器 KA3 线圈得电吸合，KA3 常开触点闭合，接触器 KM3 线圈得电吸合，KM3 主触点闭合将电动机 U1、V1、W1 相连，电动机呈 Y 形高速运行。另外，常闭触点 Q0.2 断开，常闭触点 I0.3 断开，防止接触器 KM1 误动作。

（3）停止

当按下停止按钮 SB1 时，常闭触点 I0.2 断开，Q0.0、Q0.1、Q0.2 失电，中间继电器 KA1、KA2、KA3 线圈失电分离，接触器 KM1、KM2、KM3 线圈失电分离，主触点分离，电动机停转。

4.2 工业及小区 PLC 控制线路和实物接线图

PLC 控制器可以轻松控制水箱、矿井水位监测、工厂仓库门自动开关、小区照明系统等，本节将重点讲解 PLC 控制器在各应用场合的控制线路和实物接线图。

4.2.1 停电保护系统 PLC 控制线路和实物接线图

对于突发性停电，然后又恢复供电后，一些设备会自动启动运转，不过这有可能会造成生产线的混乱，引发事故。为了避免设备事故，可以通过 PLC 控制线路来保护设备。如图 4-31 所示为停电保护系统 PLC 控制线路和实物接线图（以三菱 PLC 为例）。

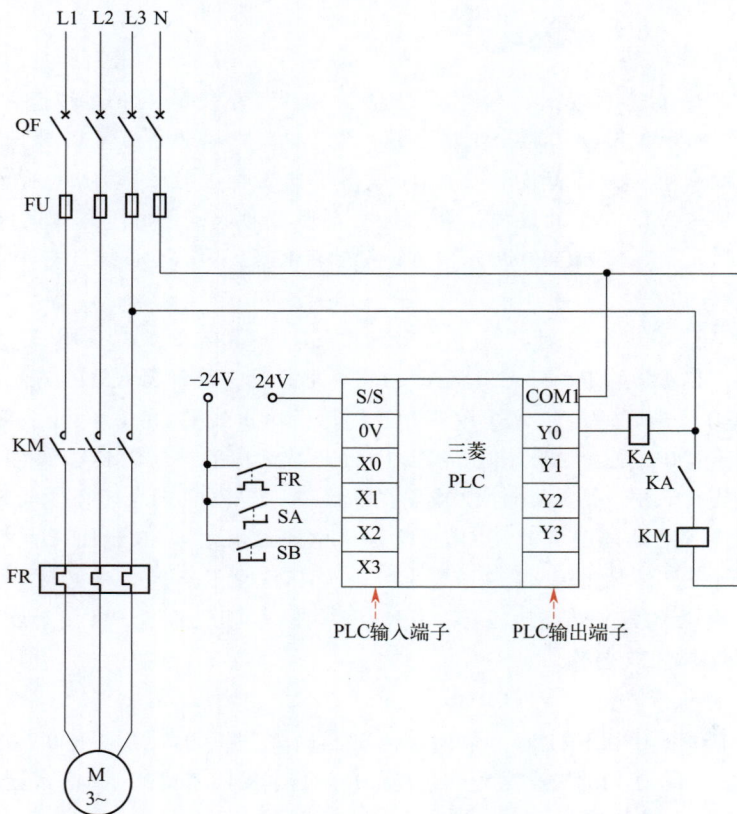

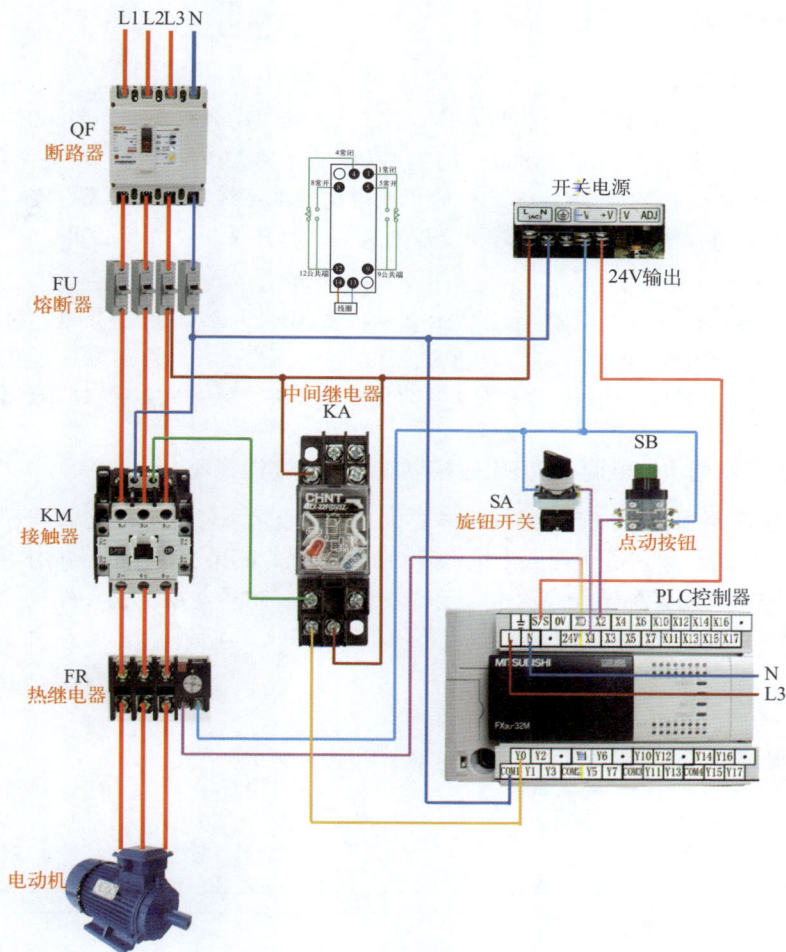

图4-31 停电保护系统PLC控制线路和实物接线图

停电保护系统PLC梯形图程序如图4-32所示（以三菱PLC为例）。

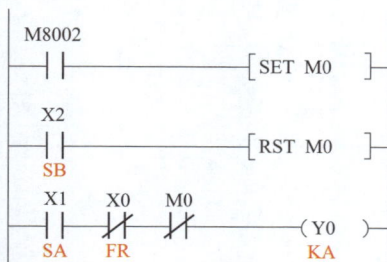

图4-32 停电保护系统PLC梯形图程序

137

（1）保护设备

当断电后重新通电时（手动开关 SA 之前一直处于闭合状态），M8002 会接通一个扫描周期，特殊继电器 M8002 接通，内部继电器 M0 被置位。此时常闭开关 M0 断开，输出线圈 Y0 失电，其连接的中间继电器 KA 线圈失电分离，KA 常开触点分离，接触器 KM 线圈失电分离，设备未运转，起到保护设备的作用。

（2）重启设备

当需要启动设备时，只需要按下复位启动按钮 SB，常开触点 X2 接通，内部继电器 M0 复位，常闭触点 M0 接通，输出线圈 Y0 得电，其连接的中间继电器 KA 线圈得电吸合，KA 常开触点闭合，接触器 KM 线圈得电吸合，主触点闭合，设备启动运转。

4.2.2 工厂水箱水位监测系统 PLC 控制线路和实物接线图

工厂生产用水箱水位监测系统具体要求为：在水箱水位低于正常水平下限时开始自动给水，如果水位低于最低水位，自动发出警报；如果水位高于正常水平上限，开始向外排水；如果高于最高水位，自动发出报警。如图 4-33 所示为工厂水箱水位监测系统 PLC 控制线路和实物接线图（以三菱 PLC 为例）。

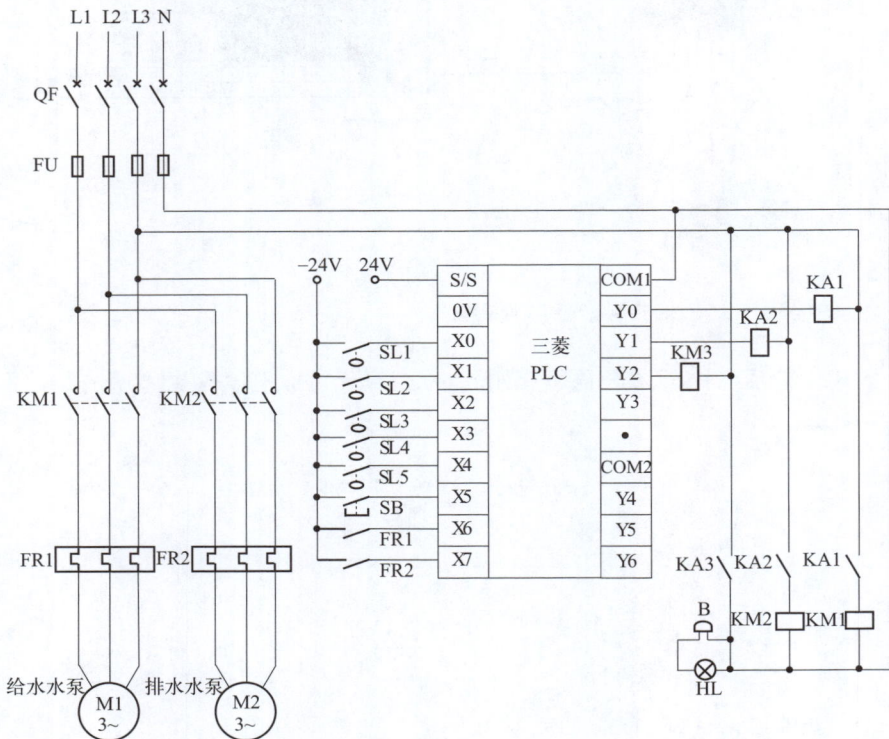

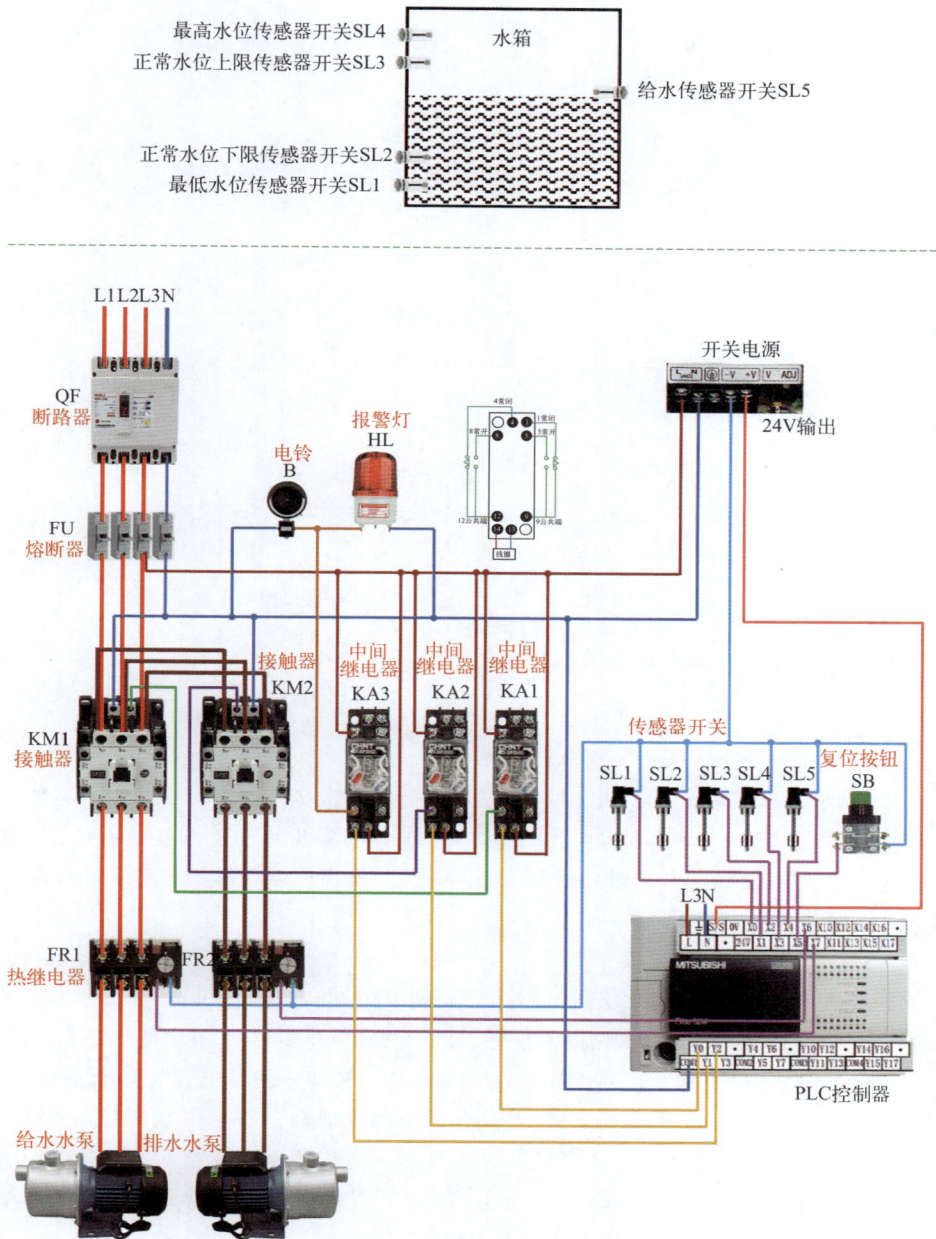

图 4-33　工厂水箱水位监测系统 PLC 控制线路和实物接线图

工厂水箱水位监测系统 PLC 梯形图程序如图 4-34 所示（以三菱 PLC 为例）。

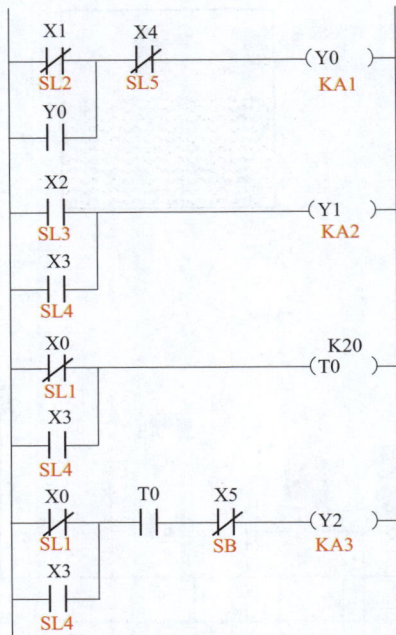

图 4-34　工厂水箱水位监测系统 PLC 梯形图程序

PLC程序控制说明

（1）水位正常时

当水箱水位处于正常水位时，正常水位下限传感器开关 SL2 和最低水位传感器开关 SL1 处于闭合状态，此时常闭触点 X1 断开，输出线圈 Y0 失电，常闭触点 X0 断开，定时器未接通。

（2）向水箱补水

当水箱水位处于正常水位下限传感器和最低水位传感器之间时，正常水位下限传感器开关 SL2 断开，常闭触点 X1 接通，由于给水传感器开关 SL5 处于断开状态，常闭触点 X4 处于接通状态，输出线圈 Y0 得电，其连接的中间继电器 KA1 线圈吸合，KA1 常开触点闭合，接触器 KM1 线圈吸合，主触点闭合，给水水泵开始向水箱内供水。同时，常开触点 Y0 接通实现自锁；当水位达到给水传感器时，给水传感器开关 SL5 闭合，常闭触点 X4 断开，输出线圈 Y0 失电，其连接的中间继电器 KA1 线圈分离，KA1 常开触点断开，接触器 KM1 线圈分离，主触点分离，给水水泵关闭停止向水箱内供水。

（3）水位低于最低水位开始报警

当水箱水位继续下降，低于最低水位传感器时，最低水位传感器开关 SL1 断开，常闭触点 X0 接通，定时器 T0 开始计时。此时最低水位传感器开关处于断开状态，常闭触点 X1 闭合，输出线圈 Y0 得电，中间继电器 KA1 线圈吸合，接触器 KM1 线圈吸合，给水水泵同样向水箱内供水。当 2s 后，定时器 T0 动作，常开触点 T0 接通，输出线圈 Y2 得电，其连接的中间继电器 KA3 线圈吸合，KA3 常开触点闭合，报警灯和电铃得电开始报警。当按下复位按钮 SB，常闭触点 X5 断开，输出线圈 Y2 失电，使报警装置复位，停止报警。

（4）停止报警

如果之前报警装置一直报警，当水位重新高于最低水位传感器时，最低水位传感器开关 SL1 重新接通，常闭触点 X0 断开，输出线圈 Y2 失电，中间继电器 KA3 线圈分离，KA3 常开触点断开，报警装置停止报警。

（5）向外排水

当水箱水位处于正常水位上限传感器和最高水位传感器之间时，正常水位上限传感器开关 SL3 接通，常开触点 X2 接通，输出线圈 Y1 得电，其连接的中间继电器 KA2 线圈吸合，KA2 常开触点闭合，接触器 KM2 线圈吸合，主触点闭合，排水水泵开始向水箱外排水。当水箱水位低于正常水位上限传感器时，正常水位上限传感器开关 SL3 断开，常开触点 X2 断开，输出线圈 Y1 失电，其连接的中间继电器 KA2 线圈分离，KA2 常开触点断开，接触器 KM2 线圈分离，主触点分离，排水水泵关闭停止向水箱外排水。

（6）停止报警

当水箱水位继续上升，高于最高水位传感器时，输出线圈 Y1 依旧得电，中间继电器 KA2 和接触器 KM2 线圈依旧吸合，排水水泵同样向外排水。此时，最高水位传感器开关 SL4 断开，常开触点 X3 接通，定时器 T0 开始计时。当 2s 后，定时器 T0 动作，常开触点 T0 接通，输出线圈 Y2 得电，中间继电器 KA3 线圈吸合，KA3 常开触点闭合，报警灯和电铃得电发出报警。当按下复位按钮 SB，常闭触点 X5 断开，使报警装置复位，停止报警。

4.2.3 矿井地下水水位监测系统 PLC 控制线路和实物接线图

煤矿开采过程中会出现大量地下水，如果矿井中地下水水位过高，可能会影响开采安全，因此需要实时监测矿井中的地下水水位情况，并及时处理。矿井地下水水位监测系统具体要求为：在矿井地下水水位在正常值范围时，绿色灯亮；当矿井地下水水位高于警戒水位时，立即启用备用水泵排水，同时，红色灯亮且电铃发出报警声（为了保险，采用超声波水位传感器和投入式液下水位传感器同时监测水位）。

如图 4-35 所示为矿井地下水水位监测系统 PLC 控制线路和实物接线图（以西门子 PLC 为例）。

L1 L2 L3 N

QF
FU

24V −24V

1M
I0.0
I0.1
I0.2
I0.3
I0.4

T1
T2
FR

KM

FR

备用水泵
M
3~

西门子
PLC

1L
Q0.0
Q0.1
Q0.2
Q0.3
•

KA1
KA2
KA3

KA3 KA2 KA1

B
HL1 KM
HL2

L1L2L3N 电铃
B

QF
断路器

FU
熔断器

KM
接触器

FR
热继电器

备用水泵

报警灯
HL2

水位正常
指示灯
HL1

中间
继电器
KA3

中间
继电器
KA2

中间
继电器
KA1

开关电源

24V输出

液下水位
传感器开关
T2

超声波水位
传感器开关
T1

LN

PLC控制器

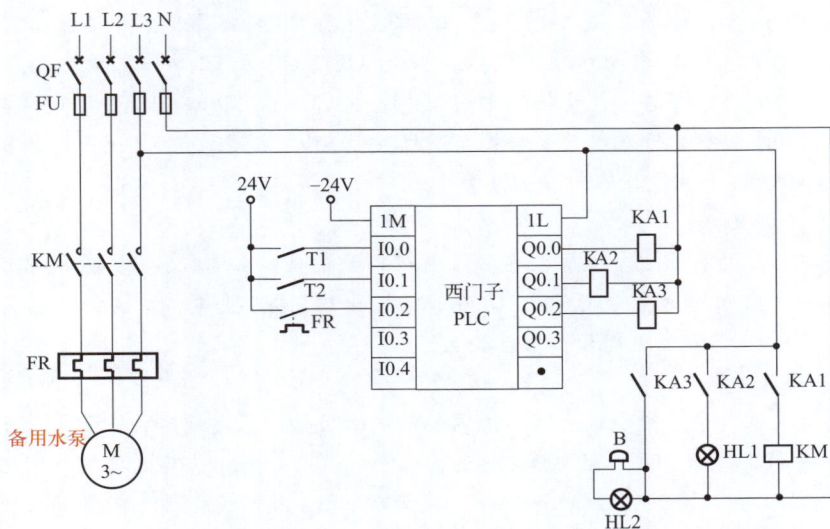

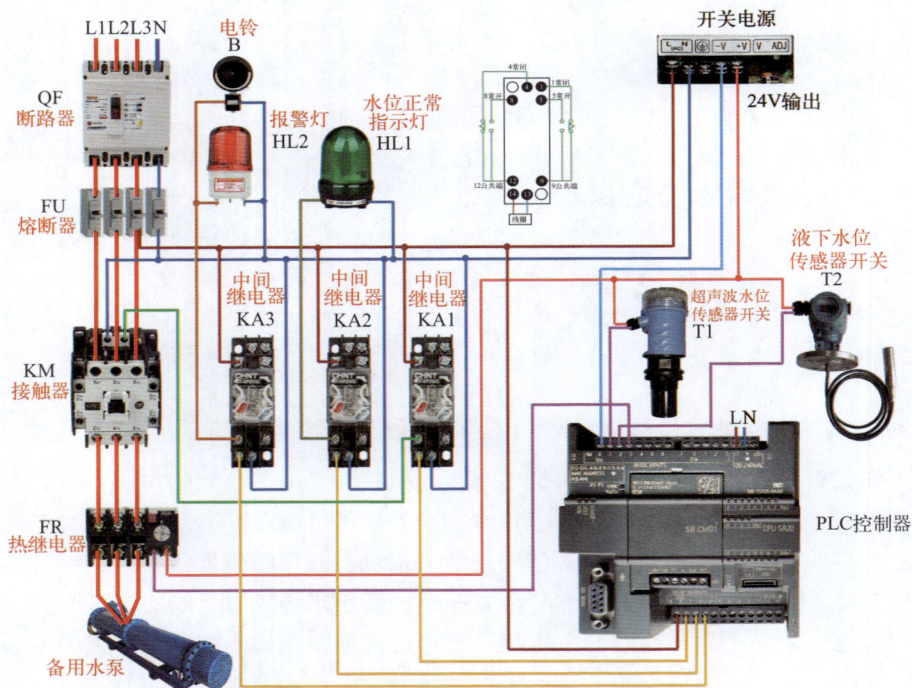

图 4-35   矿井地下水水位监测系统 PLC 控制线路和实物接线图

矿井地下水水位监测系统 PLC 梯形图程序如图 4-36 所示（以西门子 PLC 为例）。

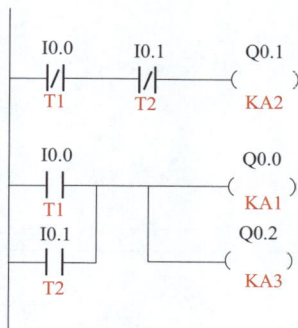

图 4-36　矿井地下水水位监测系统 PLC 梯形图程序

PLC程序控制说明

（1）水位正常点亮绿灯

当矿井地下水位正常时，两个传感器开关 T1 和 T2 处于断开状态，常闭触点 I0.0 和 I0.1 接通，输出线圈 Q0.1 得电，其连接的中间继电器 KA2 线圈吸合，KA2 常开触点闭合，绿色指示灯 HL1 得电点亮。

（2）水位到警戒水位启动排水并报警

当矿井地下水水位达到警戒水位时，超声波水位传感器开关 T1 闭合，液下水位传感器开关 T2 闭合，常开触点 I0.0 和 I0.1 接通，输出线圈 Q0.0 得电，其连接的中间继电器 KA1 线圈吸合，KA1 常开触点闭合，接触器 KM 线圈得电吸合，主触点闭合，备用水泵开始运转向外排水；同时输出线圈 Q0.2 得电，其连接的中间继电器 KA3 线圈吸合，KA3 常开触点闭合，红色报警灯 HL2 得电点亮，电铃 B 得电发出报警铃声。与此同时，常闭触点 I0.0 和 I0.1 断开，输出线圈 Q0.1 失电，中间继电器 KA2 线圈分离，KA2 常开触点断开，绿色指示灯 HL1 失电熄灭。

（3）水位正常后停止排水和报警点亮绿灯

当矿井地下水水位下降到警戒水位以下时，超声波水位传感器开关 T1 断开，液下水位传感器开关 T2 断开，输出线圈 Q0.0 失电，其连接的中间继电器 KA1 线圈分离，KA1 常开触点断开，接触器 KM 线圈失电分离，主触点分离，备用水泵停止排水；输出线圈 Q0.2 失电，中间继电器 KA3 线圈分离，KA3 常开触点断开，红色报警灯 HL2 熄灭和电铃 B 停止报警。与此同时，常闭触点 I0.0 和 I0.1 接通，输出线圈 Q0.1 重新得电，其连接的中间继电器 KA2 线圈吸合，KA2 常开触点闭合，绿色指示灯 HL1 得电点亮。

4.2.4　工厂仓库门自动开关系统 PLC 控制线路和实物接线图

工厂仓库门自动开关控制系统通过 PLC 控制器来控制大门的开启和关闭，系统中主要使用超声波传感器检测是否有车辆需要进入仓库，然后由光电传感器检测车辆是否已经进入大门。如图 4-37 所示为工厂仓库门自动开关系统 PLC 控制线路和实物接线图（以西门子 PLC 为例）。

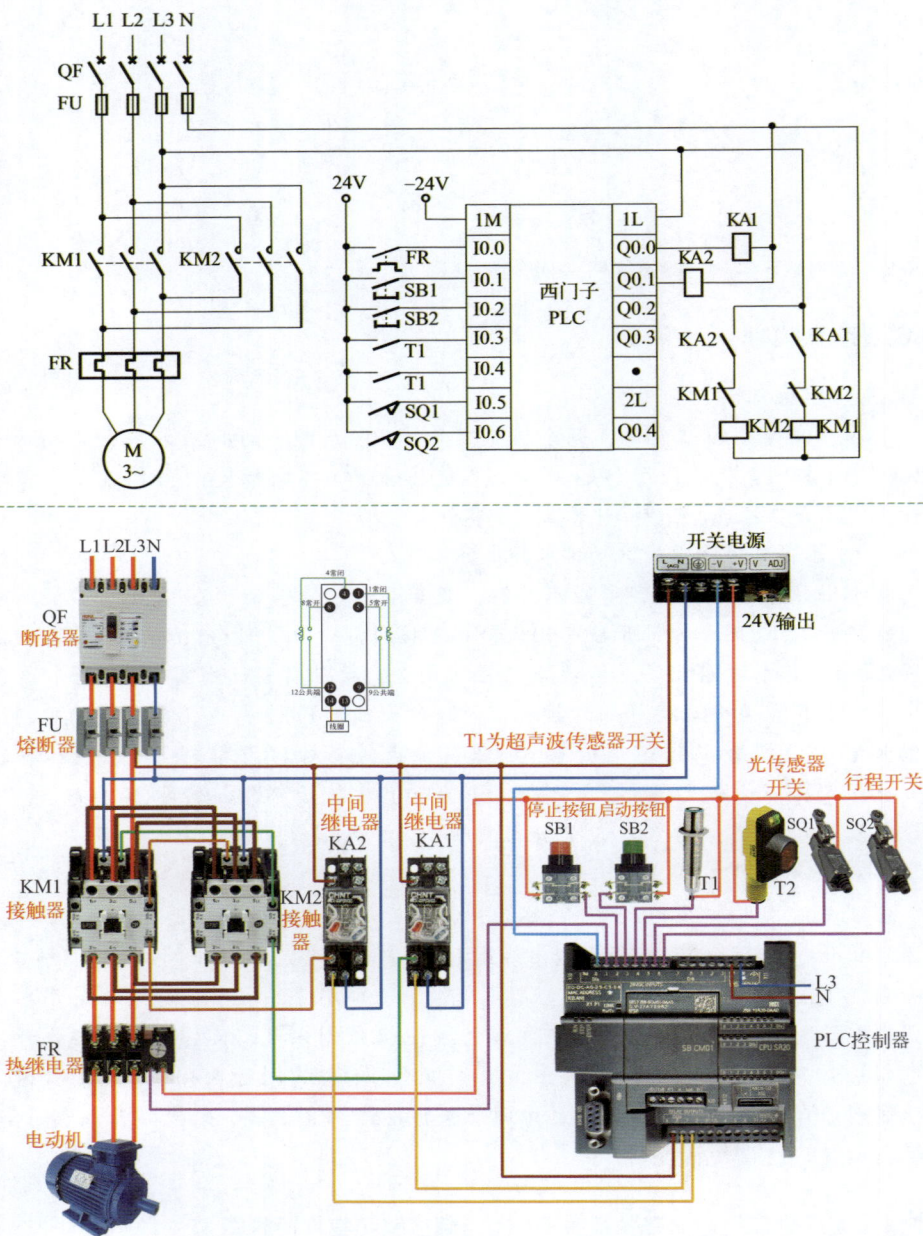

图 4-37　工厂仓库门自动开关系统 PLC 自动控制线路和实物接线图

工厂仓库门自动开关系统 PLC 自动控制梯形图程序如图 4-38 所示（以西门子 PLC 为例）。

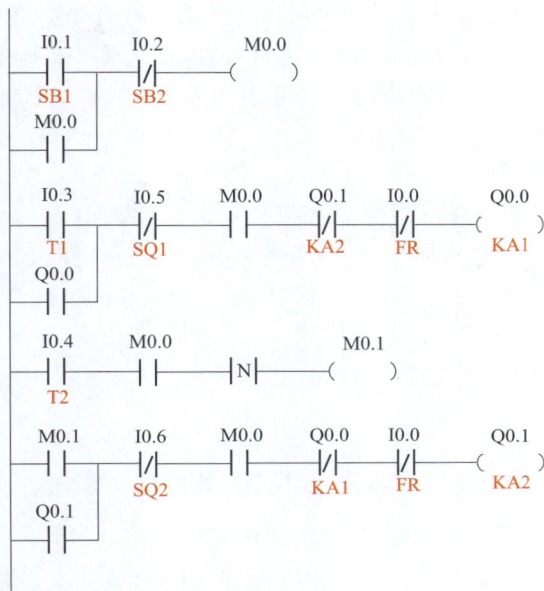

图 4-38 工厂仓库门自动开关系统 PLC 自动控制梯形图程序

PLC程序控制说明

（1）启动控制系统

当启动仓库门控制系统时，按下启动按钮 SB1，常开触点 I0.1 接通，输出线圈 M0.0 得电，常开触点 M0.0 接通实现自锁，大门控制系统启动。

（2）打开大门

当有车辆接近大门时，超声波传感器接收到识别信号，开关 T1 接通，常开触点 I0.3 接通，由于常开触点 M0.0 已接通，因此输出线圈 Q0.0 得电，常开触点 Q0.0 接通实现自锁，其连接的中间继电器 KA1 线圈吸合，KA1 常开触点闭合，电动机开门接触器 KM1 线圈得电吸合，主触点闭合，电动机开始正向转动打开大门。同时，常闭触点 Q0.0 断开，避免输出线圈 Q0.1 得电，接触器 KM1 常闭触点打开，防止接触器 KM2 动作，实现双互锁。

（3）停止运行

当大门运动到大门上限位开关 SQ1 时，常闭触点 I0.5 断开，输出线圈 Q0.0 失电，其连接的中间继电器 KA1 线圈分离，KA1 常开触点断开，接触器 KM1 线圈失电分离，主触点分离，电动机停止运行，同时常闭触点 Q0.0 接通，线圈 Q0.1 解除互锁。

（4）关闭大门

当车辆前端进入大门时，光电传感器开关 T2 闭合，常开触点 10.4 接通；当车辆后端进入大门时，光电传感器开关 I0.4 断开，此时，在常开触点 I0.4 信号的下降沿使线圈 M0.1 得电一个扫描周期。常开触点 M0.1 接通，输出线圈 Q0.1 得电，常开触点 Q0.1 接通实现自锁，其连接的中间继电器 KA2 线圈吸合，KA2 常开触点闭合，电动机关门接触器 KM2 线圈得电吸合，主触点闭合，电动机开始反向转动关闭大门。同时，常闭触点 Q0.1 断开，避免输出线圈 Q0.0 得电，接触器 KM2 常闭触点打开，防止接触器 KM1 动作，实现双互锁。

（5）停止运行

当关闭大门时接触到门下限位开关 SQ2 时，常闭触点 I0.6 断开，输出线圈 Q0.1 失电，其连接的中间继电器 KA2 线圈分离，KA2 常开触点断开，接触器 KM2 线圈失电分离，电动机停止运行，同时常闭触点 Q0.1 接通，线圈 Q0.0 解除互锁。

（6）关闭系统

当按下关闭按钮 SB2 时，常闭触点 I0.2 断开，输出线圈 M0.0 失电，大门控制系统停止运行。

4.2.5 工厂产品运送线上电动机 PLC 控制线路和实物接线图

工厂产品运送线要求电动机 1 转动 20s 后停止，电动机 2 在电动机 1 开始转动 10s 后开始转动，电动机 2 转动 30s 后停止，电动机 3 在电动机 2 开始转动 10s 后开始转动，电动机 3 转动 50s 后停止。如图 4-39 所示为工厂产品运送线上电动机 PLC 控制线路和实物接线图（以三菱 PLC 为例）。

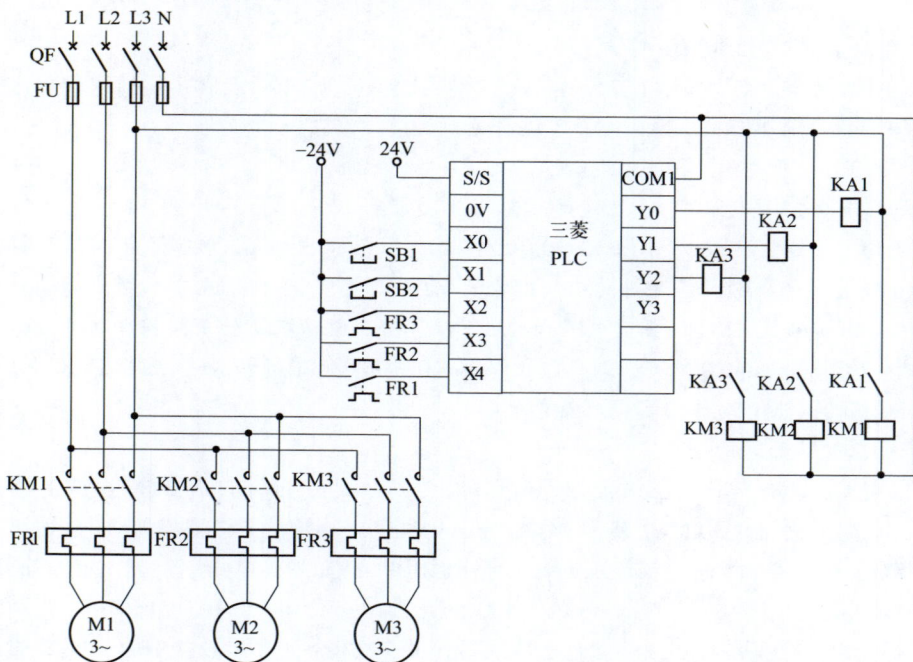

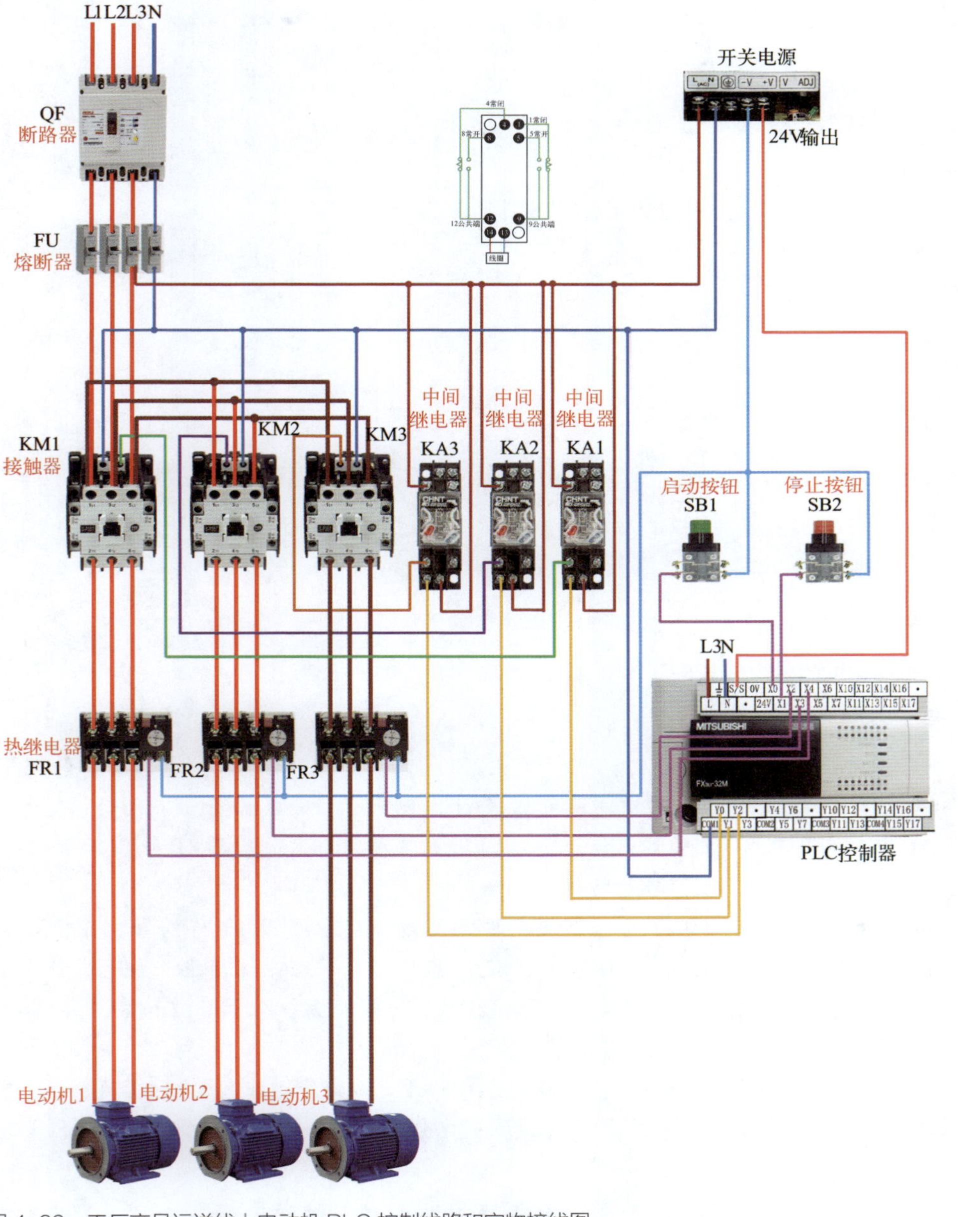
L1L2L3N
QF
断路器
FU
熔断器
开关电源
24V输出
KM1
接触器
KM2
KM3
中间
继电器
KA3
KA2
KA1
启动按钮
SB1
停止按钮
SB2
L3N
热继电器
FR1
FR2
FR3
MITSUBISHI
PLC控制器
电动机1
电动机2
电动机3

图 4-39　工厂产品运送线上电动机 PLC 控制线路和实物接线图

工厂产品运送线上电动机 PLC 梯形图程序如图 4-40 所示（以三菱 PLC 为例）。

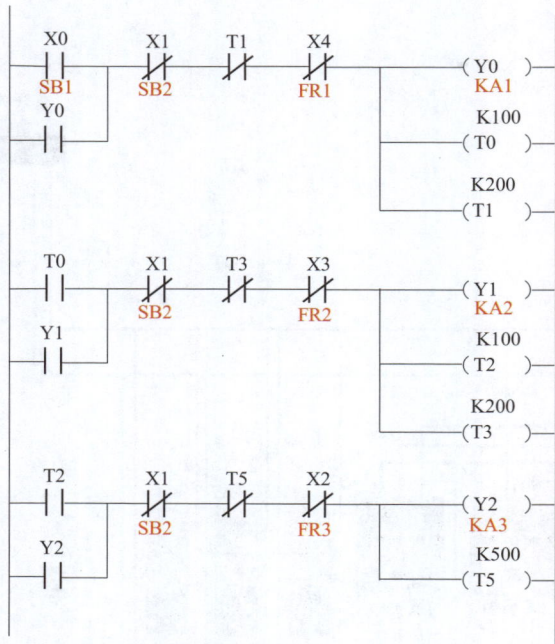

图 4-40　工厂产品运送线上电动机 PLC 梯形图程序

PLC程序控制说明

（1）启动电动机 1

当按下启动按钮 SB1 时，常开触点 X0 接通，输出线圈 Y0 得电，常开触点 Y0 接通实现自锁。Y0 连接的中间继电器 KA1 线圈吸合，KA1 常开触点闭合，接触器 KM1 线圈得电吸合，主触点闭合，电动机 1 开始转动。同时，定时器 T0 和 T1 开始计时。

（2）电动机 2 自动启动

10s 后，定时器 T0 动作，常开触点 T0 接通，输出线圈 Y1 得电，常开触点 Y1 接通实现自锁。Y1 连接的中间继电器 KA2 线圈吸合，KA2 常开触点闭合，接触器 KM2 线圈得电吸合，主触点闭合，电动机 2 开始转动。同时，定时器 T2 和 T3 开始计时。

（3）自动停止电动机 1

20s 后，定时器 T1 动作，常闭触点 T0 断开，输出线圈 Y0 失电，其连接的中间继电器 KA1 线圈分离，接触器 KM1 线圈失电分离，主触点分离，电动机 1 停止转动。

（4）电动机 3 自动启动

与此同时，定时器 T2 动作，常开触点 T2 接通，输出线圈 Y2 得电，常开触点 Y2 接通实现自锁。Y2 连接的中间继电器 KA3 线圈吸合，KA3 常开触点闭合，接触器 KM3 线圈得电吸合，主触点分离，电动机 3 开始转动。同时，定时器 T5 开始计时。

（5）自动停止电动机 2

30s 后，定时器 T3 动作，常闭触点 T3 断开，输出线圈 Y1 失电，其连接的中间继电器 KA2 线圈分离，接触器 KM2 线圈失电分离，主触点分离，电动机 2 停止转动。

（6）自动停止电动机 3

70s 后，定时器 T5 动作，常闭触点 T5 断开，输出线圈 Y2 失电，其连接的中间继电器 KA3 线圈分离，接触器 KM3 线圈失电分离，主触点分离，电动机 3 停止转动。

（7）停止所有电动机

当按下停止按钮 SB2 后，常闭触点 X1 断开，输出线圈 Y0、Y1、Y2 失电，所有中间继电器线圈分离，所有接触器线圈分离，所有正在转动的电动机都会停止转动。

4.2.6 小区照明系统 PLC 控制线路和实物接线图

社区的照明灯一般包括路灯（包括非通宵照明路灯和通宵照明路灯）、景观灯、活动区照明灯等，它们的开启时间和关闭时间都不相同。另外照明灯还可"光控"和"钟控"，达到节能的目的，同时还要设计手动控制方式，方便维修人员检修和特殊照明。如图 4-41 所示为小区照明系统 PLC 控制线路和实物接线图（以三菱 PLC 为例）。

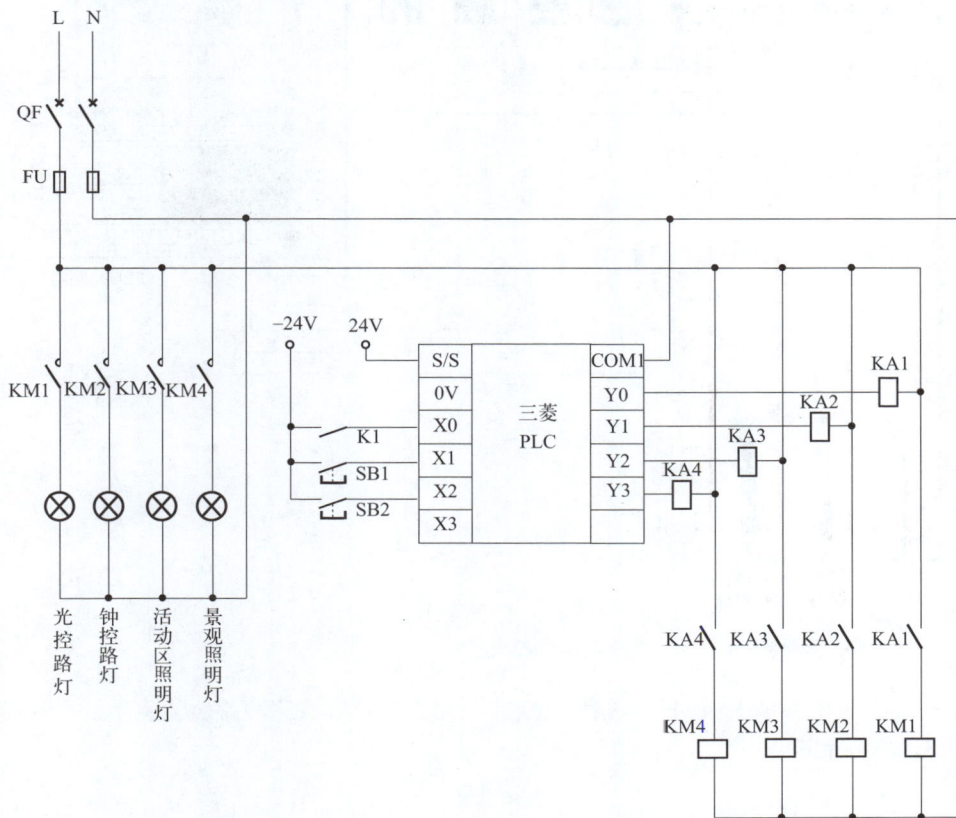

图 4-41

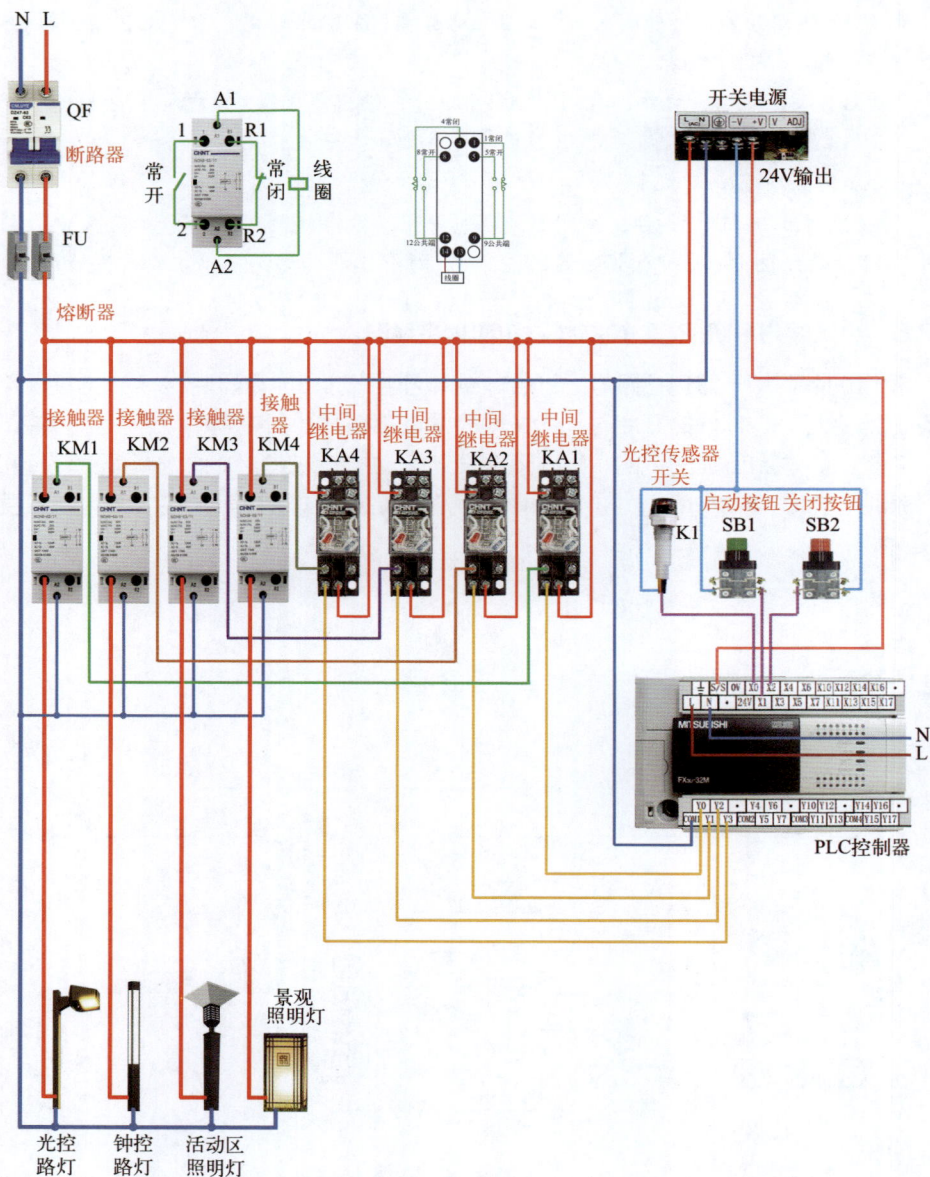

图 4-41　小区照明系统 PLC 控制线路和实物接线图

小区照明系统 PLC 梯形图程序如图 4-42 所示（以三菱 PLC 为例）。

PLC程序控制说明

（1）控制光控路灯

当光弱到一定程度后，光控传感器开关 K1 闭合，常开触点 X0 接通，输出线

```
M8000
 ├─┤ ├──────────────────[ MOV  K18  D0  ]──┐
 │                                          │  ┐
 │                     ─[ MOV  K30  D1  ]──│  ├ 指定下限时间18:30:00
 │                                          │  │  并传输给D0、D1、D2
 │                     ─[ MOV  K0   D2  ]──│  ┘
 │                                          │
 │                     ─[ MOV  K24  D10 ]──│  ┐
 │                                          │  │ 指定上限时间14:00:00
 │                     ─[ MOV  K0   D11 ]──│  ├ 并传输给D10、D11、D12
 │                                          │  │
 │                     ─[ MOV  K0   D12 ]──┘  ┘

M8000
 ├─┤ ├──────────────────[ TRD  D20 ]──────     ◄-- 将PLC的实时时间数据读入以D20寄存器为首

        ──[ TZCP   D0   D10   D20   M0 ]──     ◄-- 用TZCP时间区间比较指令将实时时间与
                                                    指定时间进行比较

 X0       X2
 ├─┤ ├────┤/├──────────────────────( Y0 )
 K1       SB2                          KA1
 X1
 ├─┤ ├
 SB1

 M1       X2
 ├─┤ ├────┤/├──────────────────────( Y1 )
          SB2                          KA2
 X1                                 K600
 ├─┤ ├─────────────────────────────( T0 )
 SB1

 M1       X2       T0
 ├─┤ ├────┤/├──────┤ ├──────────────( Y2 )
          SB2                          KA3
 X1                                 K600
 ├─┤ ├─────────────────────────────( T1 )
 SB1

 M1       X2       T1
 ├─┤ ├────┤/├──────┤ ├──────────────( Y3 )
          SB2                          KA4
 X1
 ├─┤ ├
 SB1
```

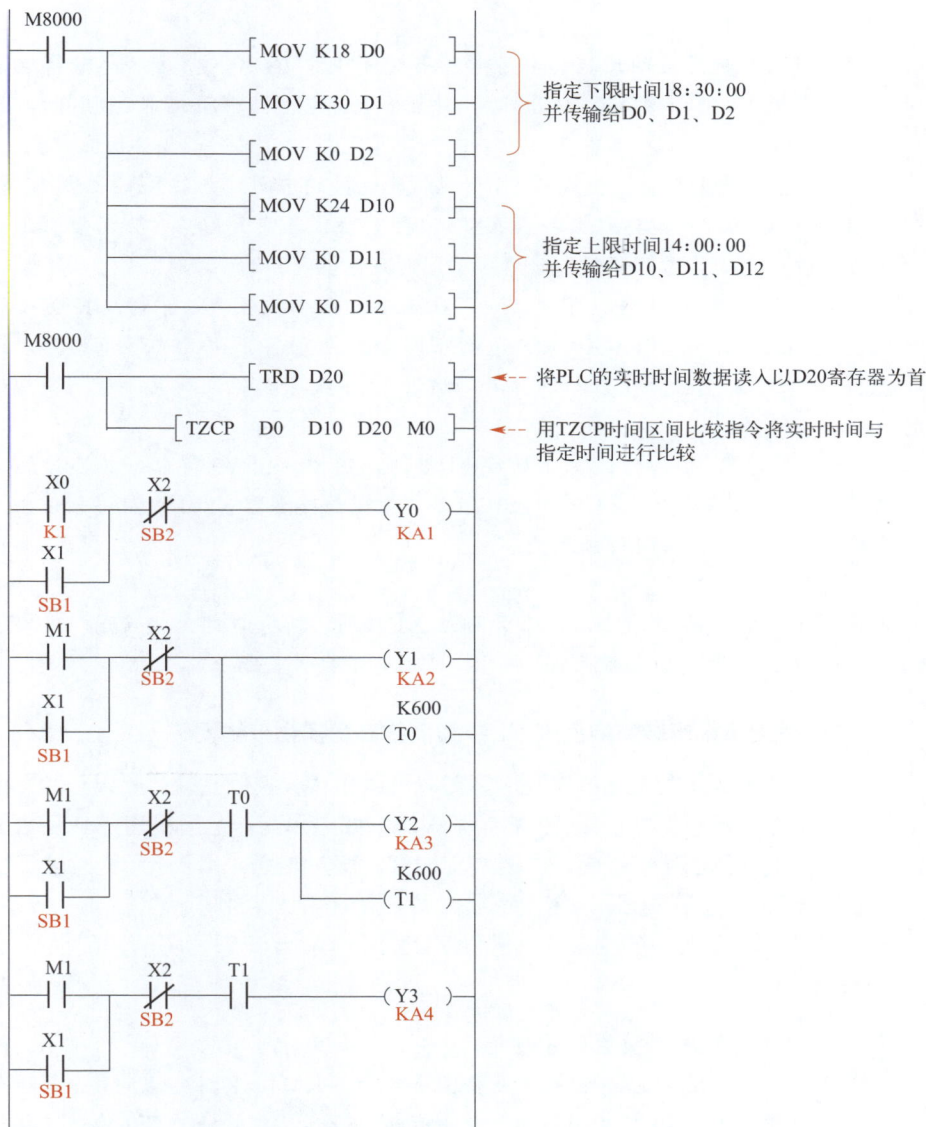

图 4-42 小区照明系统 PLC 梯形图程序

圈 Y0 得电，其连接的中间继电器 KA1 线圈吸合，KA1 常开触点闭合，光控路灯接触器 KM1 线圈得电吸合，其常开触点 1~2 闭合，通宵照明的路灯被点亮。当清晨自然光强度一定时，光控传感器开关 K1 断开，常开触点 X0 断开，输出线圈 Y0 失电，中间继电器 KA1 线圈分离，KA1 常开触点断开，接触器 KM1 线圈失电分离，其常开触点 1-2 断开，通宵照明路灯熄灭。

（2）自动控制

由程序 TZCP 时间区间比较指令可知，当时间小于 18:30 时，触点 M0 得电，当时间大于等于 18:30 小于等于 24:00 时，触点 M1 得电，当时间大于 24:00 时，触点 M2 得电。

常开触点 M1 得电后，输出线圈 Y1 得电，其连接的中间继电器 KA2 线圈吸合，KA2 常开触点闭合，钟控路灯接触器 KM2 线圈吸合，其常开触点 1-2 闭合，钟控部分的路灯被点亮（非通宵照明的路灯）。同时定时器 T0 开始计时。

60s 后，定时器 T0 动作，常开触点 T0 接通，输出线圈 Y2 得电，其连接的中间继电器 KA3 线圈吸合，KA3 常开触点闭合，活动区照明灯接触器 KM3 线圈得电吸合，其常开触点 1-2 闭合，活动区照明灯被点亮。同时定时器 T1 开始计时。

60s 后，定时器 T1 动作，常开触点 T1 接通，输出线圈 Y3 得电，其连接的中间继电器 KA4 线圈吸合，KA4 常开触点闭合，景观灯接触器 KM4 线圈得电吸合，其常开触点 1~2 闭合，景观灯被点亮。

（3）手动控制

当按下手动启动按钮 SB1 后，常开触点 X1 接通，所有灯都会被点亮。当按下手动关闭按钮 SB2 后，常闭触点 X2 断开，所有灯都会被关闭。

4.2.7 工厂除尘风机运转监控系统 PLC 控制线路和实物接线图

工厂除尘风机运转监控系统主要用来对风机运转状况进行监控，如果三台风机中有两台在工作，黄色信号灯以 1s 的频率闪烁；如果只有一台风机工作或三台风机都不工作，则红色信号灯长亮，同时发出报警铃声，如图 4-43 所示为除尘风机运转监控系统 PLC 控制线路和实物接线图（以西门子 PLC 为例）。

除尘风机运转监控系统 PLC 梯形图程序如图 4-44 所示（以西门子 PLC 为例）。

PLC程序控制说明

（1）任意两个风机转黄色信号灯亮

当任意两个风机运转时，即风机接触器辅助开关 KM1、KM2、KM3 任意两个会接通，那么常开触点 I0.0、I0.1、I0.2 中会有两个接通，则输出线圈 M0.0 得电。常开触点 M0.0 接通，输出线圈 Q0.1 得电，其连接的中间继电器 KA2 线圈吸合，KA2 常开触点闭合，黄色灯 HL1 被点亮，定时器 T37 开始计时。同时常闭触点 M0.0 断开，线圈 Q0.0 失电，红色信号灯 HL2 和电铃 B 不工作。

（2）黄色信号灯开始闪烁

1s 后，定时器 T37 动作，常闭触点 T37 断开，输出线圈 Q0.1 失电，其连接的中间继电器 KA2 线圈分离，KA2 常开触点断开，黄色信号灯 HL1 熄灭。同时常开触点 T37 接通，定时器 T38 计时。

1s 后，定时器 T38 动作，常闭触点 T38 断开，定时器 T37 复位，常闭触点 T37 重新接通，输出线圈 Q0.1 得电，其连接的中间继电器 KA2 线圈吸合，KA2 常开触点闭合，黄色信号灯 HL1 重新点亮。同时常开触点 T37 重新断开，定时器 T38 复位，常闭触点 T38 重新接通，T37 开始计时，就这样黄色信号灯会一直闪烁。

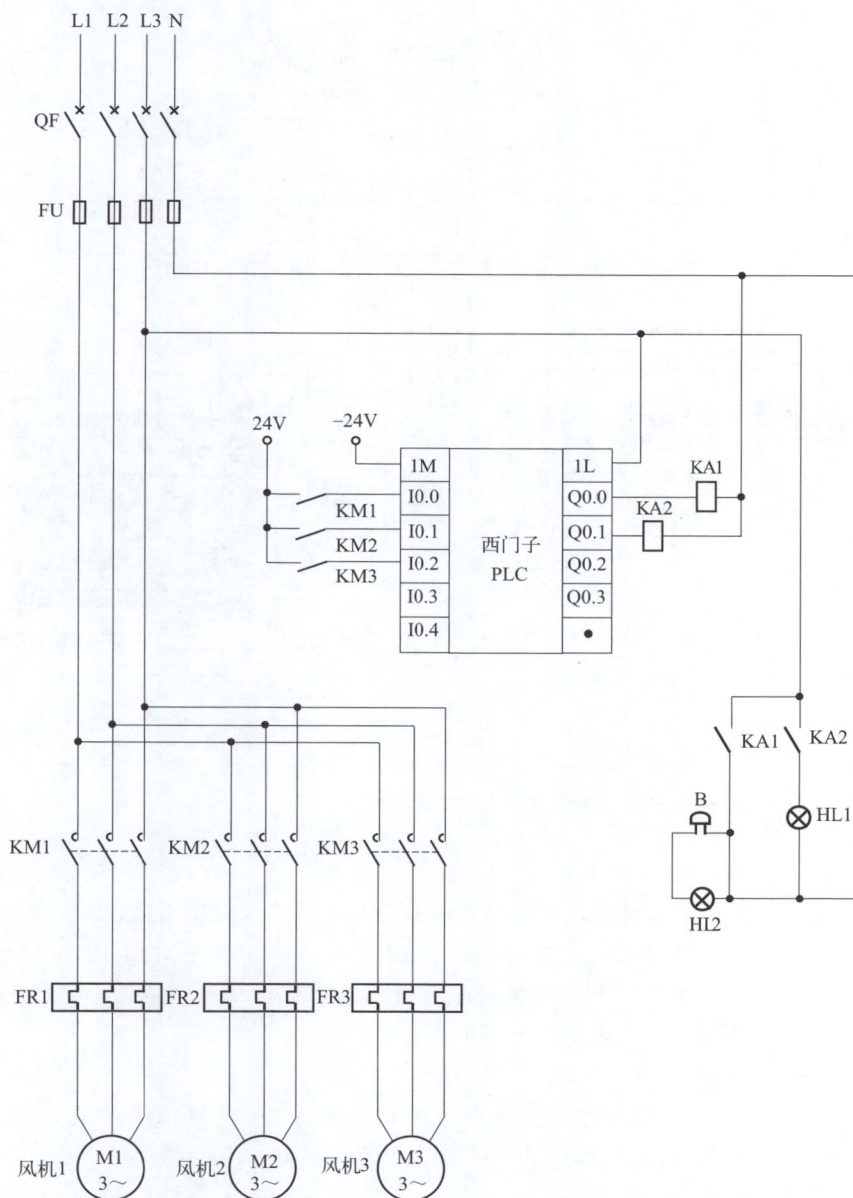

图 4-43

153

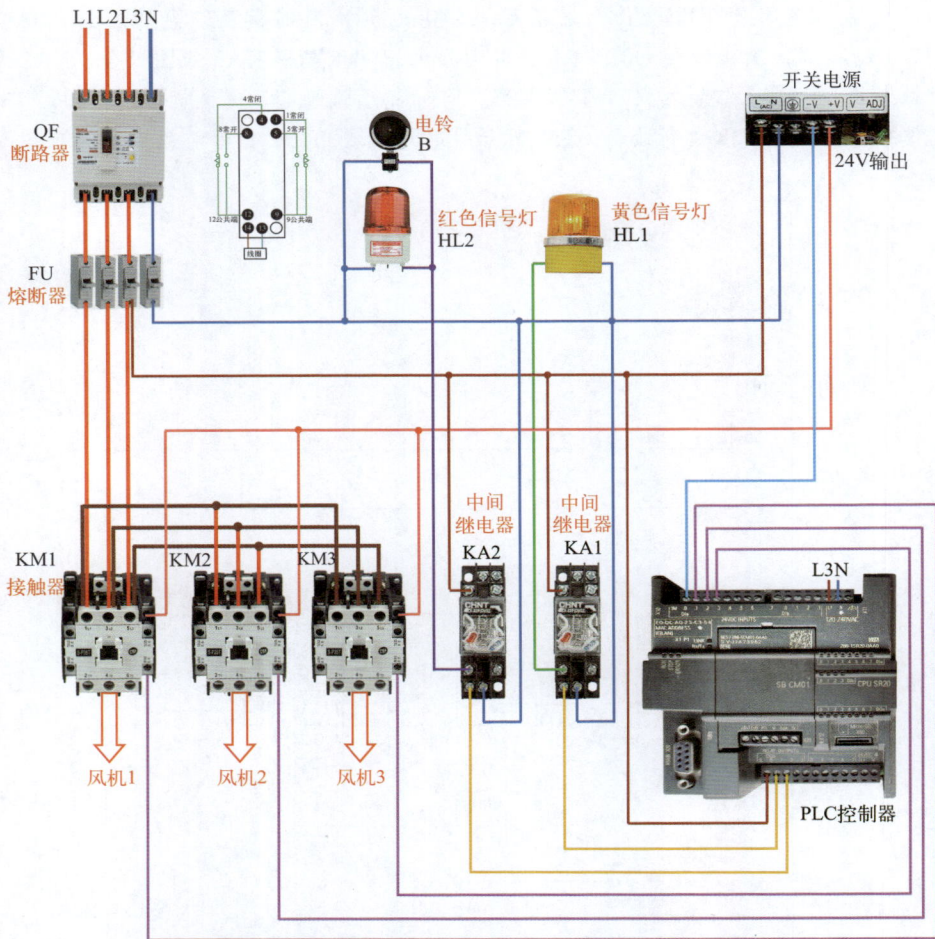

L1L2L3N

QF
断路器

FU
熔断器

电铃
B

红色信号灯
HL2

黄色信号灯
HL1

开关电源

24V输出

中间
继电器
KA2

中间
继电器
KA1

L3N

KM1
接触器

KM2

KM3

风机1

风机2

风机3

PLC控制器

图 4-43　除尘风机运转监控系统 PLC 控制线路和实物接线图

（3）风机都停转开始报警

当三个风机都不转时，风机接触器辅助开关 KM1、KM2、KM3 都断开，常闭触点 I0.0、I0.1、I0.2 都接通，输出线圈 M0.1 得电，常开触点 M0.1 接通，输出线圈 Q0.0 得电，其连接的中间继电器 KA1 线圈吸合，KA1 常开触点闭合，红色信号灯 HL2 和电铃 B 得电开始报警。

（4）一个风机转开始报警

当三个风机中只有任意一个运转，输出线圈 M0.0 和 M0.1 失电，常闭触点 M0.0 和 M0.1 接通，输出线圈 Q0.0 得电，常开触点 M0.1 接通，输出线圈 Q0.0 得电，其连接的中间继电器 KA1 线圈吸合，KA1 常开触点闭合，红色信号灯和电铃得电开始报警。

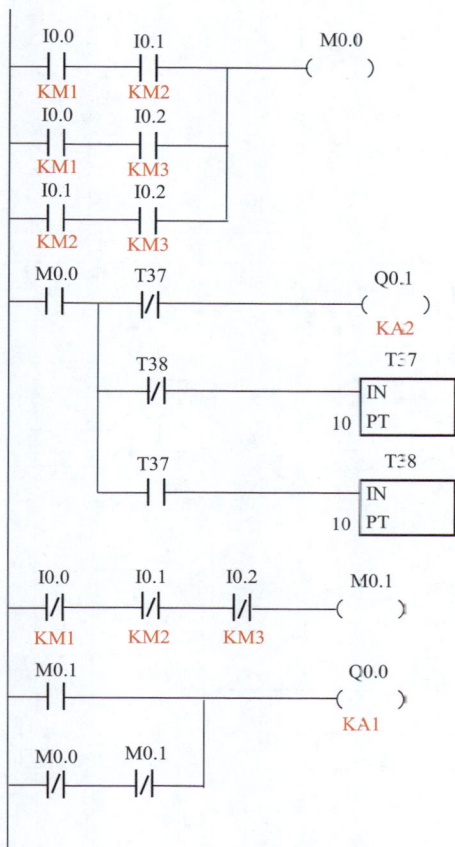

图 4-44 除尘风机运转监控系统 PLC 梯形图程序

4.3 ▶ 机床控制线路和实物接线图

PLC 控制器在机床的控制线路中应用也很多，通过 PLC 程序控制可以使机床的控制线路接线简单，从而轻松控制各种机床。本节将重点讲解如何用 PLC 轻松控制机床设备。

4.3.1 车床 PLC 控制线路和实物接线图

车床是机械制造和修配工厂中使用最广的一类机床，其控制线路接线复杂，下面讲解通过 PLC 控制器控制车床的控制线路。如图 4-45 所示为车床 PLC 控制线路和实物接线图（以三菱 PLC 为例）。如表 4-1 所示为三菱 PLC 的 I/O 分配表。

155

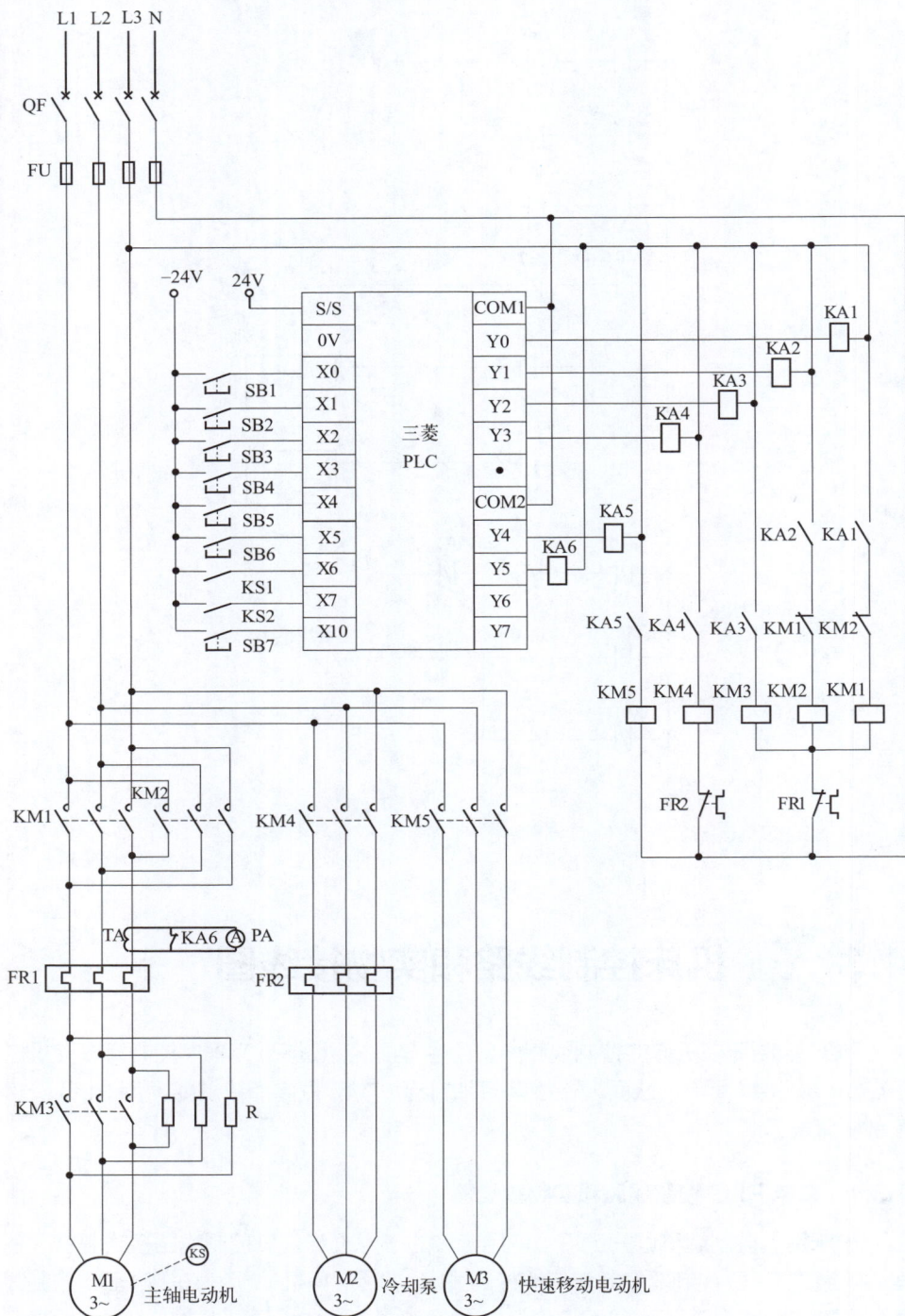

L1 L2 L3 N

QF

FU

−24V 24V

S/S
0V
X0 SB1
X1 SB2
X2 SB3
X3 SB4
X4 SB5
X5 SB6
X6 KS1
X7 KS2
X10 SB7

三菱
PLC

COM1
Y0
Y1
Y2
Y3
•
COM2
Y4
Y5
Y6
Y7

KA1
KA2
KA3
KA4

KA5
KA6

KA2 KA1

KA5 KA4 KA3 KM1 KM2

KM5 KM4 KM3 KM2 KM1

FR2 FR1

KM1 KM2

KM4 KM5

TA KA6 PA

FR1 FR2

KM3 R

M1
3~ KS 主轴电动机

M2
3~ 冷却泵

M3
3~ 快速移动电动机

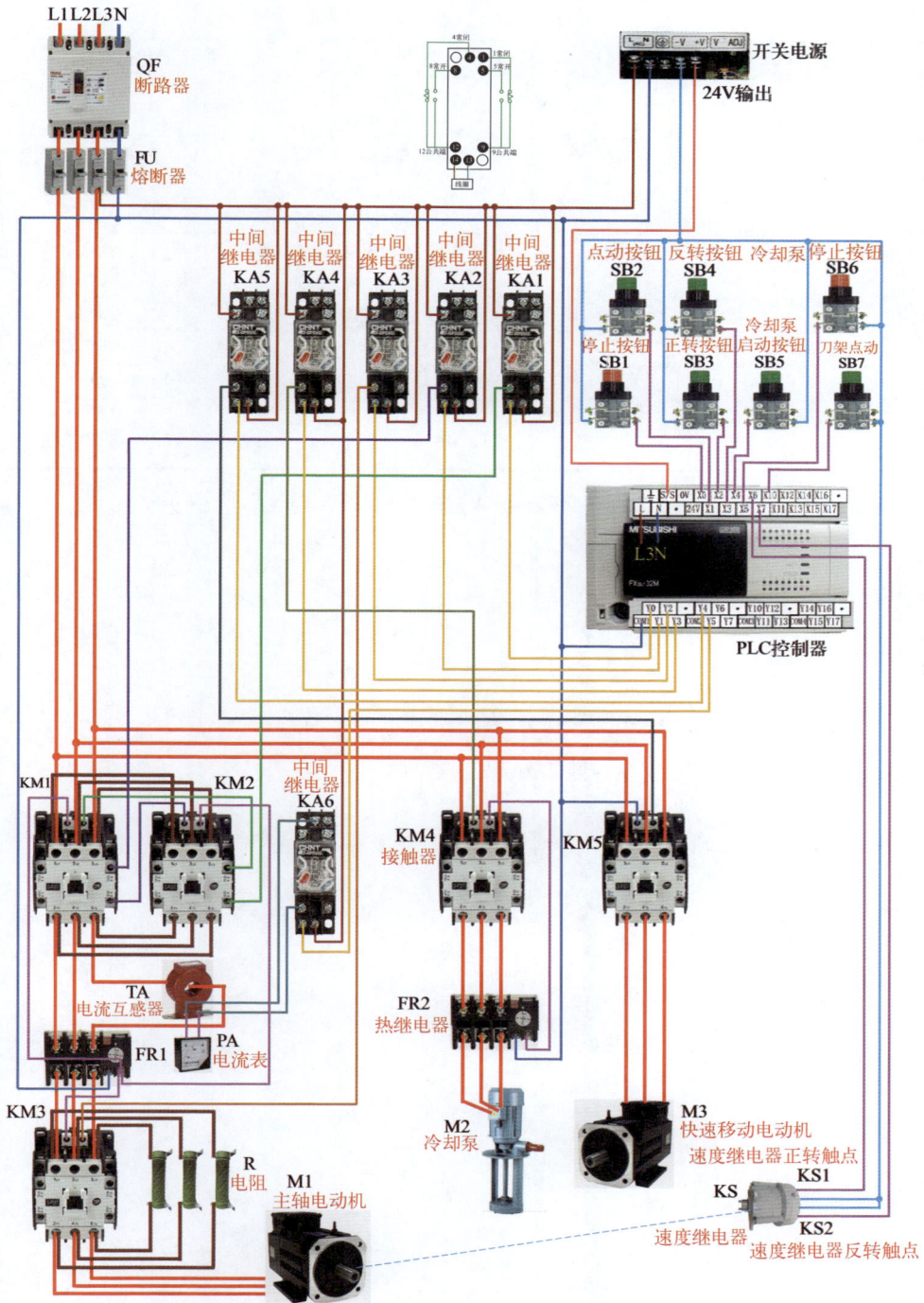

图 4-45 车床 PLC 控制线路和实物接线图

表 4-1　三菱 PLC 的 I/O 分配表

名称	符号	输入点地址编号	名称	符号	输出点地址编号
停止按钮	SB1	X0	主轴电动机正转继电器	KA1	Y0
点动按钮	SB2	X1	主轴电动机反转继电器	KA2	Y1
正转启动按钮	SB3	X2	切断电阻继电器	KA3	Y2
反转启动按钮	SB4	X3	冷却泵继电器	KA4	Y3
冷却泵启动按钮	SB5	X4	快速移动电动机继电器	KA5	Y4
冷却泵停止按钮	SB6	X5	电流表接入继电器	KA6	Y5
速度继电器正转触点	KS1	X6			
速度继电器反转触点	KS2	X7			
刀架快速移动点动按钮	SB7	X10			

车床 PLC 控制梯形图程序如图 4-46 所示（以三菱 PLC 为例）。

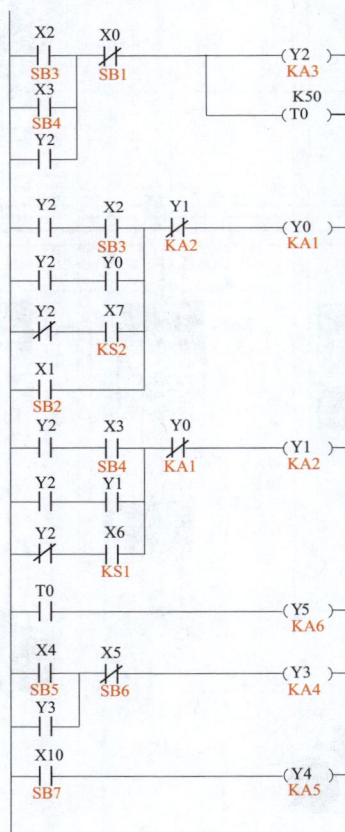

图 4-46　车床 PLC 控制梯形图程序

PLC程序控制说明

（1）正转点动

当按下点动按钮SB2，常开触点X1接通，输出线圈Y0得电，其连接的中间继电器KA1线圈吸合，KA1常开触点闭合，主轴电动机（M1）的正转接触器KM1线圈得电吸合，主触点闭合，接通电动机（M1）正转供电，开始正向转动。

松开点动按钮SB2，常开触点X1断开，输出线圈Y0失电，其连接的中间继电器KA1线圈分离，KA1常开触点断开，主轴电动机（M1）的正转接触器KM1线圈失电分离，主触点分离，电动机停止转动。

（2）脱离限流电阻

按下正转启动按钮SB3，常开触点X2接通，输出线圈Y2得电，其连接的中间继电器KA3线圈吸合，KA3常开触点闭合，切断电阻接触器KM3线圈吸合，主触点闭合，限流电阻切除脱离电路（在进行主轴点动操作时，为防止连续的启动电流造成电动机过载，串接限流电阻以保证电路设备的正常工作）。与此同时，自锁常开触点Y2接通，实现自锁，定时器T0开始计时。

（3）正转连续转动

线圈Y2得电后，常开触点Y2接通，由于常开触点X2也是接通状态，因此输出线圈Y0得电，自锁常开触点Y0接通，实现自锁。输出线圈Y0连接的中间继电器KA1线圈吸合，KA1常开触点闭合，主轴电动机（M1）的正转接触器KM1线圈得电吸合，主触点闭合，接通电动机（M1）正转供电，开始正向连续转动。同时，常闭触点Y0断开，防止线圈Y1得电，接触器KM1常闭触点断开，避免电动机（M1）反向转动。

（4）接入电流表

5s后，定时器T0动作，常开触点T0接通，输出线圈Y5得电。其连接的中间继电器KA6线圈得电吸合，KA1常闭触点断开，使电流表（PA）接入电路投入使用，来检测电动机的工作电流（为了防止电流表被启动电流冲击而损坏，在电动机启动前会将电流表和启动电路断开）。

（5）停止连续正转

当主轴电动机（M1）的转速上升到130r/min后，速度继电器（KS）的正转触点KS1接通，常开触点X6接通。

当按下停止按钮SB1时，常闭触点X0断开，输出线圈Y2失电，其连接的中间继电器KA3线圈分离，KA3常开触点分离，接触器KM3线圈分离，主触点分离，限流电阻被接入电路。常开触点Y2断开，输出线圈Y0失电，其连接的中间继电器KA1线圈吸合，KA1常开触点闭合，主轴电动机（M1）的正转接触器KM1线圈失电分离，主触点分离，主轴电动机停止转动。

（6）反接制动

与此同时，常闭触点Y0接通，常闭触点Y2接通，由于常开触点X6已接通，输出线圈 Y1 得电，其连接的中间继电器 KA2 线圈分离，KA2 常开触点分离，主轴电动机反转接触器 KM2 得电吸合，主触点闭合，电动机（M1）串限流电阻（R）反接启动。同时，常闭触点 Y1 断开，防止线圈 Y0 得电，接触器 KM2 常闭触点断开，避免电动机（M1）正向转动。

（7）断开电流表

定时器 T0 复位，常开触点 T0 断开，输出线圈 Y5 失电，其连接的中间继电器 KA6 线圈分离，KA6 常闭触点接通，电流表（PA）从电路断开。

（8）反接制动结束

当电动机转速下降到 130r/min 时，速度继电器（KS）的正转触点 KS1 断开，常开触点 X6 断开，输出线圈 Y1 失电，其连接的中间继电器 KA2 线圈分离，KA2 常开触点分离，主轴电动机反转接触器 KM2 失电分离，主触点分离，电动机（M1）停止转动，反接制动结束。

（9）启动冷却泵

按下冷却泵启动按钮 SB5，常开触点 X4 接通，输出线圈 Y3 得电，其连接的中间继电器 KA4 线圈吸合，KA4 常开触点闭合，冷却泵接触器 KM4 得电吸合，主触点闭合，冷却泵电动机（M2）启动，提供冷却液。同时自锁常开触点 Y3 接通实现自锁。

（10）停止冷却泵

按下冷却泵停止按钮 SB6，常闭触点 X5 断开，输出线圈 Y3 失电，其连接的中间继电器 KA4 线圈分离，KA4 常开触点分离，冷却泵接触器 KM4 失电分离，主触点分离，冷却泵电动机停转。

（11）刀架快速移动

刀架快速移动点动按钮 SB7，常开触点 X10 接通，输出线圈 Y4 得电，其连接的中间继电器 KA5 线圈分离，KA5 常开触点分离，快速移动电动机接触器 KM5 线圈得电吸合，主触点闭合，快速移动电动机（M3）开始转动，带动刀架快速移动。

（12）刀架停止移动

松开刀架快速移动点动按钮 SB7，常开触点 X10 断开，输出线圈 Y4 失电，其连接的中间继电器 KA5 线圈分离，KA5 常开触点分离，快速移动电动机接触器 KM5 线圈失电分离，主触点分离，快速移动电动机（M3）停止转动，刀架停止移动。

4.3.2　磨床 PLC 控制线路和实物接线图

磨床工作要求按下启动按钮，砂轮电动机先旋转，然后冷却泵工作，液压泵可以独立控制启停。磨床的砂轮旋转运动不要求调速，且只单向旋转。磨床采用液压传动实现工作台往复运动和砂轮箱横向进给。另外，还配有一个冷却装置为磨床降温。

如图 4-47 所示为磨床 PLC 控制线路和实物接线图（以三菱 PLC 和常用的 C650 车床为例）。如表 4-2 所示为三菱 PLC 的 I/O 分配表。

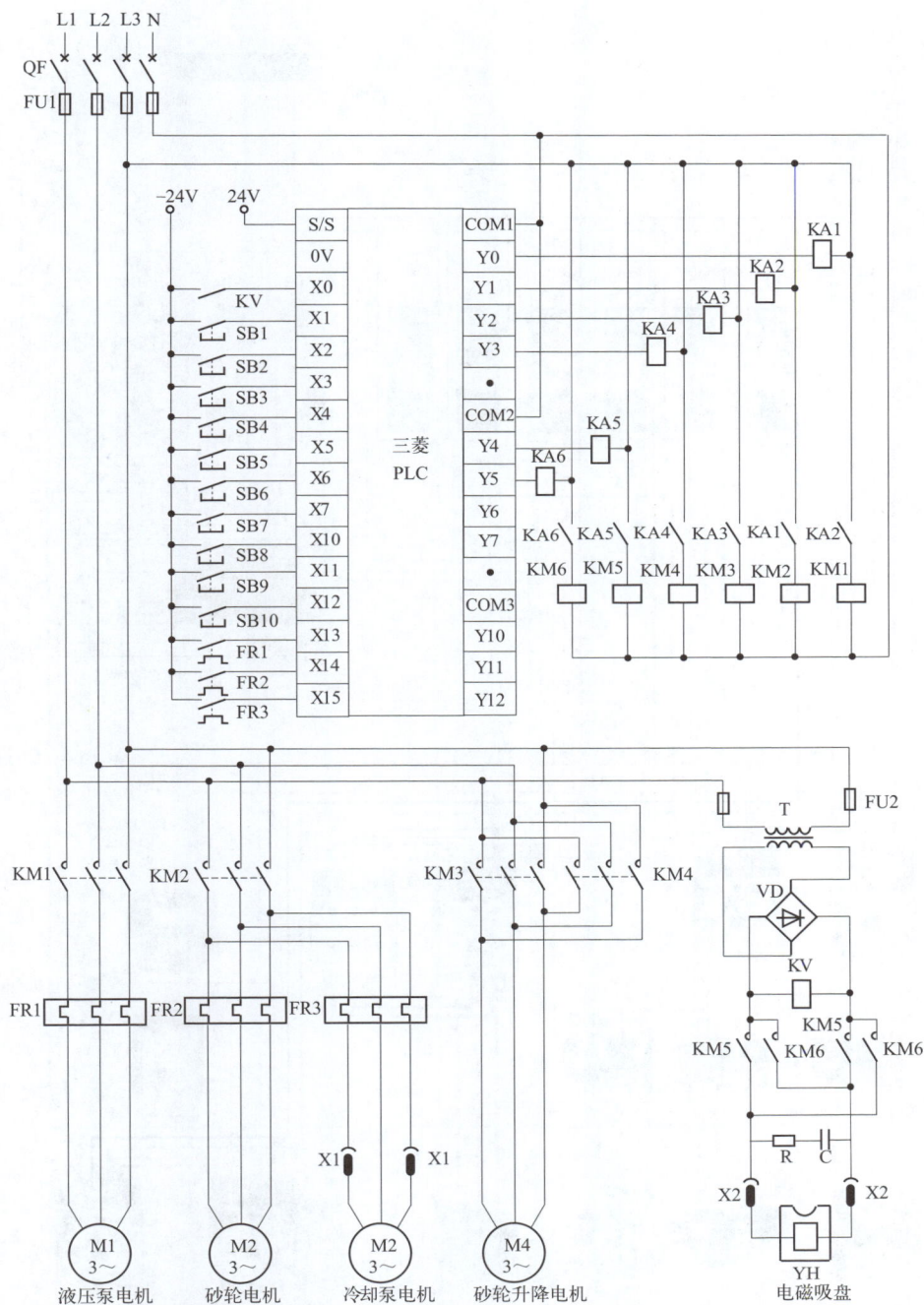

图 4-47

L1 L2 L3 N
QF
FU1

−24V 24V

S/S
0V
X0
X1 KV
X2 SB1
X3 SB2
X4 SB3
X5 SB4
X6 SB5
X7 SB6
X10 SB7
X11 SB8
X12 SB9
X13 SB10
X14 FR1
X15 FR2
    FR3

三菱
PLC

COM1
Y0
Y1
Y2
Y3
COM2
Y4
Y5
Y6
Y7
COM3
Y10
Y11
Y12

KA1
KA2
KA3
KA4
KA5
KA6

KA6 KA5 KA4 KA3 KA1 KA2
KM6 KM5 KM4 KM3 KM2 KM1

KM1   KM2   KM3   KM4

T   FU2
VD
KV
KM5   KM5
KM5 KM6 KM6

FR1   FR2 FR3

X1   X1

R C
X2   X2

M1   M2   M2   M4
3∼   3∼   3∼   3∼
液压泵电机 砂轮电机 冷却泵电机 砂轮升降电机

YH
电磁吸盘

161

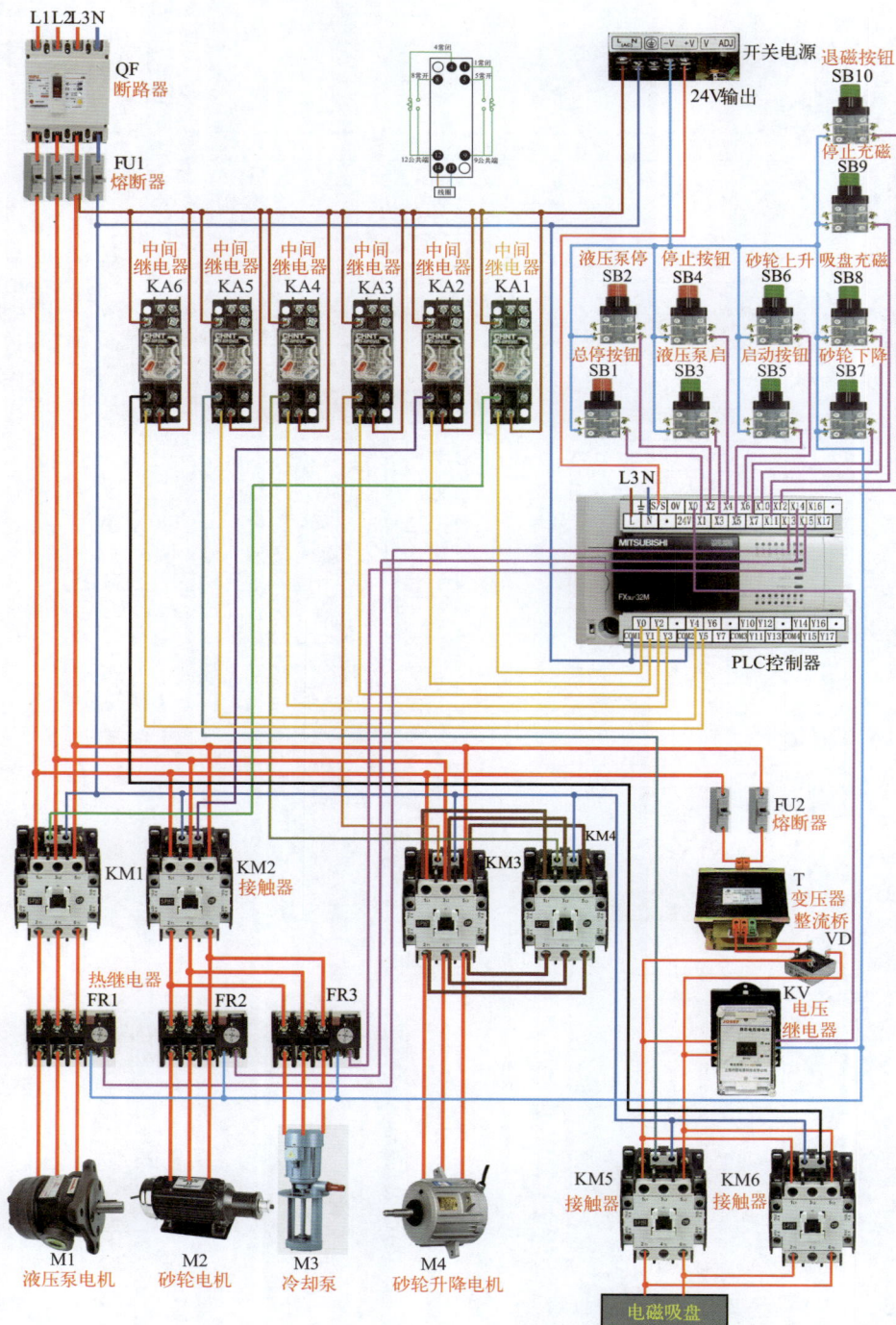

L1 L2 L3 N

QF
断路器

FU1
熔断器

开关电源

24V输出

退磁按钮
SB10

停止充磁
SB9

中间
继电器
KA6

中间
继电器
KA5

中间
继电器
KA4

中间
继电器
KA3

中间
继电器
KA2

中间
继电器
KA1

液压泵停
SB2

停止按钮
SB4

砂轮上升
SB6

吸盘充磁
SB8

总停按钮
SB1

液压泵启
SB3

启动按钮
SB5

砂轮下降
SB7

L3 N

MITSUBISHI

FX2N-32M

PLC控制器

FU2
熔断器

KM1

KM2
接触器

KM3

KM4

T
变压器
整流桥
VD

KV
电压
继电器

热继电器
FR1

FR2

FR3

M1
液压泵电机

M2
砂轮电机

M3
冷却泵

M4
砂轮升降电机

KM5
接触器

KM6
接触器

电磁吸盘

图 4-47　磨床 PLC 控制线路和实物接线图

表 4-2　三菱 PLC 的 I/O 分配表

名称	符号	输入点地址编号	名称	符号	输出点地址编号
电压继电器常开触点	KV	X0	液压泵电动机继电器	KA1	Y0
总停止按钮	SB1	X1	砂轮及冷却泵电动机继电器	KA2	Y1
液压泵电动机停止按钮	SB2	X2	砂轮升降电动机上升控制继电器	KA3	Y2
液压泵电动机启动按钮	SB3	X3	砂轮升降电动机下降控制继电器	KA4	Y3
砂轮及冷却泵电动机停止按钮	SB4	X4	电磁吸盘充磁继电器	KA5	Y4
砂轮及冷却泵电动机启动按钮	SB5	X5	电磁吸盘退磁继电器	KA6	Y5
砂轮升降电动机上升按钮	SB6	X6			
砂轮升降电动机下降按钮	SB7	X7			
电磁吸盘充磁按钮	SB8	X10			
电磁吸盘充磁停止按钮	SB9	X11			
电磁吸盘退磁按钮	SB10	X12			
液压泵电动机热继电器	FR1	X13			
砂轮电动机热继电器	FR2	X14			
冷却泵电动机热继电器	FR3	X15			

磨床 PLC 控制梯形图程序如图 4-48 所示（以三菱 PLC 为例）。

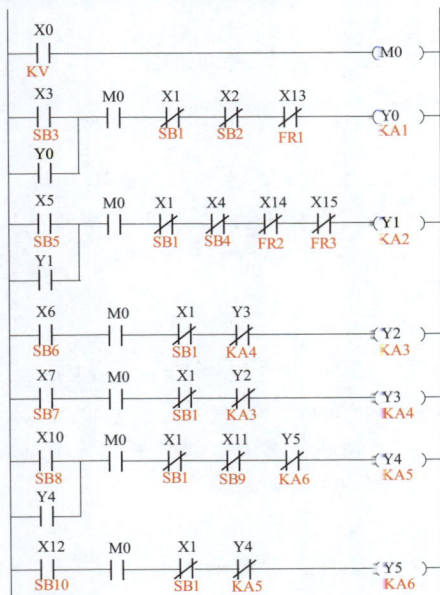

图 4-48　磨床 PLC 控制梯形图程序

（1）启动冷却泵

当合上总电源开关给磨床供电后，电压继电器KV线圈吸合，电压继电器KV常开触点闭合，常开触点X0得电，输出线圈M0得电，其常开触点M0接通。

按下冷却泵启动按钮SB3，常开触点X3接通，输出线圈Y0得电，自锁常开触点Y0接通实现自锁，线圈Y0连接的中间继电器KA1线圈吸合，KA1常开触点闭合，液压泵电动机接触器KM1线圈吸合，主触点闭合，液压泵电动机（M1）开始启动运转。

（2）启动砂轮电机和冷却泵

当按下砂轮和冷却泵启动按钮SB5时，常开触点X5接通，输出线圈Y1得电，自锁常开触点Y1接通实现自锁，线圈Y1连接的中间继电器KA2线圈吸合，KA2常开触点闭合，砂轮及冷却泵电动机接触器KM2线圈吸合，主触点闭合，砂轮和冷却泵电动机（M2和M3）同时启动运转。

（3）升高砂轮

当需要对砂轮升降进行点动控制时，按下砂轮升降电动机上升启动按钮SB6，常开触点X6接通，输出线圈Y2得电，其连接的中间继电器KA3线圈吸合，KA3常开触点闭合，砂轮升降电动机上升控制接触器KM3线圈吸合，主触点闭合，砂轮升降电动机（M4）正向转动电源接通，开始启动正向转动，砂轮开始上升。

当砂轮上升到要求高度时，松开按钮SB6，常开触点X6断开，输出线圈Y2失电，其连接的中间继电器KA3线圈失电分离，KA3常开触点断开，接触器KM3线圈失电分离，主触点的能力，砂轮升降电动机（M4）停止转动，砂轮停止上升。

（4）停止

按下总停止按钮SB1或液压泵停止按钮SB2，常闭触点X1或X2断开，都可以控制液压泵电动机停转。

（5）吸盘开始充磁

当按下电磁吸盘充磁按钮SB8时，常开触点X10接通，输出线圈Y4得电，自锁常开触点Y4接通实现自锁。线圈Y4连接的中间继电器KA5线圈吸合，KA5常开触点闭合，电磁吸盘充磁接触器KM5线圈得电吸合，主触点闭合，电磁吸盘开始充磁，使工件牢牢吸合。

（6）吸盘停止充磁

待工件加工好后，按下电磁吸盘充磁停止按钮SB9，常闭触点X11断开，输出线圈Y4失电，其连接的中间继电器KA5线圈失电分离，KA5常开触点断开，接触器KM5线圈失电分离，主触点分离，电磁吸盘停止充磁，不过由于剩磁作用工件仍然无法取下，需要进行退磁。

（7）吸盘退磁

按下电磁吸盘退磁按钮SB10，常开触点X12接通，输出线圈Y5得电，其连接的中间继电器KA6线圈得电吸合，KA6常开触点闭合，电磁吸盘退磁接触器KM6线圈得电吸合，KM6主触点闭合构成反向充磁回路，电磁吸盘开始退磁。

退磁完毕后，松开退磁按钮 SB10，常开触点 X12 断开，输出线圈 Y5 失电，其连接的中间继电器 KA6 线圈失电分离，KA6 常开触点断开，电磁吸盘退磁接触器 KM6 线圈失电分离，主触点分离，切断回路，退磁完毕。

4.3.3 摇臂钻床 PLC 控制线路和实物接线图

摇臂钻床的摇臂可绕立柱回转和升降，而主轴箱在摇臂上左右移动，摇臂钻床一般采用十字组合开关操作，十字组合开关有上、下、左、右、中五个位置，每次只能扳到一个位置，接通一个方向的电路。摇臂钻床主要由三台电动机拖动，分别是主轴电动机、摇臂升降电动机、立柱松紧电动机等（以 Z35 型摇臂钻床为例）。

如图 4-49 所示为摇臂钻床 PLC 控制线路和实物接线图（以西门子 PLC 为例）。如表 4-3 所示为西门子 PLC 的 I/O 分配表。

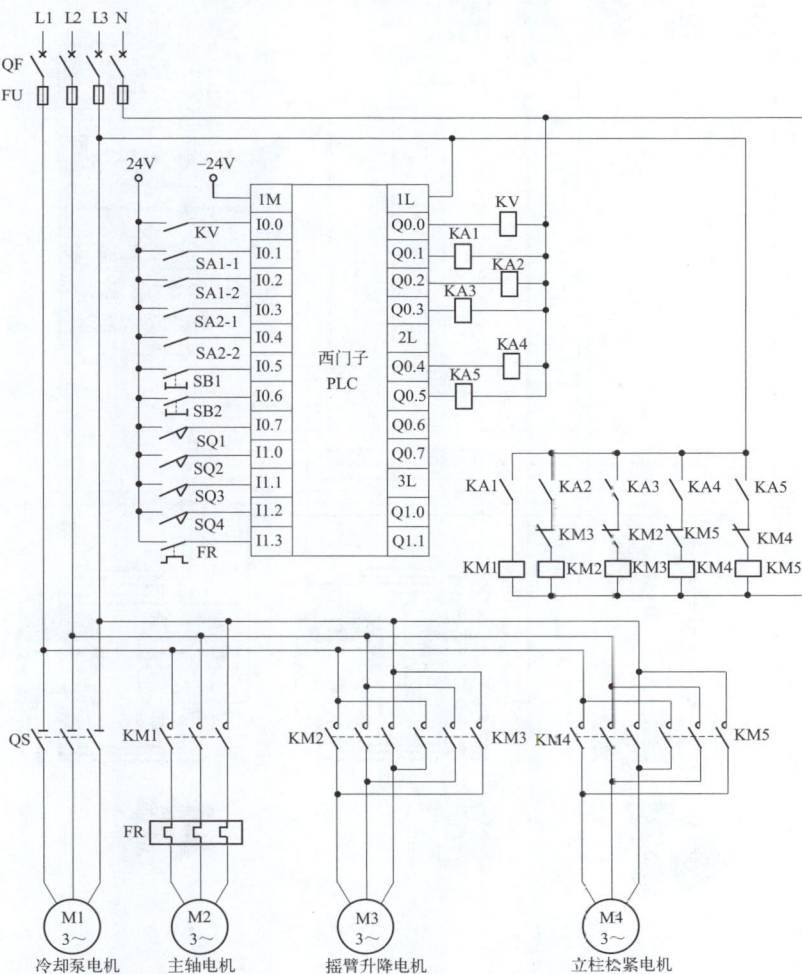

图 4-49

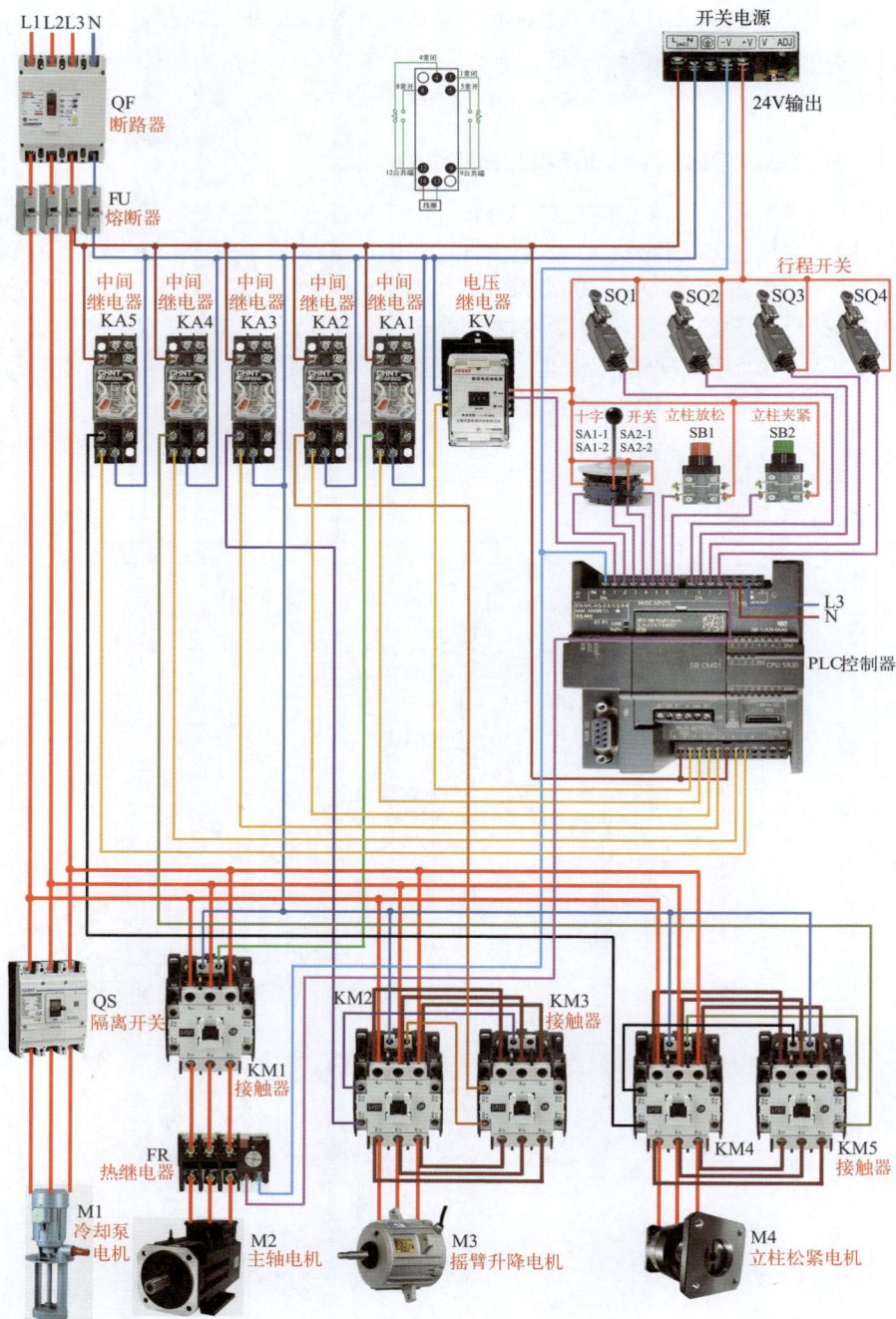

L1 L2 L3 N

QF
断路器

FU
熔断器

开关电源

24V输出

行程开关

中间继电器 KA5
中间继电器 KA4
中间继电器 KA3
中间继电器 KA2
中间继电器 KA1

电压继电器 KV

SQ1 SQ2 SQ3 SQ4

十字开关
SA1-1 SA2-1
SA1-2 SA2-2

立柱放松 SB1

立柱夹紧 SB2

L3
N

PLC控制器

QS
隔离开关

KM2接触器

KM3接触器

KM1接触器

FR
热继电器

KM4 KM5接触器

M1
冷却泵电机

M2
主轴电机

M3
摇臂升降电机

M4
立柱松紧电机

图4-49 摇臂钻床控制线路和实物接线图

表 4-3　西门子 PLC 的 I/O 分配表

名称	符号	输入点地址编号	名称	符号	输出点地址编号
电压继电器常开触点	KV	I0.0	电压继电器	KV	Q0.0
十字开关电源接通触点	SA1-1	I0.1	主轴电机继电器	KA1	Q0.1
十字开关主轴运转触点	SA1-2	I0.2	摇臂升降电机上升继电器	KA2	Q0.2
十字开关摇臂上升触点	SA1-3	I0.3	摇臂升降电机下降继电器	KA3	Q0.3
十字开关摇臂下降触点	SA1-4	I0.4	立柱松紧电机放松继电器	KA4	Q0.4
立柱放松按钮	SB1	I0.5	立柱松紧电机夹紧继电器	KA5	Q0.5
立柱夹紧按钮	SB2	I0.6			
摇臂下降上限位开关	SQ1	I0.7			
摇臂下降下限位开关	SQ2	I1.0			
摇臂下降夹紧行程开关	SQ3	I1.1			
摇臂上升夹紧行程开关	SQ4	I1.2			
热继电器常开触点	FR	I1.3			

摇臂钻床 PLC 控制梯形图程序如图 4-50 所示（以西门子 PLC 为例）。

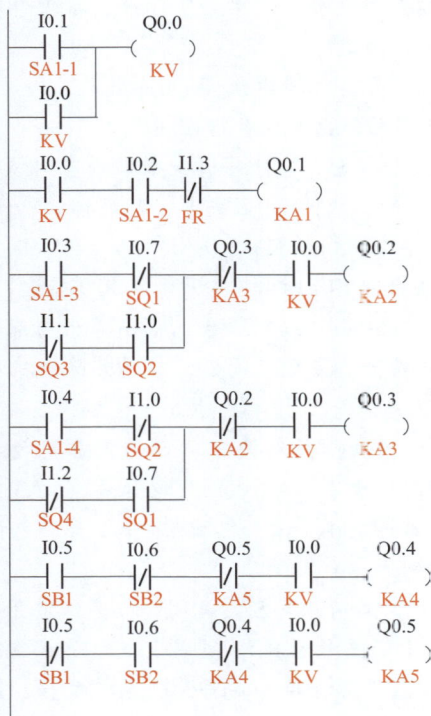

图 4-50　摇臂钻床 PLC 控制梯形图程序

（1）接通电源

合上电源后，先将十字开关扳向左边，微动开关 SA1-1 接通，常开触点 I0.1 接通，输出线圈 Q0.0 得电，其连接的电压继电器 KV 线圈通电吸合，电压继电器 KV 常开触点闭合，常开触点 I0.0 接通，实现自锁。

（2）主轴电机启动和停止

将十字开关扳向右边，微动开关 SA1-2 接通，常开触点 I0.2 接通，输出线圈 Q0.1 得电，其连接的中间继电器 KA1 线圈吸合，KA1 常开触点闭合，主轴电机接触器 KM1 线圈通电吸合，主触点闭合，主轴电机启动运转。将十字开关扳到中间位置，SA1-2 断开，输出线圈 Q0.1 失电，其连接的中间继电器 KA1 线圈分离，KA1 常开触点断开，主轴电机接触器 KM1 线圈失电分离，主触点分离，主轴电机停止。

（3）摇臂上升

将十字手柄扳向上边，微动开关 SA1-3 闭合接通，常开触点 I0.3 接通，输出线圈 Q0.2 得电，其连接的中间继电器 KA2 线圈吸合，KA2 常开触点闭合，摇臂升降电机上升接触器 KM2 线圈通电吸合，主触点闭合，摇臂升降电动机正转，带动升降丝杠正转。

同时常闭触点 Q0.2 断开，使输出线圈 Q0.3 失电，同时接触器 KM2 常闭触点断开，防止接触器 KM3 误动作，实现互锁控制。

当摇臂上升到所需的位置时，将十字开关扳回到中间位置，微动开关 SA1-3 断开，常开触点 I0.3 断开，输出线圈 Q0.2 失电，其连接的中间继电器 KA2 线圈失电分离，KA2 常开触点断开，接触器 KM2 线圈断电分离，摇臂停止上升。同时触动限位开关 SQ1 动作，常闭触点 I0.7 断开，常开触点 I0.7 接通，使输出线圈 Q0.3 得电，线圈 Q0.3 连接的中间继电器 KA3 线圈吸合，KA3 常开触点闭合，摇臂升降电机下降接触器 KM3 线圈得电吸合，主触点闭合，接通升降电机反转电源，摇臂升降电机启动反向运转，将摇臂夹紧。

当摇臂完成夹紧后，夹紧限位开关 SQ4 动作，常闭触点 I1.2 断开，输出线圈 Q0.3 失电，其连接的中间继电器 KA3 线圈失电分离，KA3 常开触点断开，摇臂升降电机下降接触器 KM3 线圈失电分离，主触点分离，升降电机停转，完成上升操作。

（4）摇臂下降

将十字手柄扳向下边，微动开关 SA1-4 闭合接通，常开触点 I0.4 接通，输出线圈 Q0.3 得电，其连接的中间继电器 KA3 线圈吸合，KA3 常开触点闭合，摇臂升降电机下降接触器 KM3 线圈通电吸合，摇臂升降电机反转，带动升降丝杠反转。同时常闭触点 Q0.3 断开，使输出线圈 Q0.2 失电，同时接触器 KM3 常闭触点断开，防止接触器 KM2 误动作，实现互锁控制。

当摇臂下降到所需的位置时，将十字开关扳回到中间位置，微动开关 SA1-4 断开，常开触点 I0.4 断开，输出线圈 Q0.3 失电，其连接的中间继电器 KA3 线圈失电分离，KA3 常开触点断开，接触器 KM3 线圈断电分离，摇臂停止下降。

同时触动限位开关 SQ2 动作，常闭触点 I1.0 断开，常开触点 I1.0 接通，使输出线圈 Q0.2 得电，线圈 Q0.2 连接的中间继电器 KA2 线圈得电吸合，KA2 常开触点闭合，摇臂升降电机上升接触器 KM2 线圈得电吸合，接通升降电机正转电源，摇臂升降电机启动正向运转，将摇臂夹紧。

当摇臂完成夹紧后，夹紧限位开关 SQ3 动作，常闭触点 I1.1 断开，输出线圈 Q0.2 失电，其连接的中间继电器 KA2 线圈失电分离，KA2 常开触点断开，摇臂升降电机上升接触器 KM2 线圈失电分离，升降电机停转，完成下降操作。

（5）立柱松开

当需要立柱松开时，可按下立柱放松按钮 SB1，常开触点 I0.5 接通，输出线圈 Q0.4 得电，中间继电器 KA4 线圈得电吸合，KA4 常开触点闭合，立柱松紧电机放松接触器 KM4 线圈通电吸合，主触点闭合，立柱松紧电机正转，带动齿轮式油泵旋转，送出高压油将外立柱松开。当松开 SB1 时，输出线圈 Q0.4 失电，中间继电器 KA4 线圈失电分离，接触器 KM4 线圈失电分离，主触点分离，立柱松紧电机停转。

（6）立柱夹紧

当需要立柱夹紧时，按下立柱夹紧按钮 SB2，常开触点 I0.6 接通，输出线圈 Q0.5 得电，中间继电器 KA5 线圈得电吸合，KA5 常开触点闭合，立柱松紧电机夹紧接触器 KM5 线圈通电吸合，主触点闭合，立柱松紧电机反转，带动齿轮式油泵反向旋转，将外立柱夹紧。夹紧后可放开按钮 SB2，输出线圈 Q0.5 失电，中间继电器 KA5 线圈失电分离，接触器 KM5 线圈失电分离，主触点分离，立柱松紧电机停转。

第 5 章

图解变频器控制线路
和实物接线图实战

变频器是一种变频调速的设备，其在自动控制场景中应用非常广泛，如中央空调、水泵、油泵、破碎机、压缩机、轧机、卷扬机等。本章将重点讲解变频器的常见控制线路。

5.1 ▶ 变频器标准控制线路和实物接线图

变频器的输入电源线接口连接断路器，输出电机线连接电动机，制动电阻连接在 P/+ 和 PR（或 PB）端，控制按钮连接在数字输入端子，频率设定电位器连接在模拟量输入接口，如图 5-1 所示（以三菱变频器 E740 为例）。

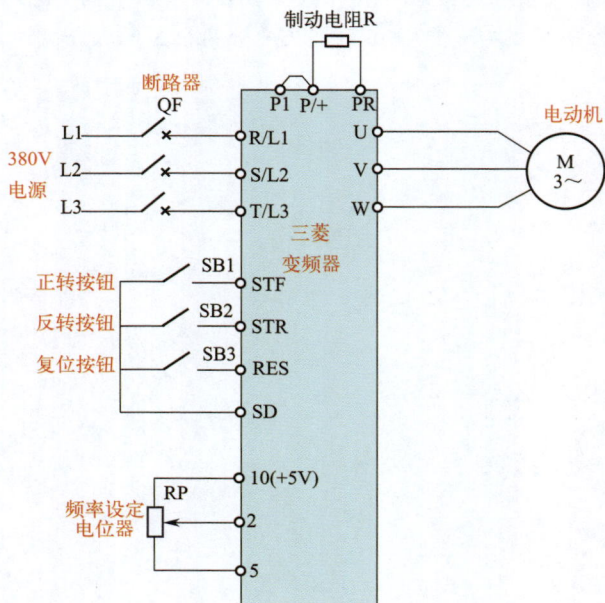

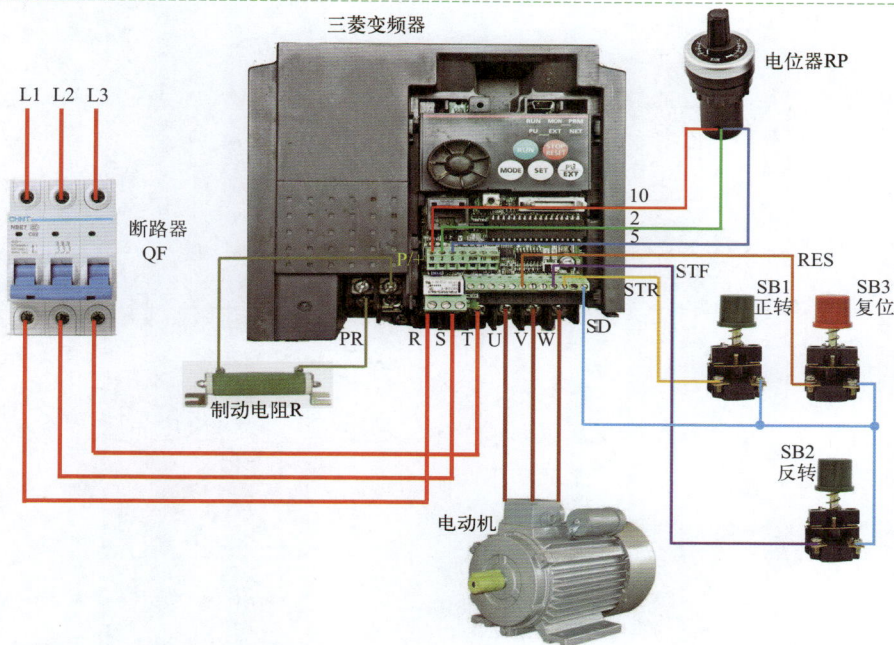

图 5-1　变频器标准控制线路和实物接线图

控制线路说明

合上断路器 QF 的开关，变频器获得电源开始工作，调整频率调整电位器 RP，设置好频率。当按下正转按钮 SB1 后，变频器开始输出电动机的电压，电动机开始正向转动；当松开 SB1 按钮后，变频器变频器停止输出电压，电动机停止正向转动。当按下反转按钮 SB2 时，变频器反向输出电动机的电压，电动机开始反向转动，当松开 SB2 按钮后，变频器停止输出电压，电动机停止反向转动。当按下停止按钮 SB3 时，变频器复位。

5.2 继电器控制的变频器正反转控制线路和实物接线图

本节通过继电器控制来实现变频器的正反转控制，这种控制线路通过 KA1 和 KA2 继电器分别实现对正转和反转的控制，如图 5-2 所示（以三菱变频器为例）。

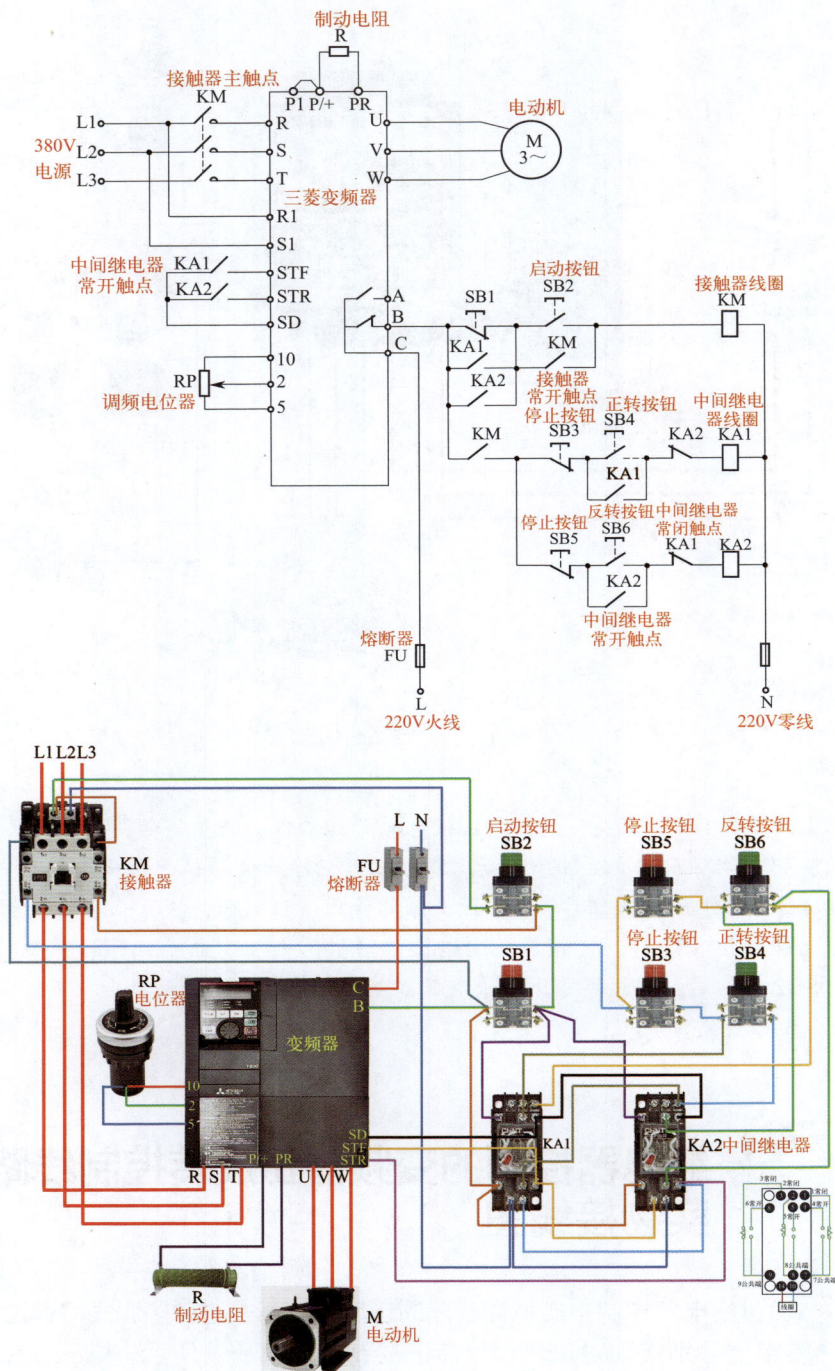

图 5-2 继电器控制的变频器正反转控制线路和实物接线图

控制线路说明

（1）启动准备

按下启动按钮 SB2，接触器 KM 的线圈得电，主触点闭合为变频器接通了主电源，接触器 KM 一个常开辅助触点的闭合，实现自锁。另一个 KM 常开辅助触点闭合，为中间继电器 KA1 和 KA2 的线圈得电做好了准备。

（2）正转控制

当按下正转按钮 SB4 时，中间继电器 KA1 的线圈得电，进而其 1 个常闭触点断开，同时 3 个常开触点闭合。KA1 常开触点闭合，实现自锁。KA1 的常闭触点断开，防止中间继电器 KA2 动作，实现互锁。中间继电器 KA1 常开触点闭合，接通了变频器的 STF 和 SD 端子，向变频器输入了正转控制信号，使变频器的 U、V、W 端子输出正转电源电压，驱动电动机正向运转。通过调节端子 10、2、5 外接的电位器 RP，可以改变变频器的输出电源频率，进而调整电动机的转速。

（3）停转控制

按下停止按钮 SB3，继电器 KA1 的线圈失电，其 3 个常开触点都断开。其中 1 个常开触点的断开切断了 STF 和 SD 端子的连接，使得变频器的 U、V、W 端子停止输出电源电压，电动机因此停转。

（4）反转控制

按下反转按钮 SB6，继电器 KA2 的线圈得电，其 1 个常闭触点断开并同时闭合 3 个常开触点，KA2 的常开触点闭合，实现自锁。KA2 的常闭触点断开，防止中间继电器 KA1 动作，实现互锁。中间继电器 KA2 的常开触点闭合，接通了 STR 和 SD 端子。STR 和 SD 端子的接通相当于向变频器输入了反转控制信号，使变频器的 U、V、W 端子输出反转电源电压，从而驱动电动机反向运转。

（5）变频器异常保护

若变频器在运行过程中出现异常或故障，其 B、C 端子间的内部等效常闭开关会断开，导致接触器 KM 的线圈失电，进而 KM 的主触点断开，切断变频器的输入电源，实现对变频器的保护。此外，在变频器停止工作时按下按钮 SB1 也可以切断变频器的输入主电源，但由于在变频器正常工作时，KA1 或 KA2 的常开触点会闭合以短接 SB1，因此直接断开 SB1 是无效的，这种设计旨在避免在变频器工作时意外切断主电源。

5.3 变频器控制电动机点动或连续运行线路和实物接线图

变频器控制电动机点动或连续运行线路和实物接线图如图 5-3 所示（以三菱变频器为例）。

380V交流电
L1 L2 L3

220V交流电
L N

FU
熔断器

KM
接触器
主触点
R S T R1 S1

变频器

C B A

KM
接触器
常开触点

停止按钮
SB1

停止按钮
SB3

U V W STF SD

10 2 5

连续
运转
SB4

点动按钮
SB5

KA
继电器
常开触点

电动机

M
3～

KA
继电器
常开触点

RP
频率设置电位器

启动按钮
SB2 KM

KM
接触器线圈

KA
继电器线圈

L1 L2 L3

KM
接触器

FU
熔断器

L N

启动按钮
SB2

停止按钮
SB3

点动按钮
SB5

SB1

连续运转
SB4

RP
电位器

变频器

C
B

继电器
KA

STF

P/+ PR

SD

R S T U V W

R
制动电阻

M
电动机

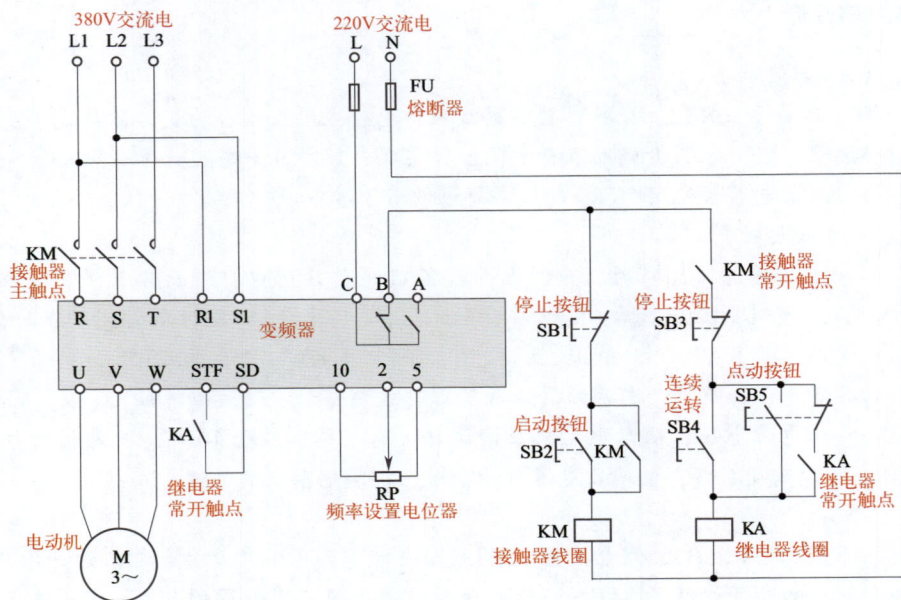

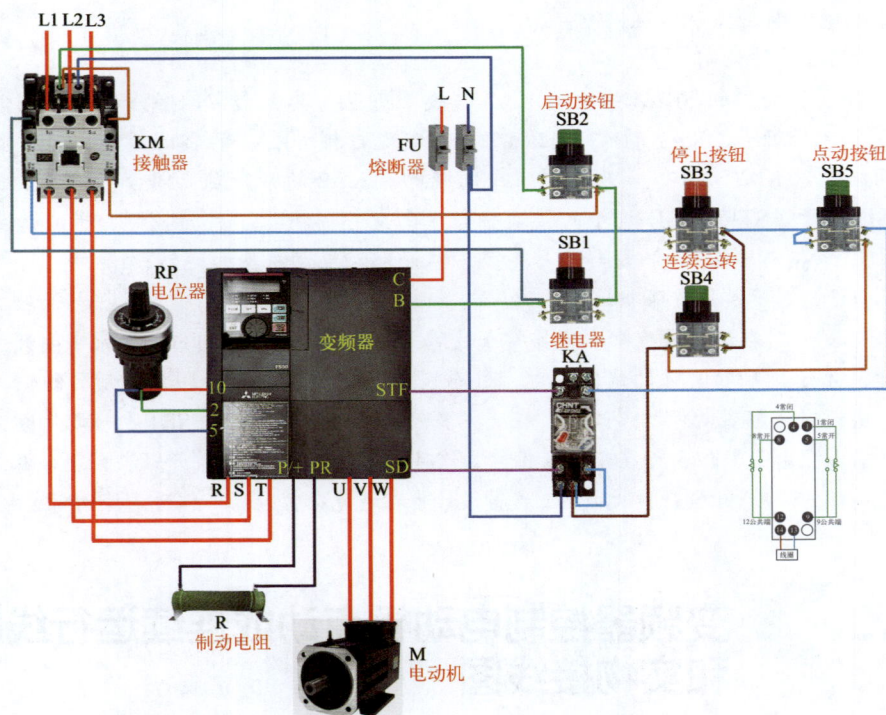

图 5-3 变频器控制电动机点动或连续运行线路和实物接线图

控制线路说明

（1）启动准备

按下启动按钮SB2，接触器KM的线圈得电，主触点闭合为变频器接通了主电源，接触器KM一个常开辅助触点的闭合，实现自锁。另一个KM常开辅助触点闭合，为中间继电器KA的线圈得电做好了准备。

（2）启动连续运行

按下连续运转按钮SB4，接触器KA线圈得电吸合，中间继电器KA常开触点闭合，实现自锁。另一个连接变频器的中间继电器KA常开触点闭合，使STF与SD端子短接，向变频器输入控制信号，使变频的U、V、W端子输出电源电压，驱动电动机运转。当松开连续运转按钮SB2后，由于接触器实现自锁，电动机继续工作。

（3）停止运转

当按下停止按钮SB3时，控制线路被断开，中间继电器KA线圈断电分离，其中1个常开触点的断开切断了STF和SD端子的连接，使得变频器的U、V、W端子停止输出电源电压，电动机因此停转。

（4）点动运行

当需要点动运行时，按下点动按钮SB5，SB5的常开触点闭合，常闭触点断开，中间继电器KA线圈得电吸合，连接变频器的中间继电器KA常开触点闭合，向变频器输入控制信号，使变频器的U、V、W端子输出电源电压，驱动电动机运转。松开点动按钮SB5，SB5的常开触点断开，常闭触点闭合，中间继电器KA线圈失电分离，其中1个常开触点的断开切断了STF和SD端子的连接，使得变频器的U、V、W端子停止输出电源电压，电动机因此停转。

（5）变频器异常保护

若变频器在运行过程中出现异常或故障，其B、C端子间的内部等效常闭开关会断开，导致接触器KM的线圈失电，进而KM的主触点断开，切断变频器的输入电源，实现对变频器的保护。此外，在变频器停止工作时按下停止按钮SB1也可以切断变频器的输入主电源。

5.4 变频器恒压供水控制线路和实物接线图

变频器恒压供水控制线路主要由变频器、断路器、中间继电器、水泵、远传压力表及按钮组成。远传压力表实时、准确地检测供水系统的压力，并将水压参数通过变频器的模拟输入端子反馈给变频器，变频器再根据接收的水压数据，调整输出电压的频率，继而调整水泵的抽水量。

变频器恒压供水控制线路和实物接线图如图5-4所示（以台达变频器为例）。

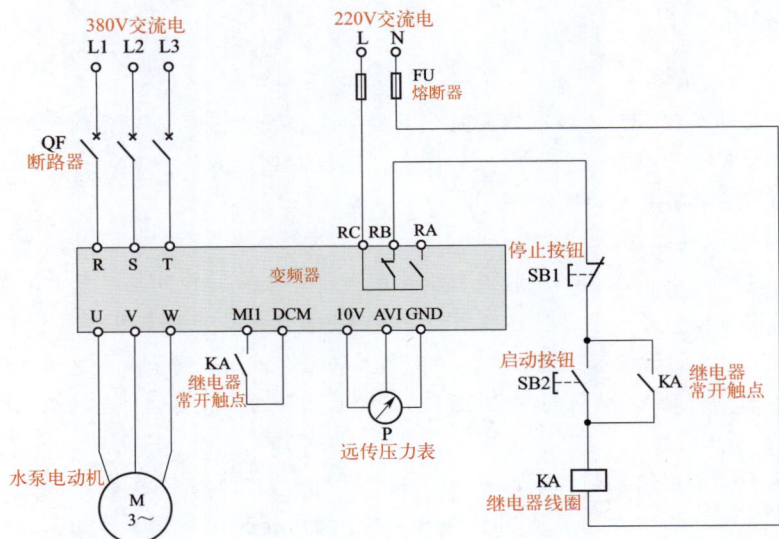

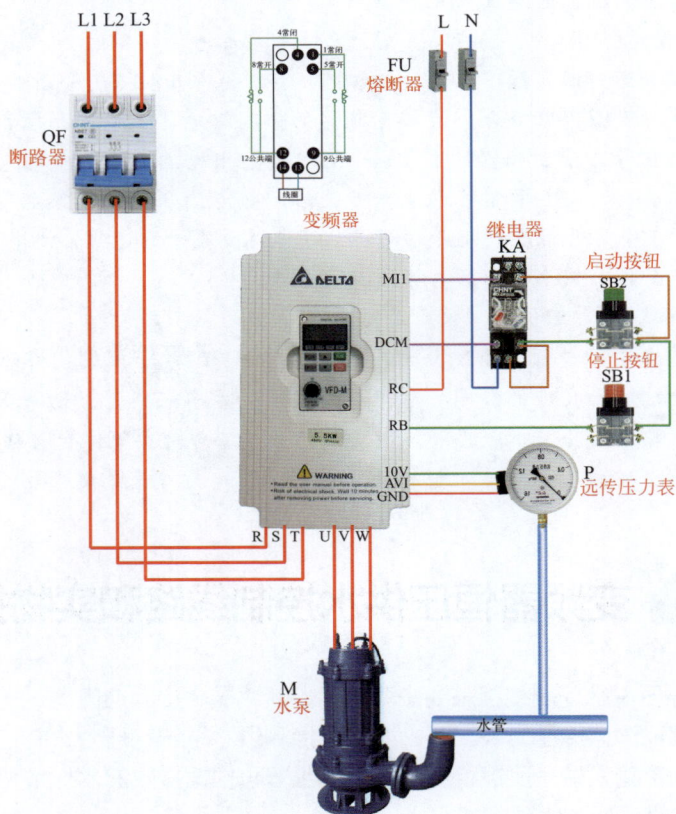

图 5-4　变频器恒压供水控制线路和实物接线图

控制线路说明

　　（1）启动抽水

　　首先合上断路器 QF，为变频器接通主电源。然后按下启动按钮 SB2，中间继电器 KA 线圈吸合，KA 其中一个常开触点闭合，实现自锁。变频器 MI1 端子连接的中间继电器 KA 常开触点闭合，使 MI1 与 DCM 端子短接，向变频器输入控制信号，使变频器的 U、V、W 端子输出电源电压，驱动水泵运转。当松开启动按钮 SB2 后，由于中间继电器实现自锁，水泵继续工作。

　　（2）恒压供水

　　水泵工作时，远传压力表实时监测供水压力，并转送到变频器的 AVI 端口。接着变频器将压力信号与设定值比较，并根据比较结果调整输出的交流电的频率，从而控制水泵电动机的转速，使供水系统保持恒压。

　　（3）停止抽水

　　当按下停止按钮 SB1 时，控制线路被断开，中间继电器 KA 线圈断电分离，其中 1 个常开触点的断开切断了 MI1 和 DCM 端子的连接，使得变频器的 U、V、W 端子停止输出电源电压，水泵停止抽水。

5.5 ▶ 工频／变频选择调速控制线路和实物接线图

　　工频／变频选择调速控制线路可以让用户选择采用工频电源供电驱动电动机，还是变频电源供电驱动电动机，工频／变频选择调速控制线路和实物接线图如图 5-5 所示（以安川变频器为例）。

控制线路说明

　　（1）选择工频供电

　　首先合上断路器 QF 的开关，然后扳动转换开关 SA 到 1（工频），接着接触器 KM1 线圈得电吸合，主触点闭合，380V 工频交流电通过接触器 KM1 主触点、热继电器后为电动机供电，电动机开始转动。当转换开关 SA 扳到 0 位置时，接触器 KM1 线圈失电释放，主触点分离，电动机停止转动。

　　（2）选择变频供电

　　扳动转换开关 SA 到 2（变频），接触器 KM2 线圈得电吸合，主触点闭合，为变频器接通了主电源。当按下正转按钮 SB1 后，S1 与 SD 端子短接，向变频器输入控制信号，使变频器的 U、V、W 端子输出电源电压，驱动电动机正向运转。同时调节电位器 RP，可以改变变频器的输出电压的频率。当松开正转按钮 SB1 后，变频器停止输出电压，电动机停止正向转动。

当按下反转按钮 SB2 后，S2 与 SD 端子短接，向变频器输入控制信号，使变频器的 U、V、W 端子输出电源电压，驱动电动机反向运转。同时调节电位器 RP，可以改变变频器的输出电压的频率。当松开反转按钮 SB2 后，变频器停止输出电压，电动机停止反向转动。

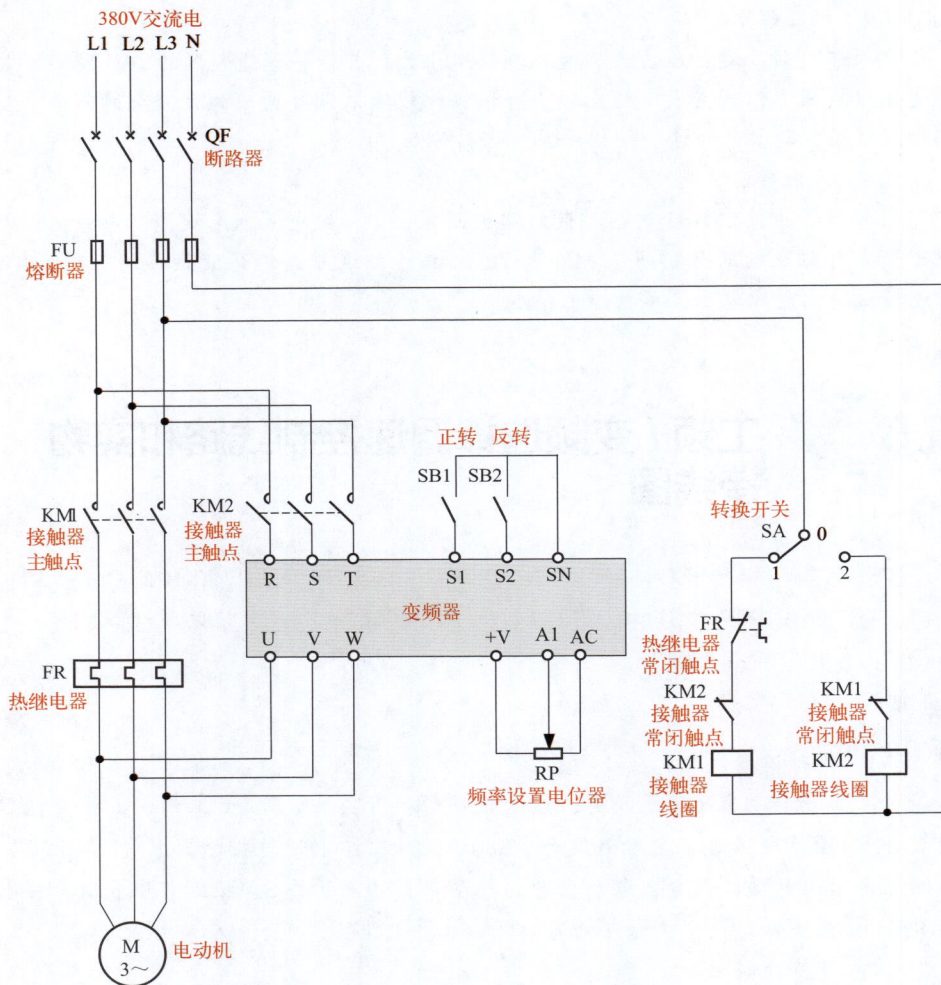

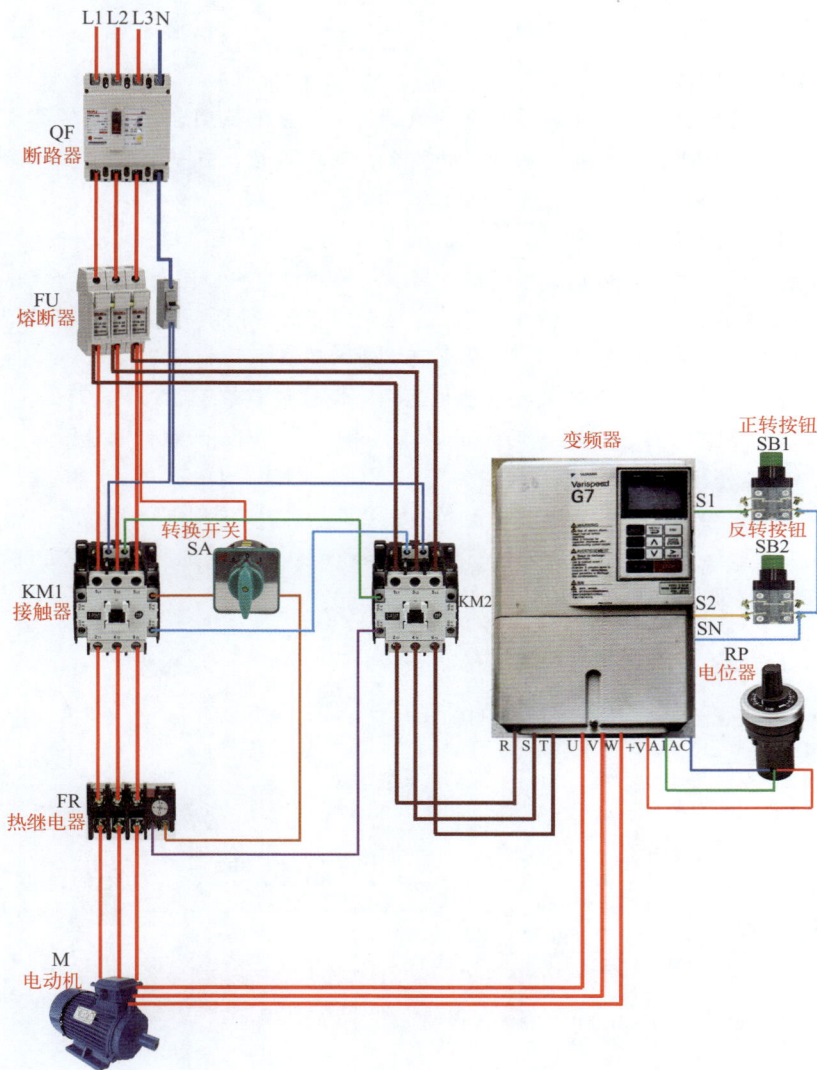

图 5-5 工频 / 变频选择调速控制线路和实物接线图

5.6 风机变频调速控制线路和实物接线图

    风机变频调速控制线路通过变频器控制风机的启动，同时通过变频器调整风机的转速，风机变频调速控制线路和实物接线图如图 5-6 所示（以台达变频器为例）。

控制线路说明

（1）启动准备

按下启动按钮 SB2，接触器 KM 的线圈得电，主触点闭合，为变频器接通了主电源，接触器 KM 一个常开辅助触点的闭合，实现自锁。另一个 KM 常开辅助触点闭合，为中间继电器 KA 的线圈得电做好了准备。

（2）启动风机

当按下正转按钮 SB4 时，中间继电器 KA 的线圈得电，同时 3 个常开触点闭合。其中一个 KA 常开触点闭合，实现自锁。连接变频器的中间继电器 KA 常开触点闭合，接通了变频器的 MI1 和 DCM 端子，向变频器输入了正转控制信号，使变频器的 U、V、W 端子输出电源电压，驱动风机电动机运转。通过调节端子 10V、AVI、GND 外接的电位器 RP，可以改变变频器的输出电源频率，进而调整风机的转速。

（3）停转控制

按下停止按钮 SB3，继电器 KA 的线圈失电，其 3 个常开触点都断开。其中连接变频器的 1 个常开触点的断开切断了 MI1 和 DCD 端子的连接，使得变频器的 U、V、W 端子停止输出电源电压，风机电动机停转。

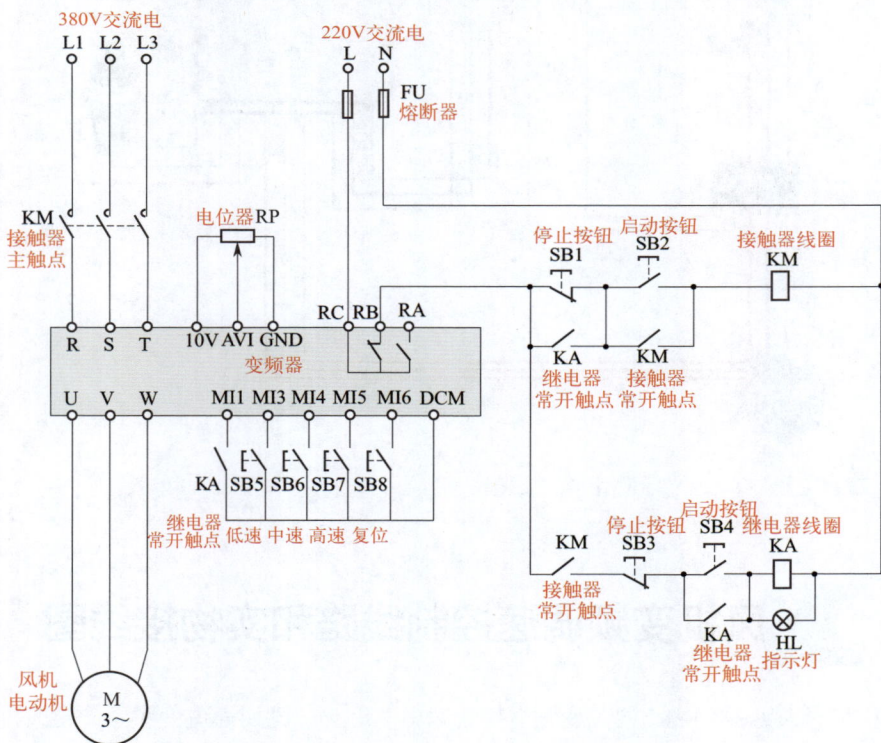

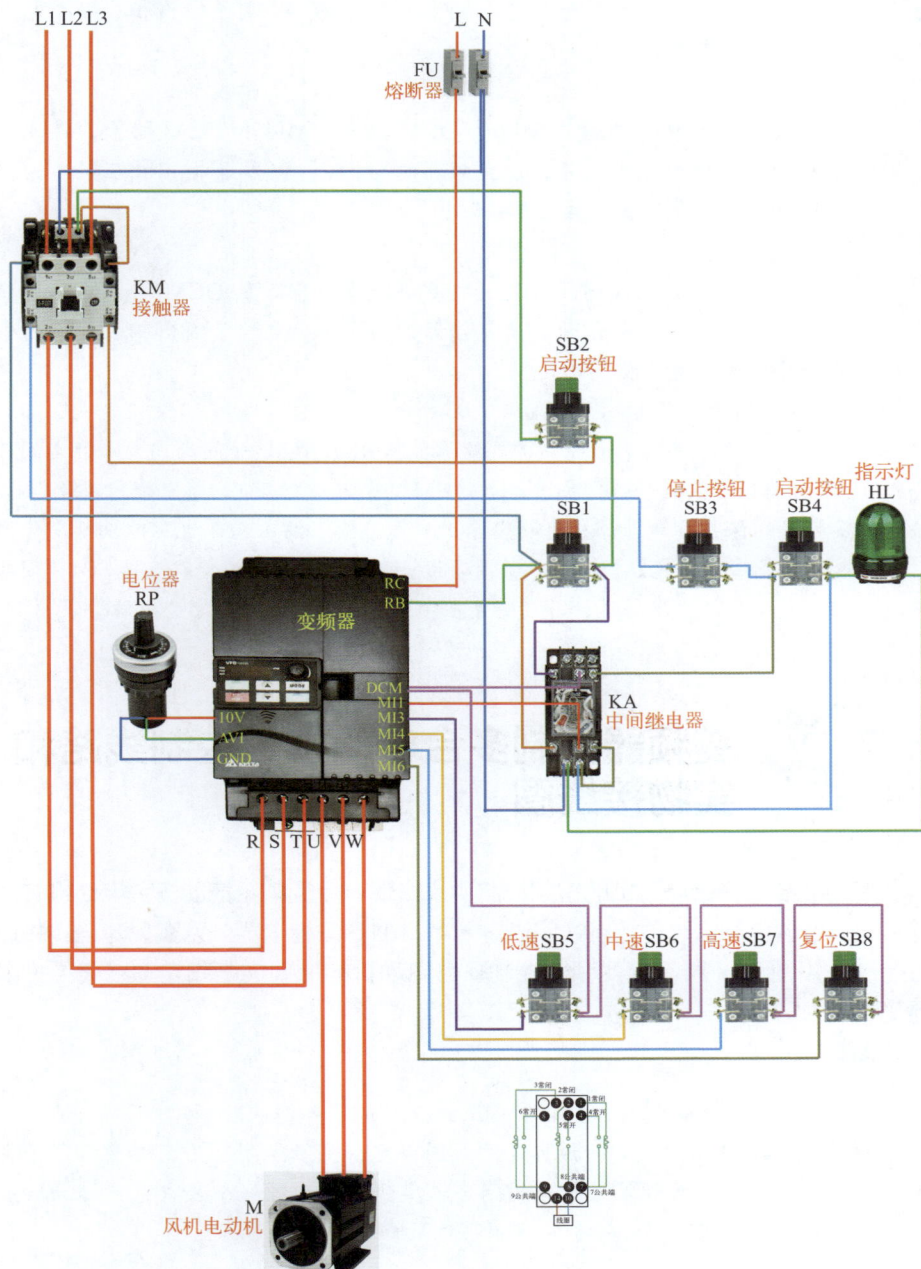

图 5-6　风机变频调速控制线路和实物接线图

（4）低速控制

按下低速按钮 SB5，接通了 MI3 和 DCM 端子。MI3 和 DCM 端子的接通相当于向变频器输入了低速控制信号，使变频器的 U、V、W 端子输出相应频率的电源电压，从而驱动风机电动机低速运转。

（5）中速控制

按下中速按钮 SB6，接通了 MI4 和 DCM 端子。MI4 和 DCM 端子的接通相当于向变频器输入了中速控制信号，使变频器的 U、V、W 端子输出相应频率的电源电压，从而驱动风机电动机中速运转。

（6）高速控制

按下高速按钮 SB7，接通了 MI5 和 DCM 端子。MI5 和 DCM 端子的接通相当于向变频器输入了高速控制信号，使变频器的 U、V、W 端子输出相应频率的电源电压，从而驱动风机电动机高速运转。

（7）变频器异常保护

若变频器在运行过程中出现异常或故障，其 RB、RC 端子间的内部等效常闭开关会断开，导致接触器 KM 的线圈失电，进而 KM 的主触点断开，切断变频器的输入电源，实现对变频器的保护。此外，在变频器停止工作时按下按钮 SB1 也可以切断变频器的输入主电源，但由于在变频器正常工作时，KA 的常开触点会闭合以短接 SB1，因此直接断开 SB1 是无效的，这种设计旨在避免在变频器工作时意外切断主电源。

5.7 变频器控制多台电动机的控制线路和实物接线图

变频器控制多台电动机的控制线路用来实现一台变频器拖动多台电动机转动，并实现正反转控制，这种控制线路通过 KA1 和 KA2 继电器分别实现对正转和反转的控制，如图 5-7 所示为变频器控制多台电动机的控制线路和实物接线图（以三菱变频器为例）。

控制线路说明

（1）启动准备

按下启动按钮 SB2，接触器 KM 的线圈得电，主触点闭合为变频器接通了主电源，接触器 KM 一个常开辅助触点的闭合，实现自锁。另一个 KM 常开辅助触点闭合，为中间继电器 KA1 和 KA2 的线圈得电做好了准备。

（2）正转控制

当按下正转按钮 SB4 时，中间继电器 KA1 的线圈得电，进而其 1 个常闭触点断开，同时 3 个常开触点闭合。KA1 常开触点闭合，实现自锁。KA1 的常闭触点断开，防止中间继电器 KA2 动作，实现互锁。中间继电器 KA1 常开触点闭合，接通了变

频器的 STF 和 SD 端子，向变频器输入了正转控制信号，使变频器的 U、V、W 端

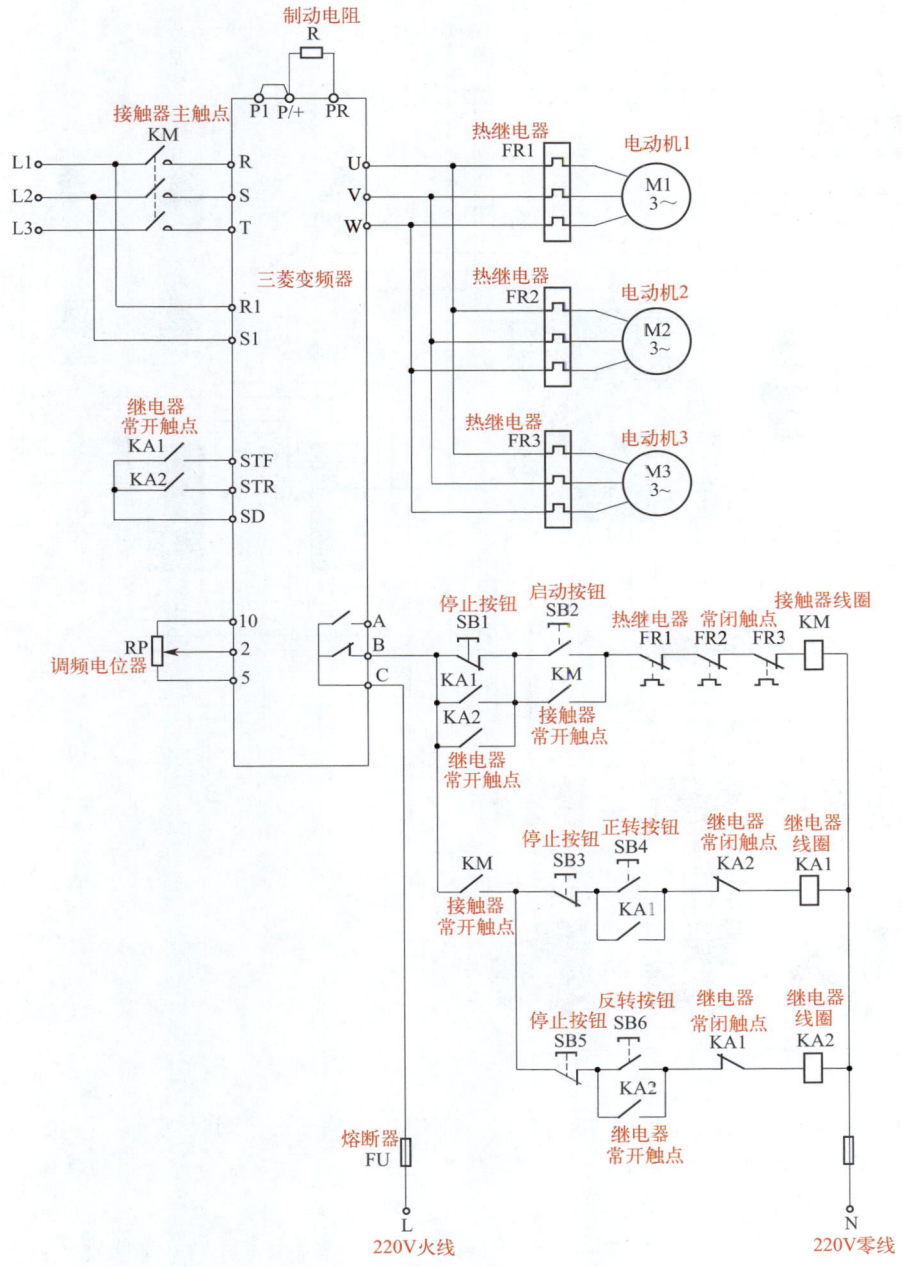

图 5-7

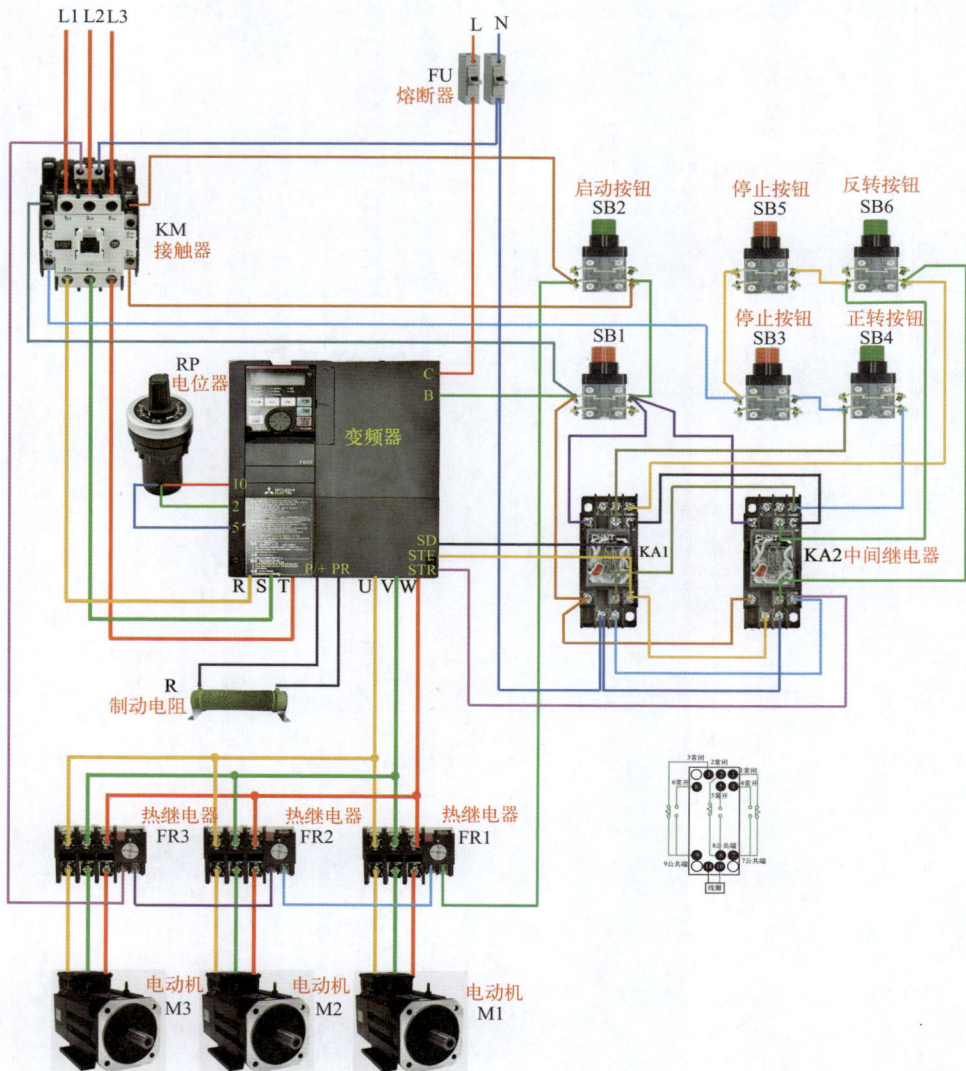

图 5-7　变频器控制多台电动机的控制线路和实物接线图

子输出正转电源电压，驱动电动机 M1、M2、M3 正向运转。通过调节端子 10、2、5 外接的电位器 RP，可以改变变频器的输出电源频率，进而调整电动机的转速。

（3）停转控制

按下停止按钮 SB3，继电器 KA1 的线圈失电，其 3 个常开触点都断开。其中 1 个常开触点的断开切断了 STF 和 SD 端子的连接，使得变频器的 U、V、W 端子停止输出电源电压，电动机 M1、M2、M3 因此停转。

（4）反转控制

按下反转按钮SB6，继电器KA2的线圈得电，其1个常闭触点断开并同时闭合3个常开触点，KA2常开触点闭合，实现自锁。KA2的常闭触点断开，防止中间继电器KA1动作，实现互锁。中间继电器KA2常开触点闭合，接通了STR和SD端子。STR和SD端子的接通相当于向变频器输入了反转控制信号，使变频器的U、V、W端子输出反转电源电压，从而驱动电动机M1、M2、M3反向运转。

（5）变频器异常保护

若变频器在运行过程中出现异常或故障，其B、C端子间的内部等效常闭开关会断开，导致接触器KM的线圈失电，进而KM的主触点断开，切断变频器的输入电源，实现对变频器的保护。此外，当电动机M1、M2、M3出现过载、过热故障时，热继电器FR1、FR2、FR3中的一个或全部动作，其常闭触点断开，会导致接触器KM的线圈失电，进而KM的主触点断开，切断变频器的输入电源，实现对电路元件的保护。

在变频器停止工作时，按下按钮SB1也可以切断变频器的输入主电源，但由于在变频器正常工作时，KA1或KA2的常开触点会闭合以短接SB1，因此直接断开SB1是无效的，这种设计旨在避免在变频器工作时意外切断主电源。